環境経済学

細田衛士 編著

ミネルヴァ書房

　　　　　　　　は　し　が　き

　本書は環境経済学の中級ないし上級の教科書である。環境経済学の初級の教科書を一通り終え，さらにその上を目指したいという学部上級学年の学生や大学院の学生のために書かれている。読者にこの教科書の特徴をあらかじめ認識して頂くために本書がいかにして計画され，出版の運びに至ったか説明しておくのも無駄ではないと思う。

　ミネルヴァ書房より環境経済学の教科書の企画が持ちかけられたのが3年前のことである。その時の企画原案では，これから環境経済学の基礎を学びたいという初学者のために教科書を作るということであった。私も悪くない企画だと判断し，教科書の編集を担当することに同意した。その後，教科書の執筆方針は大きく変わってしまうわけだが，この大転換の「芽」は私の執筆者選びにあった。

　企画当初から，どうせ作るのならなるべく特徴のある良い教科書を作りたい，そのためには一級の著者を選びたい，しかも研究の最前線にいる一線級の若手研究者に執筆協力願いたい，という思いがあった。私にはかねがね優れた研究と優れた教育は相伴って行われるべきものだという確信があったからである。それに初級の教科書といえども，環境経済学研究の最前線の挑戦的雰囲気やフロンティア精神を読者に嗅ぎ取って頂きたいし，そのためには執筆者はなるべく若い研究者の方が良いと感じたからである。

　そこで出版計画を実現すべく，直ちに環境経済・政策学会で活躍中の若手研究者の何人かに声をかけた。手ごたえは十分で，思った通りの布陣で企画を進める準備が整い始めた。ところがである。一部の執筆予定者から思わぬ反応があった。環境経済学の入門書や初級の教科書は既に多く出版されており，新たに初級の教科書を出版してもその限界価値は大きくないというのである。それ

よりも中・上級の教科書を企画した方が意義は大きいと逆提案されてしまった。

　なるほど，よく考えてみるとその通りだ。学部上級あるいは大学院で専門的に環境経済学を学びたい学生にとって良い日本の教科書は少ない。この水準を狙った教科書作りをした方が教育的貢献が大きい。それに環境経済学の最前線で活躍している研究者たちに頑張って執筆してもらうとしたら，中・上級の教科書の執筆の方が動機づけとしても優っている。私も若手の諸君の意見にいともたやすく説得され，ミネルヴァ書房にこの逆提案をする羽目になった。

　勢いというのは凄いものである。若手の逆提案に気圧されたのか，ミネルヴァ書房も当初の方針を変え，この新しい提案に乗ることになった。これが本書の刊行までの顛末である。

　このようないきさつで出版に至った本書には，当然いくつかの特徴がある。3点記しておきたい。

(1) ミクロ経済学および計量経済学の初級の知識を前提として書かれている。またある程度の数理的な思考も前提となっている。
(2) 環境経済学の初級の教科書を読み，環境と経済に関わりある問題に十分興味を持っている読者を対象にしている。
(3) 章によって度合いの違いこそあるものの，環境経済学を専門的に研究しようとする学生に研究の最前線の雰囲気を伝えるべく配慮している。

　読者のなかには難しいと感じる章もあるかもしれないが，1つの挑戦として着実に本書を読み進んでほしい。もし読者のなかに専門的に環境経済学の研究をしたいという方々が現れれば，それは筆者らの望外の喜びである。

　最後になったが，本書の企画から編集までお世話になったミネルヴァ書房の東寿浩氏には心よりの御礼を申し上げたい。特に，当初の企画を大転換するという大胆な申し出を快く受け入れて下さったことについては，お礼の申し述べようもないほどである。もとより本書のでき具合については読者の御判断にゆだねるより他はない。

　2012年2月27日

細　田　衛　士

環境経済学

目　次

はしがき

第 1 章　現代経済と環境問題 ………………………… 細田衛士 … 1
　　　　　　――イントロダクション

- **1.1** 環境問題と現代　1
- **1.2** 現代の経済と市場の質　9
- **1.3** 環境経済学の課題と方法　17

第 2 章　環境保全の制度的側面 …………………… 樽井　礼 … 29

- **2.1** 制度と効率に関する基礎理論　29
- **2.2** 共有資源（コモンズ）における資源利用の効率性　38
- **2.3** 法制度と環境政策――責任ルールの分析　42
- **2.4** 環境保全に関わる制度の選択と変遷　45

第 3 章　自然環境と公共財 ………………………… 西村一彦 … 53

- **3.1** 外部性　53
- **3.2** 公共財　60
- **3.3** 結合財　68

第 4 章　再生不可能資源 …………………………… 新熊隆嘉 … 79

- **4.1** 再生不可能資源市場の効率性　79
- **4.2** 再生不可能資源配分の公平性　83
- **4.3** 再生不可能資源と市場の失敗　90
- **4.4** 今後の課題　95

第 5 章　再生可能資源とオープンアクセス ……… 小谷浩示 … 99

- **5.1** 再生可能資源　99
- **5.2** 再生可能資源の増殖過程とその数理モデル　101
- **5.3** 再生可能資源利用とオープンアクセス　115
- **5.4** 今後の展望　132

第6章 環境税 ……………………………………………山本雅資…135

- **6.1** 環境税とは　135
- **6.2** 環境税と環境補助金の政策効果　141
- **6.3** 環境税の「二重配当仮説」　145
- **6.4** 事例——産業廃棄物税　150

第7章 排出量取引 ………………………………杉野誠・有村俊秀…155

- **7.1** 排出量取引の理論——完全情報の場合　155
- **7.2** 排出量取引の理論——不完全情報の場合　157
- **7.3** 排出権価格上限・下限（プライス・カラー）　161
- **7.4** 実際の排出量取引制度導入における論点　163
- **7.5** 日本における排出量取引制度　170
  ——東京都キャップ・アンド・トレード制度

第8章 企業の自主的取り組みと環境経営
　………………………岩田和之・馬奈木俊介・有村俊秀…175

- **8.1** 企業の社会的責任（CSR）　176
- **8.2** CSRの定義　177
- **8.3** CSRに取り組む利点　179
- **8.4** CSRは望ましいのか？　181
- **8.5** エコファンド　182
- **8.6** 自主的アプローチ　184
- **8.7** ISO14001の取得要因とその環境負荷削減効果　187
- **8.8** 今後のCSRの在り方　194

第9章 廃棄物とリサイクル …………………………………斉藤 崇…201

- **9.1** 廃棄物問題と外部性　202
- **9.2** 家計のごみ排出行動とごみ有料化　205
- **9.3** 不適正処理の抑制　208
- **9.4** 生産，消費，および処理・リサイクルのモデル　211
- **9.5** 廃棄物処理・リサイクルをめぐるさまざまな動き　215

第10章　経済成長と環境 ………………… 鶴見哲也・馬奈木俊介…223

- **10.1** 経済発展と環境　223
- **10.2** 環境クズネッツ曲線仮説の再検討　228
- **10.3** エネルギーシフトが二酸化炭素排出量に及ぼす影響　236
- **10.4** 経済のグローバル化が環境に及ぼす影響　243
- **10.5** 経済成長と環境——実証的観点から　247

第11章　環境と国際経済 ……………………………柳瀬明彦…255

- **11.1** 国際貿易・海外直接投資が環境に与える影響　256
- **11.2** 国際的相互依存と貿易・環境政策　260
- **11.3** GATT／WTO 体制と環境　267
- **11.4** 地球環境問題と多国間環境協定　270

第12章　持続可能な開発と世代間の衡平……………赤尾健一…281

- **12.1** 成長の限界と持続可能な開発　281
- **12.2** ラムゼー・モデルと割引　284
- **12.3** 世代間衡平の公理的アプローチ　286
- **12.4** 最適成長モデルと持続可能な開発　291
- **12.5** 通時的費用便益分析と割引　298
- **12.6** プラグマティスト・ビュー　303

索　引　313

第1章
現代経済と環境問題
——イントロダクション——

細田衛士

環境経済学とは，端的に言えば環境と経済の関係を分析する経済学の一分野である．現在われわれが「環境問題」として捉え，対策を迫られている問題は，そのほとんどが人間の経済活動によってもたらされたものである．したがって，経済的な便益を享受しつつも豊かな自然環境を子孫に残し，持続的な発展を保証するためには，環境と経済の関係を分析し，さらにはそうした分析に基づいて適切な対策を採らなければならない．簡単に表現すると，環境経済学は経済理論的手法や計量経済学的手法を用いてものごとを分析的に捉え，同時に現実の環境問題に対して政策の選択肢を提示することを目的としているのである．本章では，まず人間がどのような環境問題に直面してきたかを概観するとともに，現行の資本制生産様式を基盤とした市場経済システムの中で起きている環境問題の特性を検討する．そして，各章で展開される理論・実証の分析が環境問題をいかに読み解き，どのような対策を提示するのか展望する．

1.1 環境問題と現代

1.1.1 公害と地球環境問題

環境問題は古くて新しい問題である．決して産業革命以降に始まった最近の問題というわけではない．人間が善悪の知識の木の実を口にしたときから，すなわち人間が文明を手にしたときから，現象形態は異なるにせよいつの時代にも環境問題はあったと言っても言い過ぎではない．

たとえば，約2万年前にユーラシア大陸から凍結したベーリング海峡を渡っ

てアメリカ大陸に移民した人々は大量の哺乳類を殺戮するなど大きな環境負荷を与えたことがわかっている（ジャレド・ダイアモンド，2000上）。また，6000年ほど前にチグリス・ユーフラテス川で行われた灌漑は塩害という環境問題を引き起こし，バビロニアの都市国家を崩壊させる一因ともなった。

　森林伐採も人類が長い間行ってきた環境破壊の例である。環境に優しかったと考えられている縄文人でさえ，縄文時代後半になると大量の森林伐採を行うようになった。ヨーロッパの森林伐採の歴史はそれをはるかに上回る。有名な森林の大量破壊は，11～13世紀の「大開墾時代」と呼ばれる頃に起きた森林伐採である。現在では，ヨーロッパに森林らしい森林はあまり見かけられない。状況は英国も同じで，かつてローマ人がブリテン島を侵略した時大量にあった森林は今では見る影もない。

　このように，確かに経済社会が産業化する以前にも大規模な環境破壊はあった。しかし各国が産業革命を経て資本制生産を基盤とした市場経済に移行するに従って，環境破壊の様相は大きく変わることになった。蒸気機関車や工場から排出される煙による煙害，生活排水や工場排水による水の汚濁は産業革命が始まるとともに深刻化し，人々の健康を直接的に脅かすようになったのである。19世紀英国では大気汚染が進行し，既に酸性雨が記録されている。公害防止の監視官であったアンガス・スミス（Robert Angus Smith 1817～1884）が活躍したのもこの頃である。

　日本でも明治の産業革命期同じような環境破壊，すなわち公害が相次いだ。以上の環境破壊に加えて，金属資源採掘・製錬時に環境破壊が起きた。これを公害と区別して鉱害と呼ぶ。採掘時に水質汚濁が起きたり，ズリと呼ばれる残滓からヒ素などの有害物質が流失したり，他の産業では見られない環境破壊が起きた。また金属製錬のために大量の森林が燃料として伐採されたし，加えて製錬過程から排出される二酸化硫黄によって植生が破壊されることも頻繁に起きた。周辺の人々に甚大な被害が生じたことは，足尾鉱毒事件などから明らかである。

　戦後経済が発展・成長するにつれて，とくに先進国と言われる国々では産業

公害・都市公害が深刻化した。日本では4大公害と言われる，水俣病・新潟水俣病・イタイイタイ病・四日市ぜんそくが発生し，高度経済成長の陰で人間の健康を蝕む環境破壊が発生したのである。加えて，自動車の排出ガスなどによる都市公害も深刻の度合いを高める一方であった。

1970年代になって，ようやく公害を食い止めるために法制度的な措置が採られるようになった。公害対策基本法が改正され，加えて水質汚濁防止法や大気汚染防止法などの公害防止を目的とした法律が制定されたのである。これに呼応するかのように公害防止投資が行われ，公害防止のための技術も格段に進歩した。こうして戦後の公害は曲がりなりにも克服されたのである。

そこに現れたのが従来見られなかった地球レベルでの環境破壊，すなわち地球温暖化・オゾン層破壊・森林破壊・砂漠化・有害廃棄物の越境移動などの地球環境問題である。公害などの従来型の環境破壊に対するような対処方法では，有効な形で環境破壊を食い止めることができなくなった。

経済社会の構造そして生産技術などが変わるにつれて，また経済が国際化の度合いを深めるにつれて環境問題も変化する。したがって，様相の異なる環境問題に対応するには新しい知恵が必要なことは明らかである。しかし，産業革命以降の環境問題では，時代を通して共通する1つの事実がある。それは，多くの場合市場経済における経済活動・経済取引の中で環境問題が起きているということである。であるならば市場経済にうまく制度的制約を課してやれば，市場経済の枠組みの中で環境問題が解決できるかもしれない。実際，そうした方向での解決の可能性を経済学的に厳密に吟味・検討するのが本書の目的の1つである。

1.1.2 地球環境問題と持続可能性

環境経済学的な観点から現代の環境問題に分析的に切り込むのが以降の各章の目的なのだが，環境経済学の理論・実証分析がいかに現実の問題解決に役立つか認識するために，現代の経済と自然環境との関係や今起きつつある環境問題などについての認識をもう少し深めておこう。

資本制生産を基盤とした市場経済が明確な形をとったのが産業革命期であった。確かにこの頃，経済においても社会においても驚くべきさまざまなことが起き，経済は発展し急激に変革を遂げた。だが経済成長の程度は第2次世界大戦後先進国が経験したそれと比べるとさほど大きなものではなかったと考えられている。実際，当時活躍した古典派の経済学者は未来永劫経済発展・成長が続くとは考えていなかった。むしろ逆で，いつか経済は発展・成長のない定常状態に落ち着くと考えていたのである。そのような経済状態は望ましくないと考えるのが普通だったけれど，J. S. ミル（John Stuart Mill 1806～1873）のように発展・成長のない定常経済があながち人類にとって不幸せな状態ではないと考える経済学者もいた。

　今人々が当然のこととして考えている経済成長が目に見える形で現れたのは，第2次世界大戦後のことである。戦争の痛手から回復した先進国では，急激な経済成長が見られるようになった。アメリカは栄光の60年代を経験したし，ドイツ（当時の西ドイツ）は経済成長の旗頭となった。そこに現れたのが，日本の高度経済成長である。1955年から17年間にわたって毎年実質で10％近い経済成長率を記録したのである。旺盛な投資と不断の技術進歩によって経済は発展と成長を永久に続けられると思っても不思議ではなかった。まさに明るい未来が常に人類を待ち受けていると当時の人々は思ったのである。

　経済学の分野に経済成長論が生まれたのもこれと軌を一にしている。1950年代後半からソロー（Robert Merton Solow 1924～）やスワン（Trevor Winchester Swan 1918～1989），ミード（James Mead 1907～1995）といった一級の経済学者によって経済成長論が生み出された。彼らの成長理論は，「明るい未来」の考え方を映し出している。技術進歩があれば，1人当たりのGDPは常に大きくなり，しかも市場経済では成長軌道の安定性が保証されるというのだから，きわめて楽観的な当時の経済社会情勢を表していると言えるだろう。

　そこに現れたのが既に述べたような公害という形の環境問題であり，さらには地球環境問題という新しい形の問題なのであった。楽観的な経済理論とは裏腹に，環境破壊という陰の部分が，経済成長の途上で社会を蝕み始めていた。

それも従来は地域レベルで収まっていた環境問題が，地球レベルでの環境問題へと変容していたのである。

この段階で人間は次のような課題に直面する。経済の発展・成長を自然環境の保全と両立可能なものにできるのか，あるいは経済の発展・成長を持続可能なものにできるのか，という課題である。持続可能な発展が可能でないならば，将来世代は現在世代と比べて，経済及び環境の面で同じ水準の幸福度を保つことができなくなる。これが世代間の衡平性にもとることになるのは明白である。

1987年，環境と開発に関する世界委員会（ブルントラント委員会）は，ブルントラント報告と呼ばれる *Our Common Future*（『地球の未来を守るために』）の中で持続可能な発展を「将来の世代のニーズを満たす能力を損なうことなく，今日の世代のニーズを満たすような開発」と明確に定義した。そして1992年リオデジャネイロの国連地球サミット（環境と開発に関する国際連合会議）では，持続可能な発展を具体化するためのアジェンダが設定された。人類を待ち受けているのは必ずしも明るい未来ではなく，地球が温暖化する一方で生物多様性が失われ，その結果生命基盤の脅かされた暗い未来だということが広く認識されるようになった。それと同時に具体的な対応への強い意志が初めて示されたのである。

1.1.3 環境制約と資源制約

もし仮に自然環境の制約を無視してよいのであれば何も持続可能な発展などという概念を持ち出さずとも，これまでどおり経済発展と成長を押し進めればよいのであって，経済運営は楽観的なものになる。しかし，現実を見る限り自然環境の制約は益々強まる一方であり，こうした制約を無視して持続可能な発展・成長を考えることはできない。それでは持続可能な発展を考える上で必要になる自然環境の制約とは具体的にどのようなものだろうか。それは大きく言って2つある。1つは自然環境に対する負荷をより小さくするという要請からくる制約であり，もう1つは天然資源をより節約的に利用するという要請からくる制約である。前者を環境制約，後者は資源制約と呼ばれることが多いの

でここでもその呼び方を踏襲する。前者については第1節で触れたので，ここでは後者について述べよう。

　先に古典派の経済学者たちは経済発展・成長には悲観的な見方をしており，経済発展・成長を享受できるのは短い間であって将来経済は定常状態に到ると考えたと述べた。そう考えた理由は主に資源制約による発展・成長へのブレーキである。これは現代にも通用する問題なので少し説明しよう。

　古典派の経済学者は資源制約として2つのことを考えた。収穫逓減と資源枯渇からくる制約である。経済が成長し人口が増加すると，より生産性の落ちる農耕地まで手を付けざるを得なくなり，農業の生産性は小さくなる。つまり収穫逓減に直面するわけである。これは当然経済発展・成長への足かせとなる。収穫逓減という制約がある限り，永遠の経済発展・成長等ありえない。

　一方，石炭等の天然資源の枯渇による制約も経済発展・成長を抑制する。古典派経済学者たちが最中にいた産業革命は，別の角度から見るとエネルギー革命であり，エネルギー源が再生可能な薪炭材から再生不可能な石炭に転換したときである。しかし，再生可能でない石炭がいずれは枯渇するのは明らかである。多くの人々がこのことに気づいていた。イギリスのジェボンズ（William Stanley Jevons 1835〜82）は正確には古典派の経済学者ではないが，石炭枯渇を最も鮮明な形で考慮した初めての経済学者である。

　確かに収穫逓減と天然資源の枯渇という制約があると，経済が永遠に発展・成長するということは不可能である。だが，古典派やそれ以降の経済学者が恐れたのとは反対に，経済が停滞の状態に陥ることはなく，むしろ未曾有の発展・成長を遂げることになった。なぜだろうか。言うまでもなく，収穫逓減や天然資源枯渇の制約を緩める要因があったからである。それは技術進歩と要素代替である。

　経済の余剰生産物の一部は再生産のための投資に向けられるが，一部は研究開発にも向けられる。これに加えて学習効果（learning by doing）等の効果もあって，技術進歩が引き起こされる。生産関数は上方にシフトすることによって，より少ない生産要素の投入でこれまで以上の生産物を確保することができ

るようになる。技術進歩による農業生産性の向上は収穫逓減効果を打ち消してなおあまりあるものがあった。増加し続ける人口を支えられたのも技術進歩の御陰である。

　技術進歩は天然資源の枯渇からくる制約にも有効に作用する。まず、資源の探査技術が向上し、新しい鉱脈が発見されるようになる。採掘技術も向上するから、同じ鉱脈でもそれまで以上の採掘が可能になる。加えて資源生産性が向上するから、天然資源という要素の投入量も節約できるようになる。こうした効果が相まって、需要が増加するにもかかわらず多くの天然資源の市場価格が長きにわたって低下した。これは、後の章で見るホテリング（Harold Hotelling 1895～1973）の理論モデルの帰結と矛盾するように見えるが事実なのである。

　一方、ある天然資源供給量が少なくなると、希少性を反映してその市場価格は上昇する。すると、市場経済において主体の動機づけが活かされる限り、必ず生産要素の代替が起きる。人々は他の資源で用を満たそうとするからである。森林伐採によって薪炭材供給量が減少すると薪炭材の価格は上昇するから、エネルギー源としてより多くの石炭が利用されるようになる。原油の価格が上昇すると、廃プラスチックが固形燃料としてこれまで以上に使われるようになり、またソーラーパネルによる発電が行われるようになる。これらは価格メカニズムによる要素代替である。

　もし市場がきわめて円滑に機能するのであれば、技術進歩と要素代替によって資源制約を克服できるかもしれない。ローマクラブが1972年『成長の限界』で環境制約と資源制約によってやがて経済は停滞に陥ると述べたが、その予想は見事に外れた。技術進歩と価格メカニズムによる要素代替の効果を考慮しなかったからである。しかしながら、環境制約にせよ資源制約にせよ、市場はどんなときにもうまく対応できるというわけではない。ローマクラブの予想は外れたが、かといって市場は万全だというわけではないのである。市場はうまく使いこなすことが大事なのであって、使い方を間違えると大変な経済厚生の損失を招くことになる。そのような事態を防ぐためにも、市場機能が活かせるような法制度的な枠組みをデザインする必要がある。そうしないと持続可能な発

展は望めない。

1.1.4　経済のグリーン化とグリーンニューディール

しかし法制度的な枠組みをうまくデザインすることによって市場をうまく誘導し，経済と環境を両立させるなどといったうまい話があるのだろうか。この問に肯定的に答えたのがアメリカの経営学者マイケル・ポーター（Michael Porter 1947~）である。彼は，「適切に設計された環境規制は，費用低減・品質向上につながる技術革新を刺激し，その結果国内企業は国際市場において競争上の優位を獲得し，他方で産業の生産性も向上する可能性がある」と主張した。

この典型的な例を，1978年に日本で導入された53年規制という当時世界で最も厳しい排出ガス規制に見ることができる。自動車メーカーは当初この規制案にこぞって反対したが，強い世論があったことに加えて，エンジンの画期的な改良で規制をクリアーできると考えた自動車メーカーが規制を受け入れることを表明したこともあってこの規制は導入された。その結果，日本の自動車メーカーの技術革新努力によって，走行性能がよい一方で低環境負荷の自動車を作ることに成功した。加えて，アメリカで導入された CAFÉ（Corporate Average Fuel Economy）規制も追い風となり，日本の自動車は世界で圧倒的な競争力を持つにいたったのである。

同じことは日本の公害防止投資についても見ることができる。公害防止投資は直接的に生産性の上昇をもたらさないので，短期的に見ると企業の費用増加要因になるだけである。しかし公害防止技術の革新は生産要素投入量の節約的利用を促進し，また新しい技術を呼び起こすなどして，日本企業の国際競争力を強めることになった。日本の製造業が高い生産性を保ちながら二酸化硫黄の排出量をきわめて小さい水準に抑えることができたのも，大気汚染防止法などの規制があればこその話である。

こうした経験を基に考えれば，経済と環境の両立を可能にする制度・政策が今後益々必要とされることは想像に難くない。実際，アメリカではオバマ大統領がグリーンニューディール政策を打ち出し，経済と環境を両立させる道筋を

大胆に示した。そして多くの人々がこの政策の効果に期待を寄せている。しかし，制度・政策が経済と環境の関係にどのように影響を与えるかについては冷静な分析が必要である。

もとよりこの政策は，フランクリン・ローズベルト大統領（Franklin Delano Roosevelt 1882~1945）によって1930年代に採られたニューディール政策にならったものである。よく知られているように，この政策自体は有効需要や雇用の拡大に期待されたほどの効果を持たなかった。ましてや，グリーンニューディールに景気拡大効果を期待するのは難しいだろう。しかし過去の経験からわかるとおり，グリーンニューディールが適切に設計されているのであれば，経済と環境の両立を長期的に導く政策として有効に作用する可能性がある。

21世紀になって日本では低炭素社会・循環型社会・自然共生社会の3つを成り立たせることを国の環境戦略と決めた（21世紀環境立国戦略）。これは新しい環境制約・資源制約を意味する。「制約」だけを強調するとそれは「足枷」のように聞こえるかもしれない。しかし，ポーターのアイデアを待つまでもなく，適切な制度を設計するならばそれは経済にとって新しい挑戦となり，技術革新による競争力の向上と雇用拡大を長期的に実現する可能性がある。制度と市場経済の関わりがいかに重要かがわかるだろう。

1.2 現代の経済と市場の質

1.2.1 制度的制約と経済との関係——なぜ集産主義経済は失敗したか

制度・政策と経済との関係をうまく築くことが重要なことはわかったが，しかしそれを実践することは容易ではない。それは歴史の教える通りである。たとえば初期資本主義経済を見てみよう。マルクス（Karl Marx 1818~1883）の喝破したように，労働者を搾取することによって資本家は利潤を獲得し，経済の拡大再生産を実行した。市場における労働者と資本家の競争条件はあまりにも不平等であり，このいびつな関係を是正するには制度・政策的な改革が必要なことは誰の目にも明らかになった。

マルクスは，資本主義経済においては労働者の窮乏化は相対的なものだけではなく絶対的なものとなり，このため資本主義経済そのものが立ち行かなくなると考えた。どうせ立ち行かなくなるのであれば，腐った扉は蹴飛ばした方が早い，政治的革命によって共産主義経済を築くべきだと主張した。これを実践したのが旧ソ連・東欧諸国である。

　こうした国々では原則的には市場経済は廃止され，国家による計画経済制度が導入された。資本設備や資産の個人所有は認められず，国家の所有するところとなった。集産主義経済の成立である。直感的に表現すれば，経済運営において市場の役割は原則ゼロである一方，集産主義的制度・政策がすべてという形の経済運営がなされたのである。

　残念ながらこの制度はうまく機能しなかった。個人の自由が圧殺されることによる根源的な不満が人々のなかにあったことが集産主義経済の破綻につながったことは明らかである。だが，「衣食足りて礼節を知る」の教えの通り，経済的に繁栄していれば独裁政権のもとでも民衆はある程度やって行けるものである。旧ソ連・東欧の社会主義社会の破綻は，そもそもこれらの国々が経済的に破綻してしまったからだと考える方が真っ当だろう。そして十分留意しなければならないことは，これらの国々では経済のみならず自然環境も惨憺たる状態になってしまったということである。

　旧ソ連・東欧の失敗の原因はあまたあるが，そのなかでも最も大きい要因は市場経済の廃止である。いわば市場経済はゼロ，制度・政策がすべてというゼロ-イチの関係で経済が運営できるわけがない。市場において価格がスムーズに動いてくれるからこそ，人々は何が相対的に余っていて何が足りないか認識できる。また，人々の動機が市場の中で活かされるからこそ，売りたいものが売れ，買いたいものが買える状況が保証されるのである。

　市場におけるこうした価格の効果を無視して円滑な経済を営むことは不可能である。しかし，一方で初期資本主義のもとでの市場取引は公正なものとはいえず，労働者が搾取されたのも否定できない。だからこそ，共産主義という集産主義的発想が生まれたのである。問題の本質は，市場経済の欠陥をどのよう

に是正するかということである。集産主義経済体制におけるように市場を否定したのでは，それは「角を矯めて牛を殺す」の類いで逆効果である。不公正な競争条件を矯正するような制度的制約を市場に課しつつ市場経済を有効利用する方が賢いやり方である。実際，その後の資本主義経済では労働者の地位の向上や競争条件の改善が実施され，賃金は着実に上昇し労働者の搾取はかつてと比べはるかに小さくなった（グレゴリー・クラーク2009）。このことは，経済と環境の関係を考える際にも重要な示唆となる。

1.2.2　市場の効率性と市場の失敗——厚生経済学の基本定理

さて市場で伸縮的に動く価格の役割の重要性については，今言及したとおりである。この点は環境保全と両立する経済のあり方を考える場合にも重要な論点となるので，少し復習しておく。

簡単な部分均衡分析で考えてみよう。図1-1にはおなじみの需要曲線・供給曲線が描かれてある。もし価格が伸縮的に動くことによって需給バランスがとられるのであれば，市場価格は p^*，取引量は q^* で均衡する。この価格のもとでは売りたい人が売りたいだけ売れ，買いたい人が買いたいだけ買えるという意味で市場の参加者は皆満足である。

これをもう少し厳密に表現すると次のようになる。需要曲線は消費者の支払い意思を金額ベースで表現しているから，図の AEp^* は消費者の得た純満足度を金額ベースで表している。これを消費者余剰と呼ぶ。他方，生産者の利潤は BEp^* である。これを生産者余剰と呼ぶ。消費者余剰と生産者余剰をあわせたものを総余剰と呼ぶ。総余剰は市場均衡点で最大化されている。

もし市場均衡と異なった点で取引されたらどうなるだろうか。たとえば，政府が価格支持政策によって価格を p_1 に固定したとしよう。この価格のもとでは超過供給が生まれる（図のCDの部分）。売りたい人の一部は買い手が見つけられない状況が生じる。このとき消費者余剰は ACp_1，生産者余剰は p_1CFB となり，総余剰は $ACFB$ となって，市場均衡取引の場合と比べてCEF分だけ小さくなってしまう。この損失を死荷重損失（Deadweight Loss）という。妙な

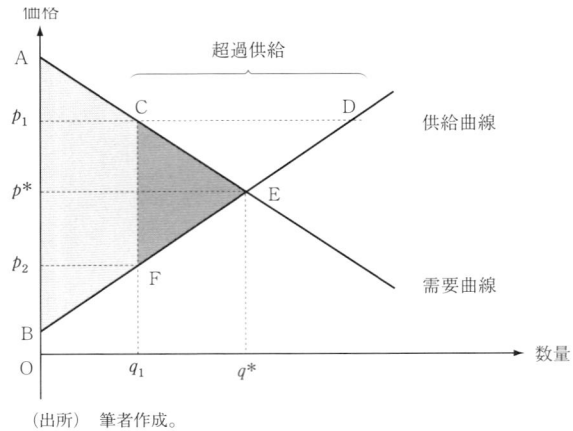

図1-1 価格調整による需給均衡

(出所) 筆者作成。

訳語だが，単に厚生の損失を意味するに過ぎない。

同じようなことは価格を p_2 に固定したまま取引を実行したときにも起きる（なぜそうなるか読者自身で確かめて頂きたい）。重要な点は，市場均衡価格以外の価格に固定して取引を実行すると経済全体の厚生（総余剰）に損失が生じるのに対し，価格に伸縮度を持たせながら取引を行うと需給バランスが保たれた上に経済厚生（総余剰）が最大化されるということである。

この簡単な事実は，たとえば取引関係をより複雑化して経済全体の取引を一挙にモデルで表したとしても確かめることができる。経済全体の取引関係を表したモデルを一般均衡モデルと呼ぶが，このモデルを用いると，一定の条件が満される限り完全競争のもとでの市場均衡取引はパレート最適性を満足することを示すことができる（厚生経済学の第1基本定理）。パレート最適性とは，もはや他の誰かの満足度を損なわずには他の誰かの満足度を上げられないぎりぎりの資源配分状況をさす。実に興味深いことに，パレート最適の資源配分および資源の希少性の度合いは，完全競争市場における均衡配分と均衡価格として実現することができる（厚生経済学の第2基本定理）。

ところが実際の市場経済は往々にして完全競争の状態にはない。情報が各経済主体に正しく行き渡っていないかもしれないし，誰かが価格支配力を持って

いるかもしれない。また市場への参入退出が妨げられていることもある。加えて，市場を通さない費用や便益の授受（前者を外部不経済，後者を外部経済と呼ぶ）がある場合，もはや市場は最適な資源配分を保証しない。公共財を供給するのにも市場取引ではうまくいかない。つまり市場はさまざまな理由で失敗するのである。

ここに政府が市場に介入することによって経済厚生を増加させる余地が出てくる。あるいは，パレート最適性を実現するような方向で何らかの措置をとる余地が出てくる。後に見るように環境問題の一部は外部不経済に起因する問題であるから，政府の介入が必要とされるわけである。だが政府は期待されるほど賢くないかもしれないし，さまざまな政治的事情で採用できない政策があるかもしれない。適切に制度を設計し政策を実行しないと経済と環境の両立は難しい理由がここにある。

1.2.3 市場と制度的インフラストラクチュア

繰り返しになるが，何らの制度的制約もない市場において経済活動をなすがままに任せておくと，経済と環境は永遠に両立しないままである。外部不経済の発生という事態が起き，経済厚生の損失が生じてしまう。自然環境という要素にいくら生産要素としての役割やサービス（用役）供給としての役割があっても，市場取引の対象となることがないために貨幣評価の対象ともならないからである。大気，土壌，水，景観，生態系などの環境要素は誰のものでもないから，市場における価格という形で資源の希少性が反映されない。これでは誰もが勝手に環境要素を使い放題使ってしまう。

一方で市場取引のメリットを否定してしまうわけにもいかない。それではどうしたら良いのだろうか。次のように考えてみよう。仮に自然環境という要素が何らかの形で市場経済の取引の中に取り込まれ，その希少性が経済主体の意思決定に反映されるようになると考えてみるのである。自然環境という要素は，ある主体にとっては便益を与えてくれるがゆえに支払いの対象となる。逆に，自然環境という要素が失われる場合，ある主体にとって当該損失は費用として

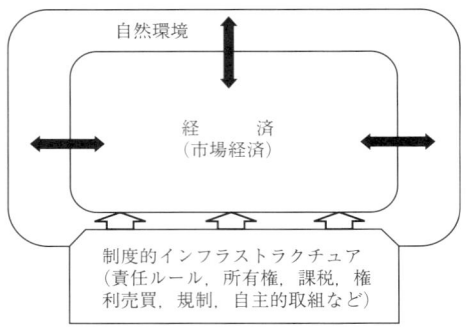

図1-2 市場と制度的インフラストラクチュア

(出所) 筆者作成。

感じられ，補償要求の対象となる。このような環境要素に対する支払い，あるいは環境要素の損失に対する補償が取引関係に反映されれば，人々の動機付けが環境保全の方に自然と誘導される。そうすれば従来の市場取引だけでは達成することのできなかった最適性を取り戻すことができるかもしれない。

以上のことを実現するには，経済主体に便益を与えてくれる自然環境という要素の希少性を経済取引の意思決定のなかに取り込まなければならない。そのための方法が環境保全のための制度・政策ということになる。この具体的方法については後の章で詳しく説明するが，どの方法にしても，結局は市場の動きを制御することを目的とした制度的インフラストラクチュア（以降制度的インフラと略す）として把握することができる，という点が重要である。市場の依って建つ制度的インフラいかんによって，経済と環境の両立のあり方が異なってくるのである（図1-2）。

たとえば公害防止のための汚染者負担原則（Polluter Pays Principle ; PPP）という責任ルールを考えてみる。この原則は，公害の原因者が被害者救済の費用など発生した費用のすべてを負担するとしたものである。一旦 PPP という責任ルールが経済の中に組み込まれると，潜在的公害原因者は起こり得べき環境被害を費用として明確に認識する。環境要素の希少性が経済取引の中に反映されるわけである。こうして市場経済の動きは PPP という制度的インフラに

よって制御されることになる。

　もう1つの例を挙げてみる。大気汚染防止法は煤煙（酸化物，煤塵，有害物質など）の排出に対して制限を課している。これに違反した企業は，故意または過失にかかわらず罰則を科せられる。罰則を恐れる企業は，規制を遵守するよう努める。規制を遵守しようとするとそのための費用が当該企業に生じるので，やはり環境要素の希少性が企業の取引活動に反映されることになる。こうして直接規制と呼ばれるこの手法も環境を保全する制度的インフラの一要素を構成することがわかる。

1.2.4　環境クズネッツ曲線

　市場の制度的インフラを適切に設計することによって経済と環境の両立が可能になるのであれば，自然環境を保全しつつ経済の健全な発展と成長を維持することができるかもしれない。現実に，日本経済は1970年代に公害を克服しながら経済を発展・成長させることができた。たとえば，二酸化硫黄についていえば，この時期経済は成長しつつも排出量・濃度ともに減少したのである。

　時折，環境を保全するためには経済成長を止めなければならないという議論が聞かれる。こうした考え方の背景には，経済の規模が拡大すると必然的に環境負荷も増加し，天然資源が食いつぶされるという懸念がある。確かに経済構造や制度的インフラ，それに技術水準が同じであるならば，経済規模の拡大とともに環境要素や天然資源の使用量も単調に増加し，環境の状態は悪化するだろう。

　しかし，時間とともに経済構造，制度的インフラ，技術水準などは変化する。一口に経済成長といっても経済の中身が異なるわけである。GDPなどの増加で測られる経済成長率は1次元の指標であって，多次元の経済の中身を表すことができない。経済規模が拡大するといっても必ずしも物的投入量が増加するとは限らず，知的なサービスや情報といった資源の投入が増えているかもしれない。そうだとしたら，経済成長率の動きに一喜一憂するのも，逆にいたずらに経済成長を疎んじるのもともに意味がないということがわかる。

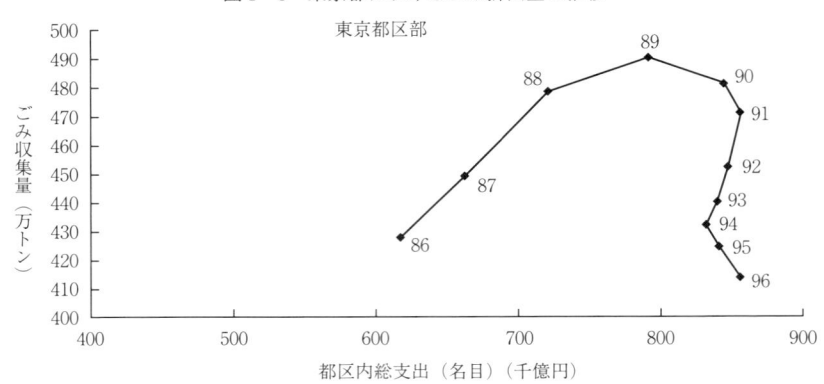

図1-3 東京都におけるごみ排出量の推移

(出所) (財)日本環境衛生センター(1999)のデータを用いて再構成した。

　そもそも経済成長率は資本や労働の増加率だけではなく，技術進歩率や教育の質の向上，システム改善などといった要因によっても説明される。仮に物的投入量が下がったとしても，技術進歩や教育の質の向上がありさえすれば経済は成長する可能性がある。その典型的な例は，学習効果である。同じ生産物を作る場合でも，生産に携わる人々の習熟度が向上することによって生産性は上昇する。これを学習効果と呼ぶ。学習効果が働けば，無駄がなくなり物的投入量を節約しつつ生産量を増加することが可能になる。

　では経済成長下での環境保全を示すより強力な証拠はあるのだろうか。環境クズネッツ曲線はまさにこれを示すものである。この曲線は，横軸に所得水準(あるいは支出水準など)を縦軸に環境負荷指標をとった座標上で描かれる曲線で，低所得の段階では所得の上昇と環境負荷の上昇が正の相関を持つが，高所得の段階になると負の相関を持つことを示す曲線である。

　図1-3は東京都民の支出水準とごみ(一般廃棄物)排出量との関係を示したグラフである。1989年までは都民の支出が増加するのに応じてごみ排出量も増加するが，それ以降支出が伸びてもごみ排出量は減少している。1989年がこの関係の転換点となっており，この頃を境として東京都の廃棄物政策に何らかの変化があったことが示唆される。事実，東京都は清掃局ごみ減量対策室を中心

に事業系ごみの民間委託化や大規模事業所の直接指導など，積極的なごみ減量のための施策を導入した。制度的インフラによって環境が改善されたのである。

ただし，環境クズネッツ曲線はすべての環境負荷指標に当てはまるわけではない。二酸化硫黄濃度などの指標には当てはまるが，今のところ二酸化炭素排出量には当てはまらない。しかし現在の所得水準（支出水準）で妥当しない場合でも，より高い水準では妥当するかもしれない。この可能性を追求するためにも，環境クズネッツ曲線の妥当する環境負荷指標と経済発展・成長の関係をより深く分析する必要がある。

1.3　環境経済学の課題と方法

以上述べたような環境問題を冷静に見つめ有効な政策を打ち出すためには，環境経済学的な観点からの分析が必要である。今人類が直面している環境問題のほとんどが経済活動によってもたらされた結果であることを考えると，環境経済学的な分析の重要性が理解できる。本節では環境経済学的な視点からどのような課題をどのような方法で分析するのか，そのあらましについて説明する。

1.3.1　法制度と経済の接点——市場を支える制度と所有権の問題

自然環境が与えてくれる便益やサービスを人間はこれまで無料であると考えてきた。長い間人間は大気・水・土壌などを無料で経済活動に投入し，あるいは無料で排出場所として使ってきたのである。その結果公害や地球環境問題が起きた。制度的インフラを構築することで自然環境の無料利用をやめさせることができれば，環境破壊を食い止めると同時に経済厚生をより大きくできる可能性が高まる。

制度面で最も大きな要素が所有権の設定・付与である。多くの自然環境の要素には所有権のないもの，あるいはあっても規定が曖昧で権利の遵守されないものが多い。大気は誰のものでもないし，領海範囲外の海洋はどの国家の所有物でもない。誰にもどの国家にも所有されないということは，誰でもどの国家

でもそれらを自由に使って良いということにもなる。現に人間は二酸化炭素の捨て場所として大気を自由に使ってきたし，7つの海を渡って自由に漁業をしてきた。

こうした場合，仮に自然環境からの産物（便益ないしサービス）に希少性はあっても，自然環境の劣化に構うことなく早い者勝ちで便益ないしサービスを獲得しようとするだろう。皆が同じように行動する結果，自然環境は破壊されてしまう。

だとしたら，何らかの形で所有権ないし使用権を設定して関係経済主体の間に配分すれば，自然環境要素の希少性が経済取引の中に反映され，経済と環境が両立する可能性が高まる。希少性が経済取引の中に反映されるということは，自然環境要素利用の費用が経済主体の意思決定に反映することに他ならないため，タダでの利用がなくなるからである。問題は，どのように所有権や使用権を設定すれば経済と環境の両立を実現できるかということである。

所有権や使用権の設定とならんで重要なのが責任ルールの設定である。所有権や使用権などの権利が設定されていても，権利が侵害された場合の補償ルールなどが設定されかつ遵守されないと，権利自体が意味を持たなくなる。たとえば，公害による健康被害の救済にPPPが適用されることは既に述べた通りだが，汚染者責任が過失責任であるのか無過失責任（厳格責任）であるのかによって，権利の担保のされ方が異なってくる。どのような責任ルールが経済厚生の最大化をもたらすか深い分析が必要である。

また，以上とは少し異なった制度の問題として次のような問題を考えてみよう。緑の多い景観があれば誰もが生活に潤いを感じることができることを知っている。しかし，自分だけが植栽しても他の人が費用を負担せずにその成果を獲得してしまうから，結局誰も植栽しようとしないかもしれない。この場合，どうしたらうまく緑の景観を供給することができるだろうか。これは緑の公共財をどのように供給したら良いかという問題である。

個人に全く緑を供給する動機がないといえばそうではない。チロル地方に行くとそれぞれの家やホテルがベランダで外側に向けて花を生けてあるのを見か

ける。このように個人に自発的に緑を供給させる方法もある。しかしそのような方法がうまく機能しない場合が多い。そうした場合には自発的な供給をするような動機付けの制度が必要になるだろうし，あるいは政府が緑を供給することも考えられるだろう。

以上のような問題をおもに扱うのが第2，3章である。

1.3.2 再生可能資源と再生不可能資源

1.3項では資源制約に由来する問題ついて述べた。通常経済学では「資源」と言った場合，あらゆる生産要素を示す場合が多い。たとえば，「資源配分の効率性」という表現で用いられる場合の「資源」は，何も天然資源に限られるわけではなくあらゆる生産要素を指している。しかし環境経済学では，「資源」という言葉で「天然資源」ないし「自然資源」を指すことが多いので，ここでもこの慣例を踏襲することにしよう。

資源には2つのタイプがある。1つは自然の力によって再生することが可能な資源であり，これを再生可能資源と呼ぶ。森林資源や漁業資源がこのタイプの資源である。広く捉えれば，オゾン層なども再生可能資源として取り扱うことができる。オゾン層は生命にとって必要不可欠な資源として捉えることができ，また自然の力によって再生することが可能だからである。ただ，動植物などの生命と異なり，自分の力で再生するわけではないという点が大きく異なっている。

これに対して，自然の力によって再生することのできない資源がある。これを再生不可能資源と呼ぶ（場合によっては枯渇資源と呼ぶこともある）。化石燃料や鉱物資源などがその代表例で，一度使ってしまったらもとの状態に戻らないような資源のことである。

さてこれらの資源を，時間を通じてどのように利用すれば人々の経済厚生を高めることができるだろうか。天然資源は現在の世代ばかりでなく将来世代も利用するだろうから，時間を通じての経済問題を解かなければならない。制度的インフラなしに市場が問題をうまく解決してくれるだろうか。

そうでないことはさまざまな生物種の絶滅や天然資源のピークアウト（過去の最高水準から徐々に生産量が減少すること）の問題から明らかである。こうした問題を市場に任せておいてすべてがうまく解決されるのなら，生物種が消え去ろうとエネルギー源がなくなろうと市場における取引の結果だからあえて制度政策的措置を採ることもないということになってしまう。言うまでもなく，これは現代の問題感覚から途方もなく乖離している。

ただし，再生可能資源と不可能資源の場合では，問題対処の考え方が異なるということに留意する必要がある。再生可能資源の場合にはうまく利用すればストック量を維持しながら利用できるのに対して，再生不可能資源の場合には利用すると必ずストック量が減少してしまうからである。

もう1つ違いがある。それは，再生可能資源については資源が囲い込まれていないために所有権や使用権が明らかでない場合が多いのに対し，再生不可能資源については資源の所有権が明確な場合が多いということである。森林資源のように再生可能資源でも所有権の明確であるものもあるが，多くの再生可能資源は所有権や使用権が明確でないか，あっても遵守されないことが多い。

こうした問題を扱うのが第4章，5章である。なお，再生可能資源の問題は第2章で扱われるコモンズの理論とも深い関わりがあることに注意しておく。

1.3.3 外部不経済の内部化論

次に環境制約に由来する問題を取り上げよう。この古典的な問題は外部不経済の内部化問題として知られており，既にピグー（Arthur Cecil Pigou 1877～1959）が蒸気機関車の排出する煙による周辺環境への被害を経済学的に定式化した。ピグーの考え方は，現代でも公害など多くの環境問題に適用可能である。

たとえば大気汚染問題を考えてみる。工場のボイラーから排出される二酸化硫黄によって周辺住民が健康被害を受けているとしよう。これを工場が大気という希少な資源を無料で使っていることから来る問題として捉えることもできるが，一方，市場を経由することなく周囲の人々に健康被害という費用を押し付けているとみることもできる。

通常の財やサービスであれば市場で取引されるから，便益も費用も市場で実現する。しかし，上のような例では健康被害という費用は市場取引の中で実現せず，被害者が一方的に被るだけである。他方，大気を二酸化硫黄の捨て場所として用いることによる便益は企業の利潤という形で実現している。費用は実現されないのに便益のみを受ける工場は，大気を過剰に利用することによって健康被害を引き起こしてしまうのである。

もし，何らかの形で健康被害という費用が市場取引の中に反映されれば，大気の過剰利用はなくなるはずである。このように市場を経由しなかった費用を市場取引の中に実現することを，外部不経済の内部化という。外部不経済の内部化の手法にはいくつものやり方がある。ピグーが提案したのは課税による最適性の実現で，これはピグー税と呼ばれる。

ピグー税の考え方は環境税の基礎となっている。しかしながらピグー税のような理想的な税を制度として導入することは容易ではない。どのような資源配分が最適性をもたらすか政府は知っていなければならないが，それは実際難しい。また自然環境要素使用への課税は，使用権の制限ということで政治的反発を招くかもしれない。

課税とは反対に，まず所有権ないし使用権を設定かつ制限してから，市場でその権利を取引させることによって自然環境要素を含めて効率的な資源配分を達成するという方法もある。これが権利売買という手法による環境保全である。その典型的な例は排出権売買である。課税という手法が価格面での制約（税率）から数量面での制約（目標取引量の達成）を導くのに対し，権利売買は数量面の制約（目標取引量の設定）から価格面での制約（排出権価格）を導くという意味で2つは対照的な施策であり，同じような効果をもたらす。しかし，不確実性などがあると2つの施策は異なった効果をもたらすことが知られている。

課税という手法にしても権利売買という手法にしても，制度的に厳しい制約を課さなければ実行できないけれど，これらとは異なり弱い制度的制約のもとでも同様な効果をもたらす方法がある。それは企業の自主的取組と呼ばれる方法である。「自主的」だから拘束力がなく，したがって目標達成の実現性に乏

しいと感じられるかもしれないが，そうとも限らない。現に，日本では企業と地方自治体の間で結ばれた自主協定すなわち公害防止協定が環境保全に大きな効果を持ったことが知られている。自主的取組でも外部不経済の内部化が可能になると言えるだろう。

　これらのことが第6章，7章，8章で議論の対象となる。

1.3.4　資源循環の理論

　以上述べた問題とは多少趣を異にしているのが廃棄物処理とリサイクルに関わる問題，すなわち資源循環の問題である。廃棄物は適正に処理されている限り外部不経済をもたらさない。また，所有権や使用権が設定できていないことや，あるいは遵守されていないことによって問題が起きているわけでもない。しかしながら廃棄物処理とリサイクルの問題は環境問題の一部と考えられている。なぜだろうか。

　それは，自然環境要素の過剰利用や外部不経済の問題が明示的には現れていないものの，これらの問題が廃棄物処理とリサイクルすなわち資源循環問題の根底に厳然と存在しているからである。確かに，廃棄物を適正に処理・リサイクルしている限り外部不経済は生じない。また廃棄物処理やリサイクルの過程で自然環境要素の過剰利用があるようにも見えない。

　しかし制度的インフラの設計・構築を誤ればたちまち外部不経済が顕在化するかもしれないし，自然環境要素が過剰に利用されてしまうかもしれない。また，間違った制度を築いてしまうと，外部不経済を起こさないために正当化できないほどの高い費用をかけてしまうかもしれない。こういった問題が頻繁に起きているのが現実なのである。

　またこの問題は，再生不可能資源の利用問題とも深く関わっていることに注意したい。鉱物資源などの天然資源はやがてピークアウトする。一方，経済活動からの残余物（廃棄物）の中にも同等の鉱物資源が入っていることがある。天然の鉱物資源を採掘・製錬して利用するのか，残余物の中の鉱物資源をリサイクルして利用するのか，重要な経済的選択問題となる。

この問題で考慮しなければならないのは，廃棄する（捨てる）という行為はタダではないということである。外部不経済を起こさないように廃棄するには，費用をかけて適正に処理しなければならないからである。廃棄物処理とリサイクルに関する巷の議論では，往々にしてこの点が見落とされてしまう。廃棄するにも費用がかかるということを考慮した上で，残余物を廃棄処理するかリサイクルするか選択しなければならないのである。

加えて最終処分場は自然の力によって再生されない，一種の再生不可能資源であることに気づかなければならない。日本の国土が一定である限り，いずれ最終処分場はなくなってしまう。つまり，天然資源を生産過程に投入して生産物を産み出し，生産・消費活動から排出される残余物をリサイクルすることなく埋立処分するということは，天然資源と最終処分場という2つの再生不可能資源を過剰利用することにつながるのである。

適切に設計された制度がないと，廃棄物処理とリサイクルはきわめて高くつく経済行為になってしまうことが理解できるだろう。この問題はおもに第9章で取り上げられるが，第4章のテーマとも関連がある。

1.3.5 地球環境問題と国際的視点

現代の環境問題で最も際立っているのが地球規模での環境破壊であることは間違いない。地域的な環境問題が重要であることは言うまでもないが，地球規模での環境破壊は地球全体に影響を及ぼすために，人類にとって逃げ場のない問題であるという意味で一層重要度の高い問題である。将来世代に緑の地球を残せないとしたら，現代世代の責任がいかに大きいかわかるというものだ。

地球温暖化・オゾン層破壊・砂漠化・酸性雨などの地球環境問題は，国境を超えて影響が広がる問題であるがゆえに一国だけの対応では問題解決が困難である。必然的に国際協調を必要とすることが従来型の環境問題と大きく異なるところである。一国内の環境問題なら，政府が制度的インフラを構築し，その上で具体的な施策を実行すれば良い。遵守しない主体があれば，罰則などを科すなどして遵守の方向に導くことができる。

ところが国際的な環境問題では，まず制度的インフラを構築することの合意が問題になる。地球温暖化問題で各国協力した対応がなかなか進まないのは，1つには合意形成が難しいからである。さらに，合意形成が行われたとしても，合意内容を確実に実施し各国に合意内容を遵守させる組織ないし機関が存在しないゆえに，合意された目的を達成する手段が非常に限られているという難点がある。制度設計という意味で，経済学がまだまだ貢献できる余地がここにある。

　国際的な視点から見た環境問題としてもう1つ興味深い問題がある。それは「自由貿易が環境保全と両立するか否か」という問題である。最近，WTO（世界貿易機構）の会議にNGOが「自由貿易反対」の声を上げてデモを行うシーンがよく見られる。そうしたNGOの中には環境NGOもあるようである。本当に自由貿易を行うと環境は悪くなるのだろうか。自由貿易と環境保全は両立しないのだろうか。

　確かに，輸出用のエビを養殖するためにマングローブの林が潰されたし，先進国への木材供給のために熱帯林が伐採された。ハンバーガー用の牛肉生産のために森林が開墾されて牧草地となったという話もある。これらはどれも自由貿易の御陰で環境が犠牲になった例である。

　また，公害輸出という事態が告発されることもある。発展途上国の中には環境規制の甘い国があり，先進国の企業がそれを良いことに工場をそのような国に移転させて操業し，公害を途上国にまき散らすというのである。その極端とも言える事例が，1984年にユニオンカーバイトの起こしたボパール事件（インドのボパールで工場から有毒ガスが流出したため多数の死傷者が出た事件）である。

　これらの例だけを見ると，自由貿易や自由な国際経済取引は環境を悪化させるだけのように見える。しかし，以上のような限られた事例だけですべてを判断すべきではない。個別の事象に共通した点を拾い出し，モデル化することによって自由貿易のメリット・デメリットを冷静に判断する必要がある。こうした問題を取り扱うのが第11章の目的である。

1.3.6 持続可能な社会の形成——衡平性

　地球規模での影響が現代の環境問題の1つの特徴であるとすると，時間を通した次世代への影響も現代の環境問題の大きな特徴である。その典型的な例を地球温暖化問題に見ることができる。現在世代が大量に化石燃料を使用することによって二酸化炭素を大量に排出したとしても，現在世代は地球温暖化によるマイナスの影響を受けない。もっぱら影響を受けるのは将来世代である。

　似たようなことが天然資源の利用についても言える。現在世代は自分たちの便益増加のために，現在の採算の範囲内においていくらでも天然資源を使うことができる。ところが現在世代が資源を大量に使用すると，再生不可能資源の場合将来世代に残される資源量は少なくなる。将来世代は現在世代と同じ水準の経済的豊かさと環境的豊かさを享受できないかもしれない。やはり現在世代のために将来世代が犠牲になってしまう。

　この問題を考えるために持続可能な発展という言葉を思い出そう。それは，ブルントラント委員会によれば「将来の世代のニーズを満たす能力を損なうことなく，今日の世代のニーズを満たすような開発」であった。上の2つの例は明らかに持続可能な発展に反する。

　ここでわれわれは2つの難しい問題に直面する。1つは，将来世代は現在世代の意思決定に関与できないということである。現在世代も直接的には将来世代の意思決定に口を挟むわけではないけれど，将来世代の持つ初期資源賦存量や技術条件，そして彼らが置かれる自然環境の状態に重大な影響を与えるという意味で間接的に影響力を持つのである。とすると，現在世代と将来世代の関係は公正なものとは言えないだろう。

　もう1つの問題は将来生じるかもしれない便益や費用を割り引くという行為に関するものである。もとより，自分の生涯に関わることであれば，将来生じるかもしれない便益や費用を今のそれよりも低く見積もることは合理的なことである。しかし，人格の異なる将来世代の便益や費用までも割り引いて現在意思決定することは経済的に合理的なことなのであろうか。

　このように考えると，制度的な制約が市場に課せられていない限り，現在世

代は将来世代のことを考慮せずに利己的に振る舞い，この結果将来世代の犠牲の上に現在世代の便益拡大が図られる可能性の大きいことがわかる。つまり，2つの世代の関係は便益享受の観点で釣り合いが取れていないのである。もし何ら制度的制約のない市場において，現在世代が，将来発生するすべての便益の現在価値和を最大にするように意思決定すると，将来世代の経済厚生は事実上無視され，経済は持続可能でなくなってしまう。無限の将来の便益は無視し得るほど小さく計算されるからである。

　これが持続可能な発展という観点から理にかなっていないことは誰の目にも明らかである。この問題を厳密に定式化し，解決の糸口を与えるのが第12章の役割である。

1.3.7　実証分析の必要性

　持続可能な発展を示す1つの仮説として，1.2.4項で環境クズネッツ曲線について触れた。二酸化硫黄排出量や濃度などを環境負荷指標として採用すると環境クズネッツ曲線が概ね妥当することは述べた通りである。それではそれとは異なったより多くの環境負荷物質の量を環境指標として採ったとき，環境クズネッツ曲線は妥当するのだろうか。

　この問題がきわめて実証的な問題であることは直ちに認識されるだろう。事実，多くの計量経済学の研究者がこの問題に取り組んでおり，さまざまな結果が得られている。そして，すべての環境負荷物質について環境クズネッツ曲線が妥当するわけではないことがわかっている。しかし，だからといって将来も妥当性が否定されるかどうかはわからない。将来，所得がより大きくなった時点で環境負荷指標は低下する可能性もあるからである。

　経済が発展・成長して一国レベルで所得が増加すると，経済の構造も変化する。資本主義の国々はその発展・成長過程で，第1次産業から第2次産業へ，そして第2次産業から第3次産業へとウエートが大きく変わってきた。経済の構造が変化すれば，経済が利用する資源やエネルギーの構成および量も変化する。加えて，技術もより天然資源・エネルギー節約的なものに変わるだろう，

さらに制度的インフラが市場経済を環境負荷の小さい方向に誘導すれば、経済成長下でも多くの指標において環境負荷が減少する可能性がある。第10章はこうしたことを実証的に確かめている。

異なったテーマで同様な実証的検討を行っているのが第8章である。企業の社会的責任（CSR）に根ざした活動や環境保全に向けての自主的取組は、企業にとって費用増加要因となる。にもかかわらず企業はCSR活動や自主的な環境保全活動を行っているという事実が観察されている。このような企業の自主的な取組を促す要因はなんだろうか。それがわかれば、制度的インフラを適切に設計することによって、規制・課税・権利売買などの手法に頼ることなく経済と環境の両立を促進することができるかもしれない。これもまさに実証的な研究によって事実が明らかになる。

通常経済学では、理論的な帰結を実証的にテストするということが多い。経済学が経験科学である以上それは当然のことである。しかし比較的新しい分野であって、新しい事実が短期間のうちに明らかになってくる環境経済学では、理論的検討よりも実証的検討が先に進むこともままある。公害輸出が実際あるかどうかについての実証検討も同様である。

場合によって後先の変わることがあるかもしれないが、重要なことは理論分析と実証分析がともに手を携えて研究のフロンティアを拡張して行くということである。どちらが欠けても説得力は小さくなる。環境経済学が手がけねばならない課題はまだまだたくさん残されているのである。

■ ■ ■

◉参考文献

Clark, G. (2007) *A Farewell to Alms: A Brief Economic History to the World*, Princeton University Press.（久保恵美子訳（2009）『10万年の世界経済史』（上・下）日経BP）

Diamond, J. (1999) *Guns, Germs and Steel: The Fates of Human Societies*, WW Norton & Co Inc.（倉骨彰訳（2000）『銃・病原菌・鉄』（上・下）草思社）

Donella H. Meadowsetal. (1972) *Limitsto Granth*, Chelsea Greem Pubco.（大来佐武郎監訳（1972）『成長の限界』ダイヤモンド社）
環境経済・政策学会編（2006）『環境経済・政策学の基礎知識』有斐閣ブックス.
環境と開発に関する世界委員会（1987）『地球の未来を守るために』（大来佐武郎監訳）福武書店.
（財）日本環境衛生センター（1999）Factbook.
細田衛士（2010）『環境と経済の文明史』NTT 出版.
細田衛士・横山彰（2007）『環境経済学』有斐閣アルマ.
矢野誠（2005）『「市場の質」のシステム改革』岩波書店.

第2章
環境保全の制度的側面

樽井 礼

　本章では環境・資源利用の効率性に関して法制度が果たす役割について経済学的な視点から考察する。2.1節では環境・資源について私的所有権が確立している場合に効率的な資源配分が達成される条件を考える。また，環境・資源について特定の法制度が出現・採択される条件に関する経済学的な視点を説明する。2.2節では，私的所有権が確立されていない場合，とくに共有制度のもとでの資源配分にかかわる理論・実証研究の概観を行う。

　法制度によって環境保全を進めるにあたっては，さまざまな政策手段が存在する（環境税，排出量取引，またリサイクルや廃棄物処理にかかわる諸政策手段に関しては6，7，9章を参照）。本章では責任ルールに焦点をおき，各種ルールが環境問題における加害者・被害者の行動に及ぼす影響，それらの影響を通じた資源利用の効率性に関する帰結を考察する（2.3節）。

　2.2節，2.3節では既存の各種法制度が環境利用の効率性に及ぼす影響を考慮するが，2.4節では環境・資源利用が法制度の出現や変化にどのような影響を与えるか（または環境と法制度の相互依存関係）に関する研究を紹介する。経済が発展する過程や他の経済との貿易を通じ，資源利用に関する法制度がどのように変わるかに着目した近年の研究に焦点をおく。

2.1　制度と効率に関する基礎理論

2.1.1　制度，資源配分の効率性と所得分配

　「制度」とは何かについてはさまざまな定義が存在するが，概して「社会に

おける経済主体間の取引に関わるルール」または「主体間の取引を司る人為的な制約」という広い意味の概念をさすとされている（North 1990, 3頁）。天然資源の利用や汚染物質の抑制は，そのような広い意味においてさまざまな制度のもとで行われている。各章で議論されているように，さまざまな制度のもとで環境・資源はある場合は比較的効率的に，ある場合には非効率的に利用されている。よって，どのような制度のもとで資源は効率的に利用されるのか，また効率的な資源利用を促進する制度はどのような条件のもとで導入されるのか，というのは重要な政策課題である。

制度が資源利用の効率性に与える影響に関する研究の出発点に位置するのが「コースの定理」と呼ばれる理論である。「ある条件のもとでは，私的所有権が確立している資源の配分は（たとえ外部性が存在していても）当事者間の直接交渉によって効率的に行われる」というのが，コースの定理の主要な主張である（Coase 1960）。具体的には，定理は以下の2つの主張を含む。

主張1：外部性に関する当事者間の取引費用・情報の非対称性がないと仮定する。この場合，私的所有権がどのように配分されているかにかかわらず効率的な財の配分が達成される。

主張2：上記の仮定に加えて外部性に関わる財の消費に関して所得効果がないと仮定する。その場合には，私的所有権がどのように配分されているかにかかわらず，達成される外部性の量は一意に定まる。

(1) **コースの定理の図解**　多くの教科書にあるように，コースの定理の主張1は単純な費用便益分析によって説明可能である。ここでは所有権の初期配分が所得分配に与える影響を明示的に分析するため，エッジワースボックス分析と呼ばれる方法を用いて上記の2つの主張を説明する（図2-1）。例として，「たばこ」と「その他の財（所得財）」の2財を消費する2人の消費者A（非喫煙者），B（喫煙者）の間の財の配分を考えよう。各消費者の所得を I_A 円，I_B 円とする。B氏は，所得に加えて一定量S本のたばこを保有しているものとする（たばこやその他の財の消費・生産量，所得が内生的に決まるような厳密な一般均衡分析に

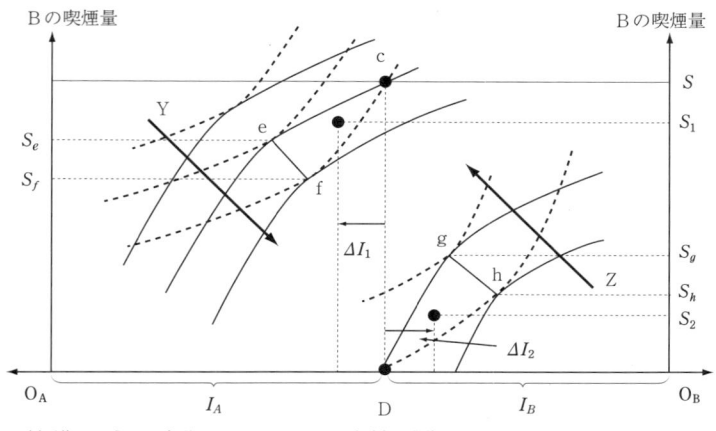

図2-1 エッジワースボックスを用いたコースの定理の説明

（出所）ミネソタ大学の Stephen Polasky 教授の講義ノートをもとに、筆者作成。

関しては，柴田・柴田（1988）を参照）。図の水平軸は所得財の量を，垂直軸は（B氏のよる）たばこの喫煙量を測っている。点 O_A，O_B はそれぞれ消費者A，Bの消費量の原点に対応する。A氏の効用はB氏の喫煙量が増えるとともに下がる。一方B氏は自身の喫煙から正の効用を得る。実線（破線）の曲線はA氏（B氏）の無差別曲線を，矢印Y（Z）は両者の効用が増える方向を示す。両者は同じ場所におり，他の場所に移動できないものとする。この状況では，B氏による喫煙はA氏に外部不経済を及ぼすこととなる。

両者の間ではたばこの消費量と所得に関して取引ができるものとする。ここで私的所有権の分配に関して(1)たばこの消費，すなわち喫煙をする権利を喫煙者が保有する場合（喫煙権）と(2)非喫煙者が2次喫煙のない清浄な環境を保有する権利を有する場合（嫌煙権）の2つを考えよう。どちらの場合も，両者はより高い効用を求めて相手と交渉する動機を持つと仮定する。

喫煙権がある場合には，喫煙者がS本すべてを喫煙するような配分Cが交渉の出発点となる。図にあるように，Cを通る両者の無差別曲線が交差する場合には，交渉により両者の効用が改善される余地がある。たとえばB氏に喫煙の量を S_1 まで減らしてもらう見返りとしてA氏が所得の一部（ΔI_1）をB氏に

ゆずることにより，両者の効用がC点での水準より高まることが観察できる。このような交渉はそれ以上一方の消費者の効用を下げることなく他方の効用を高める余地がないような状態まで，すなわち両者の無差別曲線が互いに接するような点（カーブef上のいずれかの点）まで行われることになる。両者の無差別曲線が互いに接することは効率的な（そして内点解となる）配分の必要十分条件である。よって，交渉は効率的な所得と喫煙の配分を実現することとなる（交渉の結果が実際にef上のどの点となるかは，両者の交渉力に依存して決定される）。

非喫煙者が嫌煙権を保有している場合はどうであろうか。この場合，交渉の出発点DにおいてはB氏の喫煙量はゼロとなる。図の場合には，B氏が所得の一部（例えば ΔI_2）をA氏に渡すことによって S_2 量の喫煙を許可してもらうことで両者の効用が高まる。喫煙権が存在する場合と同様，交渉の結果はgh上のいずれかの点で実現されることとなる。よって，所有権の初期配分（喫煙権か嫌煙権か）に関わらず，交渉の結果効率的な所得と喫煙量の配分が実現される。このことがコースの定理の第1の主張である。

(2) **所得効果がない場合**　先の図の例においては，交渉の結果実現する所得財の分配と効率的な喫煙の量は権利の配分しだいで異なる。特に喫煙量に関しては嫌煙権がある場合には S_g から S_h のいずれか，また喫煙権がある場合には S_e から S_f のいずかの水準となる。それでは喫煙（または嫌煙）の需要に関して両者ともに所得効果がない場合，すなわち両者の効用が $U_i(x_i, S) = x_i + v_i(S)$（$x_i$ は消費者 i の所得財消費量（$i=A,B$），S はB氏の喫煙量をさす）のように準線形となる場合はどうであろうか。いまA氏が禁煙権を保有している場合にB氏が S 本の喫煙と引き換えにA氏に支払う所得財の量を RS とする[(2)]。A氏の効用最大化問題は

$$\max_{x_A, y \geq 0} x_A + v_A(y) \quad \text{sub.to} \quad x_A \leq I_A + Ry$$

となる。関数 v_i が微分可能で厳密に凹関数であると仮定すると，内点解の必要十分条件は $v'_A(y) + R = 0$ となる。同様にB氏の効用最大化問題は

$$\max_{x_B, y \geq 0} x_B + v_B(S) \quad \text{sub.to} \quad x_B \leq RS + I_B$$

であり，内点解の必要十分条件は $v'_B(S) - R = 0$ となる。よって，交渉の結果定まる喫煙の量 S^k は $-v_A'(S^k) = v_B'(S^k)$ （すなわち喫煙によるB氏の限界便益＝A氏への限界費用）を満たすように定まる。このレベルは両者の所得や所得財の消費量には依存しないことがわかる。また，B氏が喫煙権を保有する場合にも，交渉の結果定まる喫煙の量は S^* となる。よって，喫煙に関して所得効果がない場合には，所有権の初期配分にかかわらず交渉解での喫煙量は同じ水準となる（図2-2を参照）。これがコースの定理の第2の主張である。

　コースの定理の仮定が成立するような外部性の問題では，政府の（環境税や直接規制等の）介入は効率性達成のために必要ではない。その場合の政府の役割は，私的所有権を確立してその遵守を徹底することに限られる。

(3)　**コースの仮定に関する考察**　上記のコースの定理の第1の主張の仮定を確認する。まず，所有権が確定されていることは定理の重要な前提である。どの経済主体がどのような権利を有しているのかについて当事者間に合意がない場合には，上記の議論はあてはまらない。たとえば米国の水質浄化法（US Clean Water Act, 1972年制定）[3]においては「航行が可能な水域」において点汚染源からの汚染物質の排出を規制している。だが，どのような水域が「航行可能」であるかについては議論の余地が残っており，司法の判断が待たれる課題となっている[4]。また，気候変動緩和策の一環として注目されている二酸化炭素回収・貯留（Carbon capture and storage，大気に排出されるであろう二酸化炭素を地中または水中に固定して排出を防ぐ措置）も，関連する所有権が確定していない問題の一例である。二酸化炭素貯留は数百年という長期間にわたって行われないと効果的な緩和策とはならない。このような長期の間に事故や二酸化炭素の流出が発生した場合にはどの関連主体が賠償責任を有するのか，というのは大きな法的・経済的課題となっている（Wilson and Pollak, 2008）。

　「取引費用がない・または無視できるほど小さい」ことはもう1つの不可欠

図 2-2 所得効果がない場合のコースの定理

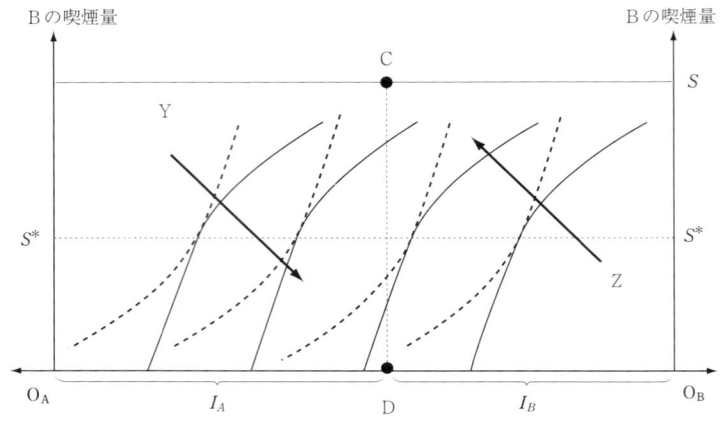

(出所) ミネソタ大学の Stephen Polasky 教授の講義ノートをもとに，筆者作成。

な仮定である。とくに外部効果の当事者が多く存在する場合には，当事者が集まって交渉にいたるまでの過程，また交渉の結果結ばれる契約の履行確認にあたっては様々な法的・時間的な費用が発生することが多い。日本の公害防止協定は外部不経済抑制に関する直接交渉の一例と言われている。だが，汚染者である企業と被害者である住民の間での協定より企業と被害者が居住する地方自治体間の（ある意味間接的な）協定のほうがより一般的である。その理由の1つとしては，自治体が関わるほうが（住民が直接交渉する場合に比べ）取引費用の節減につながるからであるとの見解もある（岸本 1986，64ページ）。点汚染源からの排出物が多くの近隣住民に影響を与えたり，汚染物質が自治体や国境を越えて発散するような場合に交渉による解決が見られた事例が少ないのは高い取引費用という要因で説明できる。外部性の当事者間の取引費用が高い場合には，2.3 節や 6・7 章で採り上げられるような政府による介入が効率の意味から正当化される場合がある。

　コースの定理が成立するための重要な仮定としてもう1つあげられるのが，情報の完備性，すなわち，関係者がお互いの費用・便益に関して情報を共有していることである。なぜこの完備情報の仮定が必要であるかは，Farrell

(1987) に詳述されている。その要点は Gibbons (1992) にある以下のような簡単な例で説明できる。ある商品に関して2人のプレーヤー「買い手」と「売り手」がおり，売り手が商品を所有しているものとする。V_B を買い手にとっての商品の価値（最大限はらってもよい金額），V_S を売り手にとっての商品の価値（最小限受け取らねばならない額）とする。買い手は買い取り価格 P_B を，売り手は売り切り価格 P_S を同時に提示する。もし P_B が P_S を上回るか等しければ，取引が成立し，買い手は P_B と P_S の平均値を支払うことにより商品を受け取る（これは売り手と買い手の交渉力に関しての仮定である）。もし P_B が P_S を下回る場合には取引は成立せず，商品は売り手の手元に残る。もし商品に関する所有権が確立されており，両者がお互いの商品評価価値を知っており，取引費用が無視できるならばコースの定理が成立する。$V_S > V_B$ ならば取引は成立せず，商品は売り手の手元に残り，それは効率的な商品の配分となる。もし $V_B > V_S$ であるならば両者の間で取引が行われ，やはり効率的な配分が実現される（この議論では在庫管理等の費用は捨象している）。

それでは両者にとって相手の評価価値に関しては情報が不完備である場合はどうであろうか。売り手（買い手）は $V_B(V_S)$ の値を知らず，その確率分布のみわかっているものとしよう。このような状況は不完備情報のゲームとして表現できる。そこで代表的な均衡概念であるベイズ均衡 (Bayesian Nash equilibrium) のもとでは，各人は自己の評価価値（ゲーム理論用語では「タイプ」に相当する）に応じ，他のプレーヤーの評価価値の確率分布のもとで自己の利得を最大化するような行動をとる。すなわち，均衡での買い手（売り手）の戦略は自己の評価額 $V_B(V_S)$ の関数となる（均衡の定義や解き方の詳述に関しては Gibbons (1992) 等の標準的なゲーム理論の教科書を参照）。簡単化のために V_B と V_S は独立に分布しているものとしよう。この場合，評価額が V_B である買い手の期待利得最大化問題は以下で示される。

$$\max_{P_B \geq 0}\left[V_B - \frac{P_B + E[P_S(V_S)|P_B \geq P_S(V_S)]}{2}\right] \text{Prob}\{P_B \geq P_S(V_S)\}.$$

ここで $P_S(V_S)$ は売り手の評価額が V_S である場合の売り手の表示額を示し，また $E[\cdot]$ は買い手の表示額が売り手の表示額を上回る場合の売り手の表示額に関する（条件つき）期待値である。同様に，売り手の期待利得最大化問題は

$$\max_{P_S \geq 0} \left[\frac{P_S + E[P_B(V_B) \mid P_B(V_B) \geq P_S]}{2} - V_S \right] \text{Prob}\{P_B(V_B) \geq P_S\}$$

と示される。上記の2つの最大化問題を同時に満たす表示額の関数の組み合わせがベイズ均衡解となる。買い手の真の評価額が売り手の真の評価額を下回る（$V_B > V_S$ となる）場合に，P_S が P_B を上回って取引が成立しない場合には，非効率な財の配分が達成されることになる。ゲーム理論で明らかになっているのは，このような非効率性はどのようなベイズ均衡においても（正の確率で）発生する可能性があるということである（Myerson and Satterthwaite 1983）。よって，情報の非対称性のもとではコースの定理は成立しないこととなる。

外部性の当事者の便益や費用は私的な情報であることが多いので，上記の情報の非対称性や不完備性は現実的な問題である。たとえば米国の「絶滅の危機に瀕する種の保存に関する法律」（Endangered Species Act）では絶滅危機にある生物種の保護を民間の土地所有主に義務づけている。だが，多くの場合にどの土地にどのような生物種があるかについては土地所有主のほうが規制当局より多くの情報を有している。さらに，民間の土地所有・利用権と政府が生物種保護を義務づける権利のどちらが優先されるかについては司法の判断が待たれている場合も多い（すなわち，所有権の確立が明確でない場合がある）。これもまたコースの定理の仮定があてはまらない例であり，民間所有地での生物種の保護が進みにくい一因となっている。

最後に，コースの定理の第2の主張での「所得効果がない」という仮定は現実に成立するであろうか。外部性の発生を伴う財の需要の所得弾力性がゼロでない限り（すなわち上級財や下級財の場合には），この仮定は成立しない。外部性を有し，所得弾力性が正である財は数多く存在する。一般的に環境質に関する需要は所得に関して弾力的であり，実証的にも多くの裏づけがある（たとえば

Grossman and Krueger 1995を参照)。また，家計部門でのエネルギー需要は所得上昇とともに増える上級財の代表例である。World Development Report (1992) によると，世界各国の1人当たりエネルギー消費量と1人当たり国内総生産は正の相関関係を持つ。二酸化炭素やその他の汚染物質の排出を伴う化石燃料は，多くの国でエネルギー供給の内訳で大きな割合を占める。よって，化石燃料由来の汚染物質の抑制に関わる所有権の配分は効率的な排出抑制の度合いに影響を及ぼすと考えられる。所得効果が無視できるような環境問題は限られているかもしれない。

上記の仮定が成立しにくいことは Coase (1960) にも注記されている。実際にコースの定理があてはまる事例は少ないかもしれない。しかし，個々の事例でなぜ当事者間の直接交渉が効率性をもたらさないのか，なぜ政府の介入が必要とされうるのかを考える上で，コースの定理は分析の出発点として有効な役割を果たすと言える。

2.1.2 制度の出現・変化に関する経済理論

上記のコースの定理では，所有権が確立されているか否かは外生的に与件である。なぜ特定の資源や財，サービスに関して所有権が確立されているか（またはされていないか）は問わない。実際には財やサービスはその特性，地理的状況等に応じて所有権が確立されている場合もあればそうでない場合もある。また，特定の天然資源の利用に関しても時間を通じた経済環境の変化に依存して利用制度の変遷が観察される。有名な例としては中世イングランドにおける開放農地の囲い込み，戦後日本での入会地の私的所有化 (McKean 1986, Kijima et al. 2000) が挙げられる。それでは，(私的) 所有権はどのような条件のもとで出現するのだろうか。この問いに関する初期の経済学的分析を行ったのがハロルド・デムセッツ (Demsetz 1967) である。

私的所有権を確立することの便益は，オープンアクセスや共有の場合に比較して資源利用の効率性が高まることによるレント（資源利用による収入から資源獲得に関わる物理的な費用を差し引いたもの）の増加である。私的所有権を確立・

維持するには（権利の侵害を防ぐため等の）費用もかかる。所有権確立の便益が費用を上回る状況が発生すると所有権が確立される，というのがデムセッツの理論の主張である。このように書くと当然のことのように聞こえるかもしれない。が，デムセッツの論文はこの主旨を1960年代に提示し，経済理論での「制度の内生化」を促すきっかけとしての役割を果たした。また2.3節で見るように，所有権確立の費用や便益は通じてどのように変わるのか，その変化は資源の希少性の時間を通じた変化とどのように関連しているか，ということはいまだに研究され尽くしていない課題である。

2.2 共有資源（コモンズ）における資源利用の効率性

コースの定理が当てはまるような状況とは異なり，私的所有権が確立されていない資源は数多く存在する。それらの多くの資源では過剰利用や資源の枯渇が危惧されている。所有権が全く確立されておらず，どのような経済主体でも望めば利用が可能な資源がオープンアクセス資源と呼ばれる。経済漁業水域に属さない海洋での漁業資源が一例である。本節ではある特定の経済主体の集団が共同で利用する資源に関する理論・実証研究を概観する（オープンアクセス資源の利用に関しては第5章を参照）。

2.2.1 共有地の悲劇の理論

なぜ共有資源が非効率的な利用をされる傾向にあるかは，以下のような簡単なゲームを例に説明できる（図2-3を参照）。いま2.1.1のコースの定理の想定にあるように特定の個人が所有権を保有しておらず，2人の個人が天然資源を共同利用しているとする。協調して資源の過剰採掘を避ける場合には各人の利得は4，協調せずに過剰利用がなされる場合には両者の利得はそれぞれ2となる。相手が協調している際に自分が協調しない場合には，自分は5単位の利得を得られるが相手は1単位の利得を得るにとどまる。

個人1が「協調しない」を選択している場合には，個人2も「協調しない」

第2章　環境保全の制度的側面

図2-3　共有地の悲劇の説明

	資源利用者B 協調する	資源利用者B 協調しない
資源利用者A 協調する	4, 4	1, 5
資源利用者A 協調しない	5, 1	2, 2

を選択することが自己の利得を最大にする最適な反応となる。個人1が「協調する」を選んでいる場合にも，個人2にとっては「協調しない」ことが最適反応となる。よって，両者による「協調しない」の選択はナッシュ均衡となる。均衡での両者の利得の合計は，両者が「協調する」を選択した場合に比べて低い。両者が協力すれば（共同利得の最大化という意味で）効率的な資源利用が達成されるにもかかわらず，均衡では非効率的な利用が選択されることとなる。このような共有資源の非効率性はHardin（1968）以来多くの研究者が指摘している。

2.2.2　協力に関する事例研究

　上記の「共有地の悲劇」は，共有資源が過剰利用されがちである事実を説明するのに有力な理論である。しかし，実際には資源利用者が「悲劇」を回避し，天然資源を過剰利用することなく比較的効率的に管理している場合も数多く見受けられる。ノーベル経済学賞受賞者のエリノア・オストロム（Elinor Ostrom）はスイス山岳部での放牧地や日本の入会地等の数多くの事例研究を用い，なぜ共有資源が必ずしも非効率的に利用されないのかを議論している（Ostrom 1990, 1998, 2007）。漁業資源を過剰利用しないような制度を用いている日本の漁業組合についてもPlatteau and Seki（2000）等で分析がなされている。

2.2.3 協力に関する理論

Ostrom（1990）は，比較的効率的に利用されている共有資源の事例に共通して観察される性質（"Design Principles," pp. 185-186）があると指摘している。その中に含まれるのが特定の資源利用者の集団による安定した資源利用，資源利用者間で合意された資源利用ルール，そしてルール違反に対する制裁のしくみである。このことは，上記の資源利用が繰り返されるようなゲーム（繰り返しゲーム）における「フォーク定理」と呼ばれる理論により説明可能である。

上記のゲームが無限回繰り返されるとしよう。今 δ を割引因子（割引率に1を加えたものの逆数）とする。各プレーヤーの利得は

$$1\text{期目の利得}+\delta\times 2\text{期目の利得}\delta^2+3\text{期目の利得}+\cdots$$

となる。各プレーヤーが過去の選択に依存して毎期の選択を行うことができると仮定した上で，以下のような戦略を考えよう。

> フェーズⅠ（協力）各プレーヤーは「協調する」を選択する。もしプレーヤー1もしくは2が異なる選択を行った場合には，次期にフェーズⅡに移行する。
>
> フェーズⅡ（離反への制裁）各プレーヤーは「協調しない」を選択する。

このような戦略はゲーム論では「ナッシュ均衡に戻るトリガー戦略（Nash-reversion trigger strategies）」と呼ばれる。各フェーズがナッシュ均衡になっていれば，この戦略はサブゲーム完全均衡となる。フェーズⅡでは両者はステージゲームのナッシュ均衡戦略を選択し続けるので，ナッシュ均衡となる。フェーズⅠで協調した場合の利得は

$$4+\delta 4+\delta^2 4+\cdots=\frac{4}{1-\delta}$$

協調しない場合の利得は

$$5+\delta 2+\delta^2 2+\cdots=5+\frac{2\delta}{1-\delta}$$

となる。よって，前者が後者を下回らなければ，すなわち $\delta \geq 1/3$ であるならフェーズ I はナッシュ均衡となる。両者の割引率（時間選好率）が十分に低い場合には協調が均衡となるというフォーク定理の帰結が得られることとなる。

上記の議論は多くの仮定の上に成立している。それらの仮定を弱めた場合の理論分析について要点を以下にまとめる。

1. 毎期のゲームは無限回繰り返される。ゲームの理論の分野では，フォーク定理は有限繰り返しゲームにも拡張されている（Benoit and Krishna 1987）。
2. 繰り返されるのは同じゲームである。天然資源の共同利用の場合には，資源ストックは毎期の資源利用量に（そして再生可能資源の場合には資源の自然成長率にも）応じて変化する。気候変動問題の原因とされる大気中の温暖化ガスの濃度はその一例である。繰り返しゲームでは，「プレーヤーの割引率が十分に高ければ協調解がサブゲーム完全均衡となる」というフォーク定理の結果が得られるのに対して，（繰り返しでない）動学ゲームではそのような帰結が得られないことがわかっている。その理由は，繰り返しゲームの最適（協力）解は各プレーヤーの割引率に依存しないのに対し，動学ゲームの最適解は割引率の大きさに依存して変わるからである。割引率が小さい場合，最適解を達成するためには各プレーヤーはより多くの資源保全を通じてより大きな資源ストックの維持を要求される。そのため，割引率が低下するにつれ，協力から得られる便益のみならず協力から離反することによる便益も増加することになる。結果として，より低い割引率のもとでは協調が均衡解とならない可能性が出てくるのである。動学ゲームの分析やフォーク定理の拡張に関しては Dutta（1995a,b），Dockner et al (1996).，Polasky et al. (2005)，Tarui et al. (2008)，Dutta and Radner (2004, 2009) 等を参照。
3. 同じプレーヤーが繰り返してゲームを行う。江戸時代の日本の農村における入会地の利用に見られるように，特定の資源が時間を通じて複数の世代により利用される場合も数多く見受けられる。このような世代間の繰り返しゲームは Kandori（1992）らにより世代重複モデルの応用により分析

されている。世代重複モデルで資源の動学的な変化を考慮し，均衡での協力達成の可能性を分析している論文もある（Tarui 2007）。
4．一度の離反・過ちは永久に続く制裁を起動する。フェーズⅡ（制裁フェーズ）を有限期間続くように設定し，各プレーヤーが制裁を全うした際には再び協力的な行動を再開するような設定は Fudenberg and Maskin（1986）により理論的に究明されている。そのような設定は共有資源利用の文脈で Polasky et al.（2006），Tarui（2007），Tarui et al.（2008）で，また国境を越える汚染に関しては Froyn and Hovi（2008）にて応用されている。

共有資源の経済分析の分野で近年とくに注目されている話題としては，資源利用者間の資源利用の生産性や資産に関する非対称性，重層性（Heterogeneity）が資源利用の効率性に与える影響に関する実証・理論分析（Baland et al. 2006, Tarui 2007），共有資源の利用に関する参入・退出の分析（Mason and Polasky 1994）が挙げられる。また，気候変動の緩和策のような国際公共財または越境汚染の文脈での国際環境協定に関するゲーム理論の応用分析は多数存在する（Barrett 2003, Dutta and Radner 2004, 2009 を参照）。この分野でも汚染削減に関する国際間の費用・便益の非対称性や不確実性，汚染物質の動学的変化，また時間を通じた汚染削減技術の内生的変化を考慮するような分析はまだ少ない。これらの課題に関しては，重要な政策的示唆があるという意味でより多くの研究が必要とされる。

2.3　法制度と環境政策——責任ルールの分析

2.3.1　責任ルールの特徴

責任ルール（Liability rules）とは，環境規制の違反があった場合に政府が違反者に義務づける損害賠償のしくみをさす。後の章で扱われる環境税や排出量取引とは異なり，責任ルールは通常環境規制の違反や汚染を伴う事故があった場合に，関連する事業所や土地の所有者に事後的に賠償責任を課すしくみである。責任ルールには損害賠償の役割のみならず，違反や事故があった場合の責

任を企業が事前に考慮に入れて違反や事故を少なくする努力をするよう動機付けることが期待されている。

責任ルール下の企業の事故防止へのインセンティブは Segerson（1995）にある以下のような簡単なモデルで説明できる。いま $x≥0$ を企業が環境規制を遵守し，事故を防ぐための投資の量とする。事故が発生する確率は $p(x)$，事故発生時の被害の大きさが $D(x)$ で示されるとする。この時，社会的に最適な事故予防投資は投資の費用と被害額の期待値の和を最小化する。

$$\min_{x≥0} x + p(x)D(x).$$

いま企業が事故発生時に支払わねばならない賠償額（Liability）を $L(x)$ とすると，企業にとって私的に最適な事故予防投資は投資額と賠償額の期待値の和を最小化する。

$$\min_{x≥0} x + p(x)L(x).$$

被害額の全額を賠償額とする厳格責任（Strict liability）の場合，すなわち $D(x)=L(x)$ が全ての x について成り立つ場合には，企業が被害者への外部性を内部化することとなる。よって，厳格責任ルールのもとでは，企業にとって私的に最適な予防投資と社会的に最適な予防投資が等しくなるのである。ただし，企業規模によってこの議論はあてはまらないかもしれない。企業が実際に行うであろう賠償額がその保有資産によって制限される場合には，資産の小さな企業にとっては $L(x)<D(x)$ となる場合が生じる。また，厳格責任のもとでは，企業はその潜在的な賠償責任額を制限するために汚染集約的な事業を独立法人化したり他の小企業に委託する傾向が観察されるとの研究もある（Wingleb and Wiggins 1990）。

加害者が政府により適正と定められた水準以上の予防投資を投じた際には免責（すなわち $x≥x_s$ の場合は $L(x)=0$）となる過失責任（Negligence rule）は，厳格責任とともに広く用いられている責任ルールである。上記の文脈では，x_s が x^* と等しく設定されるのであれば過失責任のもとでも社会的に最適な投資を

企業が選ぶこととなる。ただし，企業が活動水準や産業からの参入・退出を選択することを考慮すると，厳格責任の場合は効率性が維持されるのに対して過失責任のもとでは過剰な生産・参入が発生する。その理由は，過失責任の場合には企業の期待負担額が期待被害額より小さくなるからである。その論理は6章で扱われる環境税の長期的な産業均衡への影響の分析に関するものと同様である。

事故が発生する確率や，発生した場合の被害額の大きさに関しては，潜在的な被害者の自己防衛措置が影響を与える場合がある。そのような場合には，責任ルールは設定のしかたによっては潜在的被害者による効率的な自己防衛投資レベルを促さない場合がある。また，加害者や被害者の事故に関わる投資額は第三者からは観察しにくい場合も多々ある。そのような場合の責任ルールの経済分析に関しては，Segerson（1995）や Polinsky and Shavell（2007）を参照。

2.3.2 責任ルールの例と実証分析

米国では連邦政府が全州を対象とする有害物質による土壌等の汚染に関する責任ルール[6]が存在するが，それに加えて各州では徹底の度合いが異なる追加的な厳格責任ルールが採用されている。Alberini and Austin（1999）は，厳格責任が徹底している州にある企業の環境規制の遵守の度合いが他の（過失責任を導入している）州にある企業と比べて異なるかについて実証研究を行っている。両者の分析によると，厳格責任下の企業による汚染事故の数は過失責任下の企業による事故の数と有意に異ならない。ただし，厳格責任下の州ではより小規模の企業が大企業に比べてより多くの汚染事故を引き起こしている。これは，企業規模による責任ルールの規制遵守への影響の違いに関する上記の理論と関連する発見である。

上記の研究では厳格責任の有無を回帰式の右辺に外生変数として加えているが，疑問として残るのはその内生性である。つまり，厳格責任の導入の有無と企業の環境規制遵守の度合いの双方に影響を及ぼすような要因が誤差項に入っている可能性がある。州議会にとって免責の水準 x_s を決めることがどれだけ

困難であるかは,そのような要因の一例である。Alberini and Austin (2002) はそのような内生性を考慮した計量モデルを用い,厳格責任は過失責任に比べてより少数の汚染事故を引き起こしていることを発見している。

その他の環境政策手段に比べ,環境政策における責任ルールの実証分析はまだ数が少ない。今後一層の研究が期待される分野である。

責任ルールの効果は産業や国によっても異なる可能性がある。たとえば米国では環境規制の遵守は日本ほど達成度が高くないという議論もあり,米国環境保護庁は規制違反に関して企業に自己申告を促すようなしくみ(自己審査政策)[7]を導入している。このように各国で規制遵守の度合いや遵守に関する企業・産業の認識が異なることを考慮した上での責任ルールの国際比較も興味深い研究課題である。

2.4 環境保全に関わる制度の選択と変遷

天然資源の利用に関しては資源の種類や立地に依存してさまざまな制度・所有形態が存在するのみならず,特定の天然資源の利用に関しても時間を通じた経済環境の変化に依存して利用制度の変遷が観察される。本節では異なる法制度が存在するのはなぜか,また法制度の変化はいかに説明できるのかにふれる。

2.4.1 デムセッツ理論の拡張

制度の変化・導入(たとえばオープンアクセス資源の私有化)はいつ,どのような条件のもとで起こるのだろうか。このような疑問に答えるためにデムセッツの理論の精緻化を試みた研究はいくつか存在する(Anderson and Hill 1990, Luck and Miceli 2007 等)。たとえば Lueck and Miceli (2007) の理論モデルでは,初期時点では私的所有制度が確立されていない天然資源が存在し,所有制度が導入されるまでは資源から得られる利潤はゼロであるような状況を考察している。所有制度導入にかかる一時的な固定費用を $C>0$ とし,導入後は利潤が獲得可能であるとする。私的所有制度のもとで t 期の天然資源の収穫が x_t であると

きに得られる利潤の価値を $V_t(x_t)$，また私的所有制度下の動学的に最適な収穫を x_t^* とする。この設定のもとでは最適な制度導入の時期 T^* は以下の問題を解く。

$$\max_{T \geq 0} \int_T^\infty e^{-rt} V_t(x_t^*) dt - e^{-rT} C.$$

最適な制度変化の時期が内点解である場合の必要条件は $V_{T^*}(x_{T^*}^*) = rC$ となる。このモデルによって，最適な制度導入時期が資源の利潤価値や制度導入の費用にどのように依存するかが分析できる。

上記の Lueck and Miceli の議論では，所有権の確立に伴う資源の利潤価値は制度確立の時期にかかわらず一定である（すなわち，T^* の値にかかわらず，$t \geq T^*$ 期の利潤 $V_t(x_t^*)$ はとなる）。しかし，所有権が確立されるまでは他の制度（たとえばオープンアクセス）のもとで資源利用が続く。よって，その時期が長いほど資源ストックが減り，資源からの利潤の現在価値も減少すると考えられる。すなわち，$V_t(x_t^*)$ は t 期まで適用されていた制度に依存して内生的に決まるべきものである。そのような可能性を考慮した分析は以下で紹介される。

2.4.2 貿易と資源利用の制度

貿易が一国の資源利用の効率性に与える影響に関する研究は，（貿易が環境汚染に与える影響に関する分析に比べると）比較的近年に始まっている（両研究のサーベイ論文としては，Copleand 2005 を参照）。1990年代以降の初期の研究（Brander and Taylor 1997, Chichilnisky 1994ほか）は，貿易の影響は資源利用の制度（オープンアクセスであるか私的所有権が確立しているか）に依存して異なることを理論的に解明した。たとえばChichilnisky（1994）では再生可能資源に関してオープンアクセスである国（南）と私的所有権が確立している国（北）の間の貿易の効果を分析している。その他の面では全く違いのない両国が貿易を始めると，オープンアクセス資源を持つ南は資源を集約的に使う財の純輸出国となり，その資源は減少することになる。これは制度の違いによって南が資源財生産に関して「見せかけ」の比較優位を有するからである。

上記の研究では各国で確立している制度は与件であり，貿易開始前後で変わらないと仮定している。実証的には，資源利用に関わる制度は時間を通じて変わるものである。デムセッツが示唆するように，理論的にも資源から得られる財・サービスの価格変化は（制度変化の費用・便益への影響を通じて）資源利用者・管理者が持つ制度変更へのインセンティブに影響を与えるであろう。とくに上記の南北貿易での文脈では，貿易に伴う資源集約財の価格の上昇は資源に私的所有権を確立することの便益の上昇を意味する。そのような便益の上昇はオープンアクセスから私的所有への制度の変化を促すかもしれない。

2000年代以降の近年の環境と資源に関わる研究では，貿易による交易条件・資源財の価格変化等を通じて法制度が内生的に変化する可能性を考慮しているものが見られる (Copeland 2005, Copeland and Taylor 2009, Margolis and Shogren 2009)。たとえば Copeland and Taylor はオープンアクセス再生可能資源へのアクセスを抑制するのにかかる資源管理費用を明示的に考慮し，資源ストックの変化を通じて定常状態で資源管理の程度がどのような水準に定まるかを分析している。資源管理の費用等に応じて，定常状態で資源がオープンアクセスとなる場合，資源がある程度管理されて正のレントが維持される場合，そして社会的に最適なレントが維持される場合があることを明らかにしている。つまり，資源がどのような制度で管理されるかは資源ストックの自然成長率や資源獲得のための技術のような条件によって決定されることを明示的に示している。

上記の研究では定常状態で採択される制度が内生的にいかに決定されるかに焦点をおいている。これはなぜ立地や性質の異なる資源が異なる制度下で利用されているかを説明するのに有力な分析である。しかし，先述のとおり，1つの資源をとっても時間を通じて制度が変化される場合は多々見受けられる。資源ストックやその希少性が時間を通じて変化することを考慮し，定常状態にたどりつくまでに制度がいかに動学的に変化するのか，新たな制度はどのタイミングで採択されるのか，という問題に着目した研究も存在する。Roumasset and Tarui (2010) はオープンアクセスの再生可能資源について資源利用を制約するような制度を確立・維持する費用を考慮した動学モデルを用いている。資

源ストックが大きくその希少性が低い際にはオープンアクセスが最適な制度となりうること，オープンアクセスのもとで資源ストックが減少し，その希少性が高まるとともに私的所有権のような制度を確立することが最適となりうることを理論的に説明している。

2.4.3　経済発展の要因に関わる議論——制度か環境・地理的条件か

　法制度と環境の相互依存関係は，経済成長にも影響を及ぼすと考えられている。国々の間で貧富の差がある根本的な原因は何か。また，歴史を通して，異なる国・経済では異なる経済成長が観察されるのはなぜか（Maddison 2001）。この点に関しては国によって異なる環境・地理的条件の重要性を訴える研究と，経済・社会の基盤となる制度の重要性を訴える研究が存在する。前者の意見を反映する代表的な著書である Diamond（2005）では食料生産や家畜利用の可能性が世界中のどこで文明が発祥したかに決定的な影響を与えたこと，そして近隣部族や共同体との間の農業・牧畜技術の伝播・共有のしやすさが大陸の形状に依存すること，それがひいては国によって異なる経済発展につながったと議論している。Bloom and Sachs（1998）や Sachs（2001）では国の立地や気候が交通の費用，風土病の有無や農業生産性を通じて経済成長に影響を与えることを実証的に議論している。一方，後者の意見を支持する代表的な研究としては Acemoglu et al.（2001, 2005）が挙げられる。彼らは経済成長に制度が与える影響を推定する際に制度の内生性を考慮した上で操作変数法を用い，導入された制度の質が後の経済成長に有意に影響を与える根本的な要因であることを議論している。経済成長の根本的要因に関する，このような「地理的条件か制度か」という議論については他にも多くの理論・実証研究がなされ，様々な主張がなされている。これからより多くの研究が期待される課題である。

　　謝辞

　　　本章の図2-1と2-2の作成にあたってハワイ大学大学院経済学研究科博士課程の新田耕平氏にご協力をいただいたことに感謝する。図での誤りはすべて筆者の責任である。

注

(1) 所得効果や準線形の効用関数を用いた部分均衡分析の詳細に関しては，たとえばMas-Colell 他（1995）を参照。
(2) R の大きさは，両者の交渉力の大きさに応じて外生的に決まっていると仮定する。
(3) 本章での米国の法律名の和訳については，EIC ネット環境用語集（www.eic.or.jp）を参照した。
(4) たとえば，2010年2月28日付けニューヨーク・タイムズ紙 "Rulings Restrict Clean Water Act, Foiling E.P.A." を参照。
(5) 繰り返しゲームにおけるサブゲームは，各期を出発点とするもとのゲームの一部をさす。同じ t 期に始まるサブゲームでも，$t-1$ 期までのどの期にどのプレーヤーが協調・非協調を選択したかによって（すなわち $t-1$ 期までの歴史の違いによって）異なる出発点を持つサブゲームを区別することができる。そのような区別をした上で，想定可能なすべてのサブゲームにおいて戦略がナッシュ均衡となっている場合に戦略はサブゲーム完全均衡と呼ばれる（Gibbons 1992を参照）。
(6) 包括的環境対策・補償・責任法（CERCLA，1980年），スーパーファンド修正および再授権法（SARA，1986年），通称「スーパーファンド法案」。
(7) Incentives for Self-Policing : Discovery, Disclosure, Correction and Prevention of Violations, Federal Register/Vol. 65, No. 70/Tuesday, April 11, 2000.

●参考文献

Acemoglu, D., S. Johnson, J. A. Robinson (2001) "The Colonial Origins of Comparative Development : An Empirical Investigation," *American Economic Review*, 91 (5) : 1369-1401.

Acemoglu, D., S. Johnson, J. A. Robinson (2005) "Institutions as a Fundamental Cause of Long-Run Growth," In : P. Aghion and S. N. Durlauf, Eds., *Handbook of Economic Growth*, Chapter 6, Elsevier, (1) : 385-472.

Alberini, A. and D. Austin (2002) "Accidents Waiting to Happen : Liability Policy and Toxic Pollution Releases," *Review of Economics and Statistics*, 84 (4) : 729-741.

Alberini, A. and D. Austin (1999) "Strict Liability as a Deterrent in Toxic Waste Management : Empirical Evidence from Accident and Spill Data," *Journal of Environmental Economics and Management*, 38 : 20-48.

Anderson, T. L. and P. J. Hill (1990) "The Race for Property Rights," *Journal of Law and Economics*, 33 (1): 177-197.

Baland, J.-M., P. K. Bardhan, S. Bowles, eds. (2006) *Inequality, cooperation, and environmental sustainability*, Princeton University Press.

Barrett, S. (2003) *Environment and Statecraft*, Oxford University Press.

Benoit, J. P., V. Krishna (1987) "Nash equilibria of finitely repeated games," *International Journal of Game Theory* 16: 197-204.

Bloom, D. E. and J. Sachs (1998) "Geography, Demography, and Economic Growth in Africa," *Brookings Papers on Economic Activity*, 2: 207-295.

Chichilnisky, G. (1994) "North-South Trade and the Global Environment," *American Economic Review*, 84 (4): 851-874.

Coase, R. H. (1960) "The Problem of Social Cost," *Journal of Law and Economics* 1-44.

Copeland, B. R. (2005) "Policy Endogeneity and the Effects of Trade on the Environment," *Agricultural and Resource Economics Review*, 34 (1): 1-15.

Copeland, B. R. and M. S. Taylor (2009) Trade, "Tragedy, and the Commons," *American Economic Review*, 99 (3): 725-749.

Demsetz, H. (1967) "Toward a Theory of Property Rights," *American Economic Review* (papers and proceedings), 57: 347-359.

Diamond, Jared. *Guns, Germs, and Steel: The Fates of Human Societies*. Second edition, W. W. Norton, 2005. (初版邦訳：倉骨彰訳（2000）『銃・病原菌・鉄』上・下巻，草思社．)

Dockner, E. J., N. V. Long and G. Sorger (1996) "Analysis of Nash Equilibria & a class of Capital Accumulation Games," *Journal of Economic Dynamics and Control*, 20: 1209-1235.

Dutta, P. K. (1995a) "A Folk Theorem for Stochastic Games," *Journal of Economic Theory*, 66: 1-32.

Dutta, P. K. (1995b) "Collusion, Discounting and Dynamic Games," *Journal of Economic Theory*, 66: 289-306.

Dutta, P. K., R. Radner. (2004) "Self-Enforcing Climate-Change Treaties," *Proceedings of the National Academy of Sciences*, 101: 5174-5179.

Dutta, P. K. and R. Radner. (2009) "Strategic Analysis of Global Warming: Theory and Some Numbers," *Journal of Economic Behavior and Organization*, 71 (2): 187-209.

Farrell, J. (1987) "Information and the Coase Theorem," *Journal of Economic*

Perspectives, 1 (2): 113-129.

Froyn, C. B., H. Hovi (2008) "A Climate Agreement with Full Participation," *Economics Letters*, 99: 317-319.

Fudenberg, D., Maskin, E. (1986) "The Folk Theorem in Repeated Games with Discounting or with Incomplete information," *Econometrica* 54: 533-554.

Gibbons, R. (1992) *Game Theory for Applied Economists*, Princeton University Press. (邦訳：福岡正夫・須田伸一訳 (1995) 『経済学のためのゲーム理論入門』 創文社.)

Grossman, G. M. and A. B. Krueger (1995) "Environmental Growth and the Environment," *Quarterly Journal of Economics*, 110: 353-377.

Hardin, G. (1968) "The Tragedy of the Commons," *Science*, 13, 162 (3859), 1243-1248.

Kandori, M. (1992) "Repeated Games Played by Overlapping Generations of Players," *Review of Economic Studies*, 59 (1): 81-92.

Kijima, Y., T. Sakurai, K. Otsuka (2000) "Iriaichi: Collective versus Individualized Management of Community Forests in Postwar Japan," *Economic Development and Cultural Change* 48 (4): 866-886.

Lueck, D. and T. Miceli (2007) "Property Law," In A. M. Polinsky and S. Shavell, Eds. *Handbook of Law and Economics* 1: 183-257, Elsevier.

Maddison, A. (2001) *The World Economy: A Millennial Perspective*, OECD.

Margolis, M., J. F. Shogren. (2009) "Endogenous Enclosure in North-South Trade," *Canadian Journal of Economics*, 42 (3): 866-881.

Mas-Colell, A., M. D. Whinston, J.R. Green (1995) *Microeconomic Theory*, Oxford University Press.

Mason, C. and S. Polasky (1994) "Entry deterrence in the Commons," *International Economic Review*, 35 (2): 507-525.

McKean, M. A. (1986) "Management of Traditional Common Lands (Iriaichi) in Japan." In *Proceedings of the Conference on Common Property Resource Management*, National Research Council: 533-589. National Academy Press, Washington, D.C.

Myerson, R., M. Satterthwaite (1983) "Efficient Mechanisms for Bilateral Trading," *Journal of Economic Theory*, 28: 265-281.

North, D. (1990) *Institutions, Institutional Change, and Economic Performance*, Cambridge Univeristy Press.

Ostrom, E. (1990) *Governing the Commons*, Cambridge University Press, Cambridge, UK.

Ostrom, E. (1998) "Reflections on the Commons," in J. A. Baden and D. S. Noonan (eds.), *Managing the Commons*, 95-116, Bloomington : Indiana University Press.

Ostrom, E. (2007) "Challenges and Growth : the Development of the Interdisciplinary Field of Institutional Analysis." *Journal of Institutional Economics* 3 (3) : 239-264.

Polasky, S., N. Tarui, G. M. Ellis, and C. F. Mason (2006) "Cooperation in the Commons," *Economic Theory*, 29 (1) : 71-88.

Platteau, J.-P. and E. Seki (2000) "Community arrangements to overcome market failures : Pooling groups in Japanese Fisheries," In M. Aoki and Y. Hayami, (eds.), *Market, Community, and Economic Development*, Clarendon Press, Oxford.

Polinsky, A. M. and S. Shavell, (eds.), (2007) *Handbook of Law and Economics*, 1-2, Elsevier.

Ringleb, A. H. and S. N. Wiggins (1990) "Liability and Large-scale, Long-Term Hazards," *Journal of Political Economy*, 98 (31) : 574-595.

Roumasset, J. A. and N. Tarui. (2010) "Governing the Resources : Scarcity-Induced Institutional Change," University of Hawaii Department of Economics Working Paper 10-15.

Sachs, J. D., (2001) "Tropical Underdevelopment," NBER Working Paper No. w8119.

Segerson, K. (1995) "Liabilities and Penalties in Policy Design," in D. Bromley, ed., *Handbook of Environmental Economics*, Blackwell.

Tarui, N. (2007) "Inequality and Outside Options in Common-Property Resource Use," *Journal of Development Economics*, 83 (1) : 214-239.

Tarui, N., C. F. Mason, S. Polasky, and G. M. Ellis (2008) "Cooperation in the Commons with Unobservable Actions," *Journal of Environmental Economics and Management*, 55 (1) : 37-51.

Wilson, E. J., M. Pollak. (2008) "Regulation for Carbon Capture and Sequestration," Policy Brief for the International Risk Governance Council.

岸本哲也 (1986) 『公共経済学』有斐閣.

柴田弘文・柴田愛子 (1988) 『公共経済学』東洋経済新報社.

第3章
自然環境と公共財

西村一彦

　自然環境の供給は社会的に望ましいレベルにあるのだろうか。あるいは，それを望ましいレベルに調節するにはどうすればよいのだろうか。本章では，自然環境が，経済システムのなかでいかにして望ましい状態を維持できるのかという問題について，外部性および公共財の観点から理論的なアプローチを展開したい。自然環境の経済システムでの問題は，直接的には，その数量調整を，社会的に望ましいレベルに調整してくれるはずの市場取引に委ねることができないという，外部性の問題である。したがって本章では，まず外部性を，すべての経済活動が内部化された，効率的で望ましいシステムとの対比で定義づける。次に，外部性の主たる要因である公共性について述べる。自然環境が結局は，その公共性ゆえに，市場を調整手段とする経済システムでの調整に，直接的にはなじまないことを示す。さらに，自然環境をはじめとする公共財の最適な供給メカニズムについても述べる。最後に，自然環境などの財・サービスからわれわれが得る満足について，数量とともに重要である質を，結合生産の枠組みで導入し，市場による質の間接的な調整の可能性について検討する。

3.1 外部性

　すべての財・サービスについて取引市場が存在し，すべての経済主体（生産者および消費者）が，取引市場で成立する価格を所与として，競争的に行動（生産者は生産技術制約下での利潤最大化，消費者は予算制約下での効用最大化）するならば，その経済全体のすべての消費者の効用レベルを，市場取引を行う前に比

べて最大限に高めることができる。この状態はパレート最適（またはパレート効率的，Pareto Efficient）と呼ばれるが，ここではこれを，社会的に望ましい状態であるということにしよう。このように，すべての財・サービスが経済システムの内部にあるならば，市場のメカニズムはパレート最適をもたらす。しかしながら，もし財またはサービスの1つでも，市場取引を通じた数量調整がなされないとしたら，この財またはサービスは外部性と呼ばれ，外部性の存在する経済はパレート最適とはならない。このことを次に示そう。

3.1.1　経済の基本モデル

　ここでは，2財2主体からなる経済モデルを導入し，社会的に望ましいパレート最適状態と，各主体の競争的な行動によってもたらされる状態（競争均衡）を比較検討する。以下では，とくに断らない限り，財・サービスをまとめて財と呼ぶ。ここでの財はすべて私的財とする。すなわち，それを所有する権利が物理的に保証されているとする。

　消費主体 $i=1,2$ の満足の度合いはそれぞれ $U_i(x_i, y_i)$ という効用関数で表されるものとする。x_i は財 x の i による消費量，y_i は財 y の i による消費量を表している。この社会における財 x の消費量は $X=\sum_i x_i$ 財 y の消費量は $Y=\sum_i y_i$ である。各主体 i の初期保有量をそれぞれ $\bar{x}_i, \bar{y}_i$ とすると，社会全体での初期総量は，$\bar{X}=\sum_i \bar{x}_i, \bar{Y}=\sum_i \bar{y}_i$ である。ここで生産技術によって $(\bar{X}, \bar{Y}) \to (X, Y)$ という変形がなされるとする。$\bar{X}, \bar{Y}$ は所与であることから，生産技術によって実現可能な (X, Y) の組合せを変形関数 $F(X, Y)=0$ で表す。

　このモデルにおける，パレート最適な資源配分では，少なくとも，$i=2$ の効用レベルをある一定値 μ_2 に保ちつつ，$i=1$ の効用レベルが最大化されなくてはならない。これは次のように表せる。

　max　$U_1(x_1, y_1)$
　　s.t.　$\mu_2=U_2(x_2, y_2), x_1+x_2=X, y_1+y_2=Y, F(X,Y)=0$

ラグランジュ未定乗数を λ, σ として，一階条件を求める。

$$\mathcal{L} = U_1(x_1, y_1) + \lambda\{\mu_2 - U_2(x_2, y_2)\} + \sigma\{F(x_1+x_2, y_1+y_2)\}$$

$$\frac{\partial U_1(x_1, y_1)}{\partial x_1} + \sigma\frac{\partial F(X,Y)}{\partial X} = 0$$

$$\frac{\partial U_1(x_1, y_1)}{\partial y_1} + \sigma\frac{\partial F(X,Y)}{\partial Y} = 0$$

$$-\lambda\frac{\partial U_2(x_2, y_2)}{\partial x_2} + \sigma\frac{\partial F(X,Y)}{\partial X} = 0$$

$$-\lambda\frac{\partial U_2(x_2, y_2)}{\partial y_2} + \sigma\frac{\partial F(X,Y)}{\partial Y} = 0$$

これより，下記のパレート最適性の一階条件 $MRS_i = MRT$（各自の限界代替率＝限界変形率）を得る。

$$\frac{\partial U_1}{\partial y_1} \bigg/ \frac{\partial U_1}{\partial x_1} = \frac{\partial U_2}{\partial y_2} \bigg/ \frac{\partial U_2}{\partial x_2} = \frac{\partial F}{\partial Y} \bigg/ \frac{\partial F}{\partial X} \tag{1}$$

3.1.2 競争均衡の性質

パレート最適配分を，競争均衡として社会が自律的に実現できるとすれば，社会の運営上，非常に都合がよい。競争均衡は，各財についての市場で形成される価格を各主体が所与として，効用最大化あるいは利潤最大化行動をとったあかつきに実現される状態のことである。そこで，財 x, y の競争均衡価格をそれぞれ p, q としよう。主体 i の予算制約 $B_i = p_i\bar{x}_i + q\bar{y}_i + I_i$ は所与である。ただし $I_i = \theta_i\{p(X-\bar{X}) + q(Y-\bar{Y})\}$ であり θ_i は i の所有する利潤請求権の割合を表す。このとき，各主体の効用最大化行動は次のように表される。

$$\max_{x_i, y_i} U_i(x_i, y_i) \quad \text{s.t.} \quad px_i + qy_i = B_i$$

生産の場面における利潤最大化は，次のように表される。

$$\max_{X, Y} p(X-\bar{X}) + q(Y-\bar{Y}) \quad \text{s.t.} \quad F(X,Y) = 0$$

それぞれの一階条件は次のようになる。

$$\frac{\partial U_i(x_i, y_i)}{\partial x_i} = p, \quad \frac{\partial U_i(x_i, y_i)}{\partial y_i} = q \tag{2}$$

$$\frac{\partial F(X,Y)}{\partial X}=p, \quad \frac{\partial F(X,Y)}{\partial Y}=q \qquad (3)$$

　これらより，パレート最適性の一階条件（1）が得られる。尚，生産の場面で生じた利潤（あるいは損失）は，各主体 i がもつ利潤請求権に応じて配分され，各自の予算制約 B_i に反映される。

　競争均衡は，このようにパレート最適性の一階条件（必要条件）をみたすが，次のように十分性も示すことができる。競争均衡が，仮にパレート最適でないとすると，$U_i(x'_i, y'_i) \geq U(x_i, y_i)$ となる（少なくともだれかの効用が競争均衡でのそれより高い）状態 (x'_i, y'_i) が存在することになる。しかしこれは総予算より多い額 $\sum_i B'_i > \sum_i B_i$ でしか賄えない（もし賄えるならそちらが採用されているはずである）。しかし，総予算 $\sum_i B_i$ は，生産で可能な最大利潤と等しいわけだから，それ以上の総予算を作ることは不可能である。はたして，競争均衡はパレート最適でなくてはならない。このように，競争均衡が存在すればそれはパレート最適であることを，厚生経済学の基本定理という。

　ここで注目すべきは，厚生経済学の基本定理の証明において，効用関数や生産関数の形状に直接の制約を課していない点である。この証明では，競争均衡が存在しさえすれば，効用関数や生産関数がどんなにいびつな形をしていようが，各主体が競争均衡価格の下に「大域的な」最適解を見いだしているはずだ，ということが決定的なポイントとなっている。ある均衡状態の一階条件が一致するからといってパレート最適であるとは言えないが，それが「競争的」に実現されているからこそパレート最適であると言えるのである。

3.1.3　外部性

　外部性とは，効用や生産に影響を及ぼすなんらかの財・サービスでありながら，取引市場がないために，数量を市場で調節できないそれのことを言う。取引市場は，財・サービスの所有権（消費権）を交換する場であるが，その財・サービスの消費の効果が所有権の取引費用に対してあまりに低い場合，もしくは財・サービスの性質（非排除性）によって所有権を守ることが困難である場

合に，所有権の取引市場が不在となる。前者はたとえば，明日の朝コーヒーを飲む権利はある人の満足に影響を及ぼす一方で，その権利を確保するには一定の費用が必要であり，効用に比べて費用があまりにも大きいならば，市場取引を行わない（外部性を放置する）方が合理的である場合があてはまる。

　一方，財の非排除性とは，消費者が消費量を調節できないという性質である。消費量を調節できなければ，消費者は与えられた量を否応なく消費させられる。逆に，排除性があるということは，消費者が財の所有権を保持しそれを保全できるということである。たとえば，だれかがある腕時計を所有している（腕時計の所有権を保持している）として，その所有権を保全できるのは，他人のものになるということを排除できるからである。他人がその時計の所有権を奪取しようとすれば，家屋に侵入して警察に捕まるかもしれないという困難を乗り越える必要がある。つまり，排除性がある場合，所有権を侵害するのに大きなコストがかかることで，その所有権が保全されていると考えることができる。逆に，排除性がないということは，所有権を侵害するコストが極めて低く，それゆえに，所有する（所有権を保持する）ことが困難となる。

　たとえば，煤煙を排出している工場に隣接しているクリーニング屋は，受ける煤煙の量を調節できない，すなわち，煤煙は非排除的であるため，クリーニング屋が煤煙のない，きれいな空気を必要としても，そのきれいな空気の量を調整できない。クリーニング屋がきれいな空気の所有権を有していたとしても，その権利は全くコストをかけずに侵害されてしまうがために，そのような所有権の保全は困難である。このように，自分の消費量を調節できないことと，自分の持つ所有権を保全できないこととは同義である。所有権が保全されない以上，市場取引はなされない。

　煤煙は効用や生産性を下げるという意味で負の外部性と呼ばれるが，たとえば美男美女の存在が，ある人の効用や生産性を上げるとすれば，それは正の外部性と呼ばれる。両者に共通しているのは，非排除的であるということである。非排除的であるがゆえに，消費者側が数量調整できず（所有権が保全できず），取引市場が不在となる。では，所有権の保全ができたとしたら，どうであろう

か。工場が煤煙を排出する権利を有するなら，被害を被るクリーニング屋が，工場に対して金銭を支払って煤煙を減らしてもらうであろう。クリーニング屋が煙のない空気を利用する権利を有するなら，工場がクリーニング屋に対して金銭を支払って煤煙を一定量出させてもらうであろう。かくして，外部性は解消されることになる。しかし，何れの場合も，第三者が工場の排出する煤煙の量をモニターし，所有権に見合う排出量を遵守させる必要がある。つまり，非排除的なものを排除的に扱うための費用がかかることになる。

以下では，前述のモデルにおいて，財 y についての所有権が不在だとしよう。財 y がきれいな空気で，もう一方の財 x の生産に伴いそれが減るにせよ増えるにせよ，生産の場面での財の出入りの関係が $F(X, Y)=0$ と表されるものとする。財 y についての所有権が不在ならば，市場価格 q も不在だから，数量は市場調節を経ずに決まる。このとき，各主体の効用最大化行動と，生産の場面における利潤最大化は，それぞれ次のように表される。

$$\max_{x_i} U_i(x_i, y_i) \quad \text{s.t.} \quad px_i = B_i$$
$$\max_{X} P(X-\bar{X}) \quad \text{s.t.} \quad F(X,Y)=0$$

これより得られる一階条件では，それを導出するまでもなく，パレート最適性の必要条件（1）を得ることができない。つまり，外部性が存在する経済はパレート最適な配分を実現できない。

このような，外部性の問題を解決するには，当然のことながら，外部性についての所有権を確立すればよいということになるのだが，そもそも，所有権のなかった財・サービスは，汚染量をモニターしたりする費用が高くて，所有権を保護したり取引市場を確保することが困難だったからこそ，所有権が不在だったわけで，これを乗り越えることは簡単ではないだろう。

もう1つの方法として考えられるのが，外部性財 y が市場取引されていたとしたら，実現したであろう価格 q を政府が計算して，その消費に際しては税率 q で課税，その生産に際しては同率で補助金を付与するというものである。このようなスキームはピグー税・補助金と呼ばれている。しかしながら，

これも，所有権の初期配分に加え，式(2,3)の如く，汚染量や限界効用をも事前に知る必要があり，実現は簡単ではないだろう。

3.1.4 コースの定理

すでに述べたように，外部性の主たる原因は財・サービスの非排除性である。非排除性とは，つまり，所有権があったとしても，それを保全できないという性質である。工場とクリーニング屋の例で言えば，いくらクリーニング屋にきれいな空気の所有権があっても，その所有権の有無にかかわらず，工場の煤煙が（非排除性により）クリーニング屋に漂ってきてしまい，クリーニング屋が煤煙を調整ができないことが問題なのであった。逆に，所有権の保全ができるとすれば，その権利の市場取引を通じて外部性は解消される。

コースの定理は，その所有権の所在確定とその保全ができないがために外部性となっている何らかの財・サービスについて，所有権を確定し，所有権を保全すれば，外部性は解消される（経済のパレート最適性がもたらされる）というものである（第2章参照）。所有権が確定できないという問題があるから非効率となるのであって，この所有権の問題を解消すれば効率化する，というのは当然の主張だろう。ただし，所有権の配分がどうであれパレート最適となる，という部分は注意深く理解する必要がある。工場とクリーニング屋の例で言えば，きれいな空気の所有権をクリーニング屋にすべて配分しても，煤煙の排出権をすべて工場に配分しても，あるいはその中間的な配分をしても，所有権を市場で取引する限りパレート効率となる，ということは確かに間違いではない。

注意しなければならないのは，どのような所有権の配分でも「同じパレート効率」が実現されるわけではない，という点である。未配分の所有権の配分は，結局のところ初期保有の配分と同じである。コースの定理は未配分の所有権の配分をどのように配分しても，配分した直後の状態（所有権が市場取引されていない時点）に比べて，所有権を市場取引した後の状態がパレート効率的である，ということなのであって，所有権が未配分であった状態と比べているのではないのである。図3-1は，所有権の配分前のアキコとブライアンの効用レベル

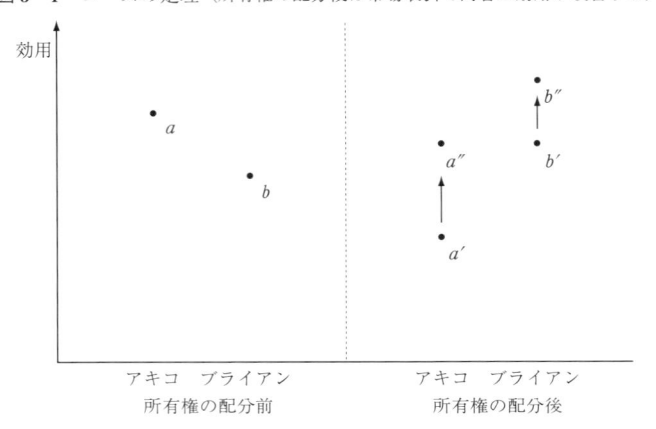

図 3-1 コースの定理（所有権の配分後は市場取引で両者の効用が改善する）

がそれぞれ a, b であるとき，所有権の配分直後（市場取引以前）の状態での効用レベル a', b' と市場取引後の状態での効用レベル a'', b'' をあらわしている。コースの定理は右側の両者の効用の改善を表しているにすぎない。

所有権の配分をどのようにするべきかという問題は，普通の経済学では扱えない問題である。経済学では，金持ちに生まれようが貧乏に生まれようが，そういった「初期保有」は外生的に与えられるものであって，その初期保有の配分がどうあるべきかということは問われない。生産の場面における利潤請求権やその逆である赤字補填義務などの所有権の配分も，経済学では所与である。つまり，所有権を新たに配分するということは，たとえば，容姿端麗に生まれるか，あるいはそうでもなく生まれるか，ということを選ぶことと等しいわけである。遺産相続において兄弟が骨肉の争いを演じるところを見ても，所有権の配分は大きな困難を伴う。コースの定理は，これらの初期保有を確定させた後の話に過ぎないのである。

3.2 公共財

外部性は，きれいな空気のように，財・サービスの取引やモニタリングに費

用がかかりすぎるために，市場取引がなされずに生じるほか，財・サービスの公共性によっても生じる。公共性を帯びた財・サービスは公共財と呼ばれるが，公共財は誰でも利用が可能であって，それゆえに所有権の所在が不明確になり，結局，市場取引がなされないものである。したがって，公共財の供給においても外部性を社会にもたらすことになる。

3.2.1 公共財とは

公共財は，次の2つの性質を併せ持つものである，と定義されている(Samuelson 1954)。

非排除性：だれかによる消費を排除（調節）できない。
非競合性：だれかが消費しても，他人の消費機会を奪わない。

非排除性は需給の間の関係，非競合性は消費者間の関係であると言えよう。とくに，非競合的とは，一定量の供給量に対して，だれがどれだけ実際に消費しようと，各人が消費可能な量は変わらないということである。消費量とはこの場合の消費可能量のことだから，非競合性は皆が供給量と同一量を消費することをもたらすことになる。たとえば，映画が2時間上演されているとして，だれがどれだけ寝ていようと，各人が鑑賞する映画の消費量は2時間で同一であるのと同じである。結局，純粋公共財とは，皆が同量を享受し，しかも対価をとることが困難な財・サービスのことである。国防などがこれに相当する。公共財は，表3-1のように分類される。

非排除的だが競合的である財はコモン財（コモンズ，共有財，またはコモンプール資源）と呼ばれる。たとえば魚場がこの性質を持つ。魚場で魚を獲ることについて制限を設けることが困難であるなら，だれかの利用を排除できないという非排除性を持つが，魚資源は有限であり枯渇する可能性があるということは，誰かが魚を獲ればそれだけ他人の獲れる量が減るという競合性を持つ。

非競合的だが排除可能な財はクラブ財と呼ばれる。たとえば電波はこれに該当する。電波はだれでも同じサービスを受けることができるが，スクランブルをかければ容易に利用を排除することが可能である。しかし，スクランブルの

表 3-1 公共財の分類

	排除的	非排除的
競合的	純粋私的財	コモン財
非競合的	クラブ財	純粋公共財

解除キーを与えられたクラブのメンバーは、自由にその電波を利用して放送などを視聴でき、しかも視聴者数によって視聴が制限されることもない。

　財が非排除的であると、対価を支払わなくても消費を排除されない、つまり、対価なしに消費できる。また、財が非競合的であると、他人と財を交換する必要がない。このように、公共財は、対価なしに消費でき、消費者間で交換する動機をもたないという性質を持っており、このようなものについては、取引市場は維持されない。財が非排除的もしくは非競合的であれば、それは必然的に、市場での数量調整がなされず外部性となる。

3.2.2　公共財の最適供給

　前述のモデルで、財 y が公共財だとしよう。各自の公共財の消費量は非競合性により同一であり、したがって総量と同一である。つまり、$y_1=y_2=Y$ である。したがって、パレート最適な資源配分は、次の問題の解である。

$$\max \ U_1(x_1, Y)$$
$$\text{s.t.} \quad \mu_2 = U_2(x_2, Y), \ x_1+x_2=X, \ F(X,Y)=0$$

ラグランジュ未定乗数を λ, σ として、一階条件を求めよう。

$$\mathcal{L} = U_1(x_1,Y) + \lambda\{\mu_2 - U_2(x_2,Y)\} + \sigma\{F(x_1+x_2,Y)\}$$

$$\frac{\partial U_1(x_1,Y)}{\partial x_1} + \sigma\frac{\partial F(X,Y)}{\partial X} = 0$$

$$-\lambda\frac{\partial U_2(x_2,Y)}{\partial x_2} + \sigma\frac{\partial F(X,Y)}{\partial X} = 0$$

$$\frac{\partial U_1(x_1,Y)}{\partial Y} - \lambda\frac{\partial U_2(x_2,Y)}{\partial Y} + \sigma\frac{\partial F(X,Y)}{\partial Y} = 0$$

これより，公共財を含むモデルのパレート最適性の一階条件を得る。

$$\frac{\partial U_1}{\partial Y}\Big/\frac{\partial U_1}{\partial x_1}+\frac{\partial U_2}{\partial Y}\Big/\frac{\partial U_2}{\partial x_2}=\frac{\partial F}{\partial Y}\Big/\frac{\partial F}{\partial X} \qquad (4)$$

すなわち，各私的財について，公共財に対する限界変形率と，公共財に対する限界代替率の和が等しい場合，一般的には $MRT=\sum_i MRS_i$ となる場合に，パレート最適の条件と一致する。これは，サミュエルソン条件と呼ばれる。

私的財の場合には，価格を所与として，限界変形率と各自の限界代替率が，すべて価格比と等しくなるように，各自の消費数量を（私的に）決めればよかった。しかし，公共財の場合には，各自の消費数量は（公的で）動かせないので，そのかわりに，各自においてそれぞれ異なる限界代替率を集計したものが，限界変形率と等しくなるように，公共財の数量の方を調整しなくてはならないのである。このような調整方法の1つとして考えられたのが次に示すリンダール・メカニズムである。

3.2.3 リンダール・メカニズム

リンダール・メカニズムは，次のような手続きからなる。

1. 公共財の供給者が供給量 Y を決め，限界費用 $MC(Y)=\sum_i q_i$ ように，各消費者 i の支払い金額（税率）q_i を消費者に提案する。
2. 各消費者は q_i に対する公共財の需要量 Y_i を申告する。
3. $Y_i<Y$ である i には q_i を小さく，$Y_i>Y$ である i には q_i を大きく，提案し直す。
4. 各 i について $Y_i=Y$ となるまでこれを繰り返す。

私的財 x については，市場メカニズムが働き，その結果としての競争均衡価格 p が決まっている。つまり，この私的財については，次項がみたされる。

$$\lambda p=\frac{\partial U_1(x_1,Y)}{\partial x_1}=\frac{\partial U_2(x_2,Y)}{\partial x_2}=\frac{\partial F(X,Y)}{\partial X} \qquad (5)$$

ここに λ は，限界効用と金額を一致させるためのスケールである。

公共財に関しては,消費者は次の問題に直面することになる。ここで,q_i は提案された値であり,所与である。

$$\max_{x_i, Y_i} U(x_i, Y_i) \quad \text{s.t.} \quad p\, x_i + q_i\, Y_i = B_i$$

これより,次の一階条件を得る。ここではリンダール均衡 $Y_i = Y$ とする。

$$q_i = p \frac{\partial U_i(x_i, Y)}{\partial Y} \bigg/ \frac{\partial U_i(x_i, Y)}{\partial x_i} \tag{6}$$

また,限界費用の定義により,次項が成立する。

$$\mathrm{MC}(Y) = p \frac{\partial X}{\partial Y}\bigg|_F = p \frac{\partial F(X, Y)}{\partial Y} \bigg/ \frac{\partial F(X, Y)}{\partial X} \tag{7}$$

結局,(5-7)および,手続き1での $\mathrm{MC}(Y) = \sum_i q_i$ より次項が得られ,これは,サミュエルソン条件(4)と一致する。

$$\frac{\partial U_1}{\partial Y} \bigg/ \frac{\partial U_1}{\partial x_1} + \frac{\partial U_2}{\partial Y} \bigg/ \frac{\partial U_2}{\partial x_2} = \frac{\partial F}{\partial Y} \bigg/ \frac{\partial F}{\partial X}$$

ここで,リンダール均衡の性質を確認しておこう。まず,生産において生じた利潤(マイナスの場合は赤字)は,消費主体のもつ利潤請求権にしたがって,消費者の予算に反映される。公共財の供給においては,多大な固定費用がかかる場合が多く,その場合,サミュエルソン条件の下では赤字となる。この赤字の補填は消費主体の予算から賄われる。つまり,公共財の最適供給量が決まったら,その供給に際してかかる費用は,予め設定された,利潤・赤字の所有権にしたがって賄われる(コースの定理を参照)。もう1つは,実行可能性の問題である。公共財の需要量 Y_i を過少に申告することで,支払額 q_i を減らすことができるなら,正直な値を申告しないで公共財のサービスを得る,所謂フリーライドのインセンティブが生じる。

さらにここでは,上記のような,公共財の最適供給の仕組みと,費用便益分析による社会的意思決定との関連性を述べることにしたい。環境の経済価値を測定するにあたり,多くの場合,環境財(公共財)に対する支払い意思額を訊くアンケートが実施される。実際,個人の支払い意思額の集計値が,対象とす

る環境財の供給（保全）のための限界費用と見合うかどうかは，費用便益分析による公共的意思決定の判断基準とされている。費用便益分析は，公共財に対する私的価格の集計値（便益）と公共財の限界費用を比較するという意味では，リンダール・メカニズムの意図するところと同じであるが，リンダール・メカニズムが，価格（租税）調整プロセスであるのに対し，費用便益分析は，次のような数量調整プロセスの一環であると考えられる。

1．公共財の供給者が，ある供給量 Y を消費者に提案する。
2．消費者は与えられた量の公共財 Y に対して，それが単位量増加することに対して支払ってもよい金額単価 $q_i(Y)$ を申告する。
3．消費者が表明した単価を集計したもの $q(Y)=\sum_i q_i(Y)$ と，その際の限界費用 $MC(Y)$ が一致するように，供給量 Y' を提案しなおす。
4．収束するまでこれを繰り返す。

このような数量調整プロセスは発案者（Malinvaud 1970, Drèze and de la Vallée Poussin 1971）にちなんで MDP プロセスと呼ばれている。

　MDP プロセスの特徴は，各自の需要量 Y_i ではなく，評価価格 q_i を表明させる点である。評価価格 q_i とはつまり，効用 U_i を一定に保ちつつ Y が限界的に増加したときに x_i を金額でいくら分減らせば釣り合うかということである。これは次のように表せる。

$$q_i(Y) = p \frac{\partial x_i}{\partial Y}\bigg|_{U_i} = p \frac{\partial U_i(x_i, Y)}{\partial Y} \bigg/ \frac{\partial U_i(x_i, Y)}{\partial x_i}$$

これはリンダール・メカニズムにおける式（6）と等しく，また，私的財の市場調整の結果（5）と，限界費用の定義（7）は MDP プロセスでも同じであることから，ステージ 3 において $\sum_i q_i(Y) = MC(Y)$ とすることができれば，サミュエルソン条件（4）が得られることになる。尚，MDP プロセスは一定の条件の下で戦略整合的（Strategy-proof, 正直表明が個人の最適）となることが示されている（Fujigaki and Sato 1981）。

　ここで指摘しておかなければならないのは，サミュエルソン条件（4）がパ

図 3-2 サミュエルソン条件

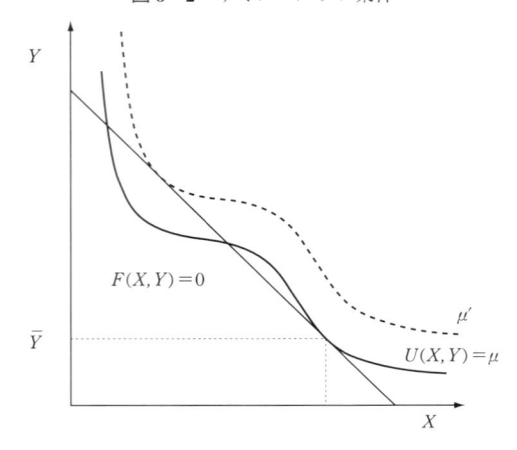

[図：縦軸 Y、横軸 X。無差別曲線 $U(X,Y)=\mu$、μ'、生産可能性フロンティア $F(X,Y)=0$、公共財供給量 $\bar{Y}$ を示す図]

レート最適のための必要条件でしかないということである。言い換えると，サミュエルソン条件が仮に得られたとしても，それは社会にとっての大域的な効率性を保障するものではない，ということである。現に MDP プロセスでは，サミュエルソン条件がパレート最適性の十分条件とするための制約を効用関数や生産関数に課している。リンダール・メカニズムのように，所与価格に対して各自が競争均衡的に最適消費量を決める場合とは異なり，費用便益分析のように，消費量に対して評価価格を決めている場合には，大域解にあたらない可能性がある。簡単のため，消費者の効用関数が同一で，さらに $\dfrac{\partial F}{\partial Y} \Big/ \dfrac{\partial F}{\partial X} = -1$ であるとしよう。この場合，サミュエルソン条件は $\dfrac{\partial U}{\partial Y} \Big/ \dfrac{\partial U}{\partial X} = -1$ である。図 3-2 にはこの場合の無差別曲線の様子を表してある。公共財の供給量 $\bar{Y}$ に対して，サミュエルソン条件が成立しており，費用便益分析ないし MDP プロセスは，これ以上の調整を行わない。しかし，$\bar{Y}$ より大きい Y で，より高い効用 μ' が得られる。

3.2.4 その他の公共財

社会（的）共通資本は，公共財，中でもコモンズに近い財である。宇沢弘文は，社会共通資本を「一つの国ないし特定の地域に住むすべての人々が，ゆた

かな経済生活を営み，すぐれた文化を展開し，人間的に魅力ある社会を持続的，安定的に維持することを可能とするような社会的装置」であるとしている。このような財は，私有や私的管理が認められず，社会の共通の財産として，専門的知見と職業的倫理観にもとづき管理・運営されなければならないだろう。このような財・サービスの制度的な分析は本章の目的の範疇を超えるが，ここでは，公共財としての位置づけを試みる。

　社会共通資本の具体的な形態として，自然環境，社会的インフラストラクチャ，制度資本の3つが挙げられている。自然環境には，山，森林，川，湖沼，湿地帯，海洋，水，土壌，大気など，社会的インフラストラクチャには，道路，橋，鉄道，上・下水道，電力・ガスなど，制度資本には，教育，医療，金融，司法，文化などが挙げられる。特に，教育，医療，司法，金融制度などの制度資本が社会的共通資本の重要な構成要素である。都市や農村も，さまざまな社会的共通資本からつくられているということができる。

　社会共通資本は，非排除的であるが，競合的であると言う意味で，コモン財の性質を有する。コモンズの場合には，多くの消費者が利用することで魚場から得られる個々の漁獲高のように，消費可能なサービスの量が低下するが，コモンズと異なるのは，その質までもが低下するという点である。道路が多くの消費者に利用されると混雑し，移動時間というサービスの質の低下を招く。これが道路が社会共通資本である所以である。もし，魚場が混むことで，各々の漁獲高の低下とともに，港まで時間がかかり魚の鮮度が落ちるといった品質の低下を招くとすれば，魚場も社会共通資本ということになろう。

　このような特徴は，社会共通資本を生産要素とする生産関数に組み込まれている。社会共通資本の総量を V，消費者 i によって使用される社会共通資本の量を X_i，全体として社会共通資本が使用されている量を $X=\sum_i X_i$ とし，産出量を Y，その他の生産要素を N_i とすると，生産関数は $Y=F(N_i, X_i, X, V)$ と表される。たとえば，医療サービスが $V=10$ 単位供給されているとしよう。それを A さんが $X_A=3$ 単位，B さんが $X_B=4$ 単位利用しているとする。このとき，医療サービスが $V=10$ 単位中，合計 $X=7$ 単位利用されている混雑

のもとで，A さんには $X_A=3$ 単位分のサービスが，B さんには $X_B=4$ 単位分のサービスが与えられる。宇沢は，社会的共通資本をこのようにモデル化し，このような財の存在する経済にも最適な均衡としてのリンダール均衡を分析している（宇沢 1972）。

最後に，社会共通資本とは対極に位置する財・サービスとして，ネットワークの外部性に触れておこう。ある財のネットワークの外部性とは，多くの消費者がその財を消費すればするほど，個々の消費者が受けるサービスの質が向上する，という性質である。また，このような財は，排除的であって料金を徴収でき，しかも非競合的である（のみならずサービスが増える）ことから，クラブ財の側面を持っている。ネットワーク外部性をもつ財・サービスの例として，電話網，ビデオの規格，タイプライターの文字配列，パソコンの OS，などがあげられる。これらの財の特徴は，（ネットワークの質を決める）参加人数を個人が調整できない点である。この部分は公共財の性質を有している。また，限界費用が小さいわりに限界効用が大きいので，大規模になり，規格も固定化される傾向がある。このような場合，独占の弊害や，優秀な規格の淘汰などの弊害が指摘される。

3.3 結合財

結合生産（Joint Production）とは，同時に 2 種類以上の財・サービスを生産する場合をいう。たとえば，牛一頭から牛肉と牛革ができる。原油を蒸留精製することにより，ガソリンやナフサ，重油などが同時に生産される。発電時に電力と同時に二酸化炭素を排出する。株式ポートフォリオは，期待利益とともにリスクも伴う。ため池は灌漑や防災などの多面的な機能を有している。液晶テレビはサイズや輝度などさまざまな属性を有している。消費時の機能とともにリサイクルしやすい設計かどうかも，商品の特性である。これらの例はみな，結合生産の範疇である。結合的に生産される財（Joint Products）のことを結合財と呼ぶことにする。

3.3.1 結合生産

結合生産がなく，投入 x に対して1つの財のみ y だけ産出する生産関数 $y=f(x)$ を考えよう。生産関数は通常，収穫逓減が仮定される。収穫逓減とは，投入が大きくなるにつれて，限界生産性が小さくなる，つまり $\partial^2 y/\partial x^2 \leq 0$ ということである。たとえば $y=x^\alpha$ で $\alpha<1$ は収穫逓減関数である。一方，収穫逓増はその反対で生産関数 $z=g(x)$ において $\partial^2 z/\partial x^2$ となる関数であり，たとえば $z=x^\beta$ で $\beta>1$ が収穫逓減関数となる。1つの財が収穫逓減，もう1つの財が収穫逓増である経済システムの生産可能性フロンティア（投入資源制約下における二つの財の可能な生産量の集合）は，投入資源制約を $x \leq X$ とする，可能な (y, z) の組合せである。具体的に，$X=1$，$\alpha=0.5$，$\beta=2$ とすると，図3-3のような生産可能性フロンティアが描かれる。

結合生産は，社会における生産可能性フロンティアのように，複数のものを同時に生む生産プロセスである。一定量の労働から牛肉と牛革と得るプロセスならば，牛肉だけあるいは牛革だけの生産に特化することは難しい。この場合，結合生産の生産可能性フロンティアはほとんど四角（結合生産でない場合の2つの生産関数が極端な収穫逓増の場合に描かれるフロンティアと同じ）となる。一方，牛肉から脂の乗りと歯ごたえという二種類の品質を得る結合生産を考えると，脂の乗った牛肉か歯ごたえのある牛肉か，どちらかに特化する方が，どちらも追求するより容易であるとすれば，生産可能性フロンティアは収穫逓増のそれになる。通常の生産関数は収穫逓減が仮定されることが多く，その場合，生産可能性フロンティアは凸状となるが，結合生産の場合には一概には言えない（ただし，図3-3の如く，一次元凸ではある）。

3.3.2 結合財市場

結合生産は結合財を物理的に分離できるかどうかで分けることができる。牛肉と牛革は分離できる。ガソリンとナフサ，重油なども当然分離できる。工場や自動車から排出される大気汚染物質も，工場が生産している財や自動車が提供するサービスとは物理的に分離できる。分離できるなら，それぞれの結合財

図 3-3 生産可能性フロンティア

収穫逓減

収穫逓増

の市場を通して数量が調整され市場価格を形成できる。大気汚染物質には市場がないとしても，権利の再設定やモニター技術の改良などで，市場が開設される可能性はある。

　一方，液晶テレビの輝度とかデザインといった品質や，投資案件のリスクなどは，液晶テレビ本体や，投資案件の期待利益率などと，分離して別々に市場取引することはできない。同様に，ため池の持つ多面的な機能は，それぞれ個別に切り売りできない。このような結合財をここでは接合財（Attached Services/Goods）と呼ぶことにしよう。接合財は取引市場なく外部性となり得るが，主要財の市場を借りて，間接的に調整される可能性はある。これについては後述する。

　結合財が接合的であるかどうかは別にして，まず，結合生産のある経済における，効率的な資源配分を考えよう。結合生産で x から 2 種類の財 y と z が生産されるとしよう。一定の x に対して図 3-3 のような関係を $x=F(y, z)$ と表すことができる。以下では，この関係を陰関数の形すなわち $F(x, y, z)=0$ と表す。このとき，代表消費者の効用 $U(x, y, z)$ を最大化する資源配分（パレート最適資源配分）は次のように表される。

$$\max\ U(x, y, z) \quad \text{s.t.}\quad F(x, y, z)=0$$

この問題に対するラグランジアンを作り，一階条件を求める。

$$\mathcal{L}=U(x, y, z)-\theta F(x, y, z)$$

$$\frac{U_x}{F_x}=\frac{U_y}{F_y}=\frac{U_z}{F_z}=\theta \tag{8}$$

次に，市場経済がどのような状態をもたらすかを検討しよう。もし，結合生産が分離財だとすると，結合財の各々について市場が存在し，市場価格が決定するだろう。そこで，これらをそれぞれ p, q, r としよう。代表消費者の最適行動は，次の効用最大化問題として表される。

$$\max\ U(x, y, z) \quad \text{s.t.}\quad px+qy+rz=B$$

この問題に対するラグランジアンを作り，一階条件を求める。

$$\mathcal{L}=U(x,y,z)+\lambda\{B-px-qy-rz\}$$

$$\frac{U_x}{p}=\frac{U_y}{q}=\frac{U_z}{r}=\lambda \tag{9}$$

他方，生産者の最適行動は，次の利潤最大化問題として表される。

$$\max\ px+qy+rz \quad \text{s.t.}\quad F(x, y, z)=0$$

この問題に対するラグランジアンを作り，一階条件を求めると，

$$\mathcal{L}=px+qy+rz-\sigma\{F(x, y, z)\}$$

$$\frac{F_x}{p}=\frac{F_y}{q}=\frac{F_z}{r}=\sigma \tag{10}$$

結局，(9, 10)より，パレート最適性の一階条件である(8)が得られる。

さらに，分離財の生産において，牛肉と牛革や，チーズとホエープロテインなどのように，結合財同士が一定の比率でできてしまうような場合，つまり，生産における代替性がない場合についても，確認しておこう。結合財である y

と z の代替性がないということは，y が z に関して微分可能でない，すなわち F_y か F_z のどちらか一方しか定義できないということである．つまり，(10)において，F_y/q または F_z/r が抜け落ちることになる．ただし(8)でも U_y/F_y または U_z/F_z が抜け落ちることになるため，結局，この場合でも市場均衡とパレート最適性の一階条件は一致する．図3-4(a)は，生産における代替性がない結合生産の場合の均衡の様子を示している．価格比は限界変形率ではなく，効用の限界代替率で決まることがわかる．また，図3-4(b)は牛肉が多く採れる牛 a と，牛革が多く採れる牛 b のように，結合材同士が一定の比率でできてしまう結合生産が複数ある場合の均衡の様子を表している．この場合，牛肉 z と牛革 y の価格比は限界変形率から間接的に決まり，そこから牛 a と牛 b の価格が決まる．均衡において牛 a と牛 b の生産比率が決まる．

次に，結合財間の生産は調整可能であるが接合的である場合を考察しよう．財 y が主たる生産物で，これに財（サービス）z が接合的に生産されているとしよう．z が接合的であることから，z 自体の取引市場も，それに伴う価格 r も存在しない．この場合の消費者の行動は次のように表される．

$$\max\ U(x, y\,;z) \quad \text{s.t.} \quad px+qy=B$$

この問題に対するラグランジアンを作り，一階条件を求める．

$$\mathscr{L}=U(x, y\,;z)+\lambda\{B-px-qy\}$$

$$\frac{\partial U(x, y\,;z)}{\partial x}\bigg/\frac{\partial U(x, y\,;z)}{\partial y}=p/q \tag{11}$$

同様に，生産側の行動は次のように表される．

$$\max\ px+qy \quad \text{s.t.} \quad F(x, y\,;z)=0$$

この問題に対するラグランジアンを作り，一階条件を求める．

$$\mathscr{L}=px+qy-\sigma F(x, y\,;z)$$

$$\frac{\partial F(x, y\,;z)}{\partial x}\bigg/\frac{\partial F(x, y\,;z)}{\partial y}=p/q \tag{12}$$

第 3 章　自然環境と公共財

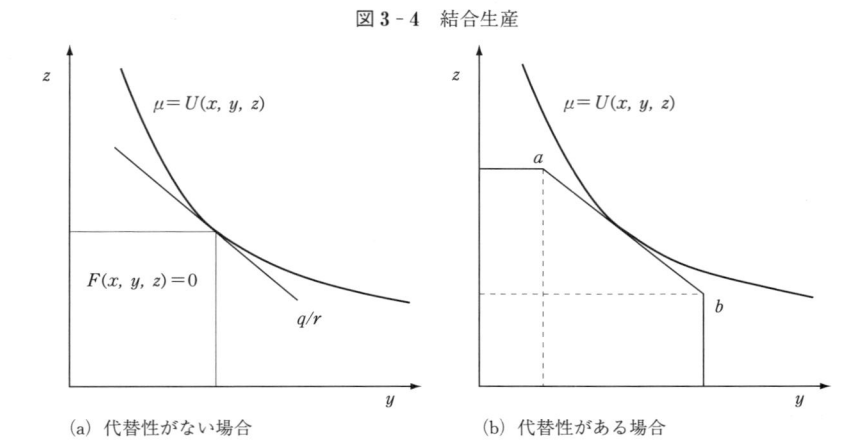

図 3-4　結合生産

(a) 代替性がない場合

(b) 代替性がある場合

結局，(11, 12)より市場では競争均衡として，次の一階条件がもたらされる。

$$\frac{U_x}{F_x} = \frac{U_y}{F_y}$$

パレート最適性の一階条件(8)とこの場合の帰結とは異なる。市場がないので当然だが，接合財は市場での調整がなされずに外部性となる。

3.3.3　間接市場による調整

　接合財はそれ自体で市場取引できないことから，その部分が外部性となることがわかった。さてここでは，接合財・サービスを，もう少しイメージしやすい，品質であるとしよう。接合財が接合されている主たる財を考え，これに接合されている財・サービスをその財の品質と考えよう。たとえば，証券ポートフォリオなら期待利益が本来の財でリスクがその品質であるというように。財が属性の束から成っていて，効用は属性量から得られるとする属性アプローチでは，属性に関して図 3-4 (b)のような生産可能性フロンティアを考えることで，属性の帰属価格 (Implicit Price) が扱われる。その場合，同じ属性を抱える（品質の異なる）財が市場に多数存在することが前提となる。他方，本節では環境財のように代替的な財が多くなく，属性同士の生産可能性フロンティ

アが図 3-3 の如くであり，品質ないしは属性の市場価格が不明である状況を想定する。

それでは，品質は市場を通じて絶対に調整され得ないのだろうか。そのことを検討するために，ここでは，本来の財の競争均衡において，品質を変化させた場合に，生産側で財にかかる追加的な費用と，消費側で評価される財の限界効用による費用対効果が測られて，品質変化前の財よりもその費用対効果が優れていれば，その品質変化が採用される（要するに，安くてよいものが選ばれる），という連続的なプロセスを考える。また，このようなインセンティブが，生産者にあると仮定する。このような品質調整のプロセスを，ここでは間接市場と呼ぶことにする。

まず，次のような関数を考える。

$$L(x, y, z, \theta) = U(x, y, z) + \theta F(x, y, z)$$

間接市場を含む経済では，品質以外の財についての市場は存在することから，経済均衡においては，(11, 12) より，次項が成立する。

$$\frac{U_x}{F_x} = \frac{U_y}{F_y} \equiv \theta \tag{13}$$

これらの値を θ とすれば，次項を得る。

$$L_x = L_y = 0 \tag{14}$$

次に，間接市場自体を分析しよう。(11, 12) において $q=1$ と基準化し，

$$\frac{\partial U(x, y; z)}{\partial x} \bigg/ \frac{\partial U(x, y; z)}{\partial y} = p^D(x, y; z)$$

$$\frac{\partial F(x, y; z)}{\partial x} \bigg/ \frac{\partial F(x, y; z)}{\partial y} = p^S(x, y; z)$$

と書くことにする。ここに $p^D(x, y; z)$ は，品質が z であるときの財 x の限界代替率（消費者による評価価格）である。$p^S(x, y; z)$ は，品質が z であるときの財 x の限界変形率（生産者による評価価格）である。ある z に対して，財市場

（今の場合は x の市場）を通じて両者は一致する。

$$p^D(x, y ; z) = p^S(x, y ; z) = p$$

ここに，品質の間接市場においては，品質増とそれに伴う財の価格増に対する需要側の評価を通じて，品質の調整がなされるものとする。具体的には，次のような z の調整過程を考える。ここに，$\dot{z} = dz/dt$ である。

$$\frac{\partial p^D}{\partial z} - \frac{\partial p^S}{\partial z} = k\dot{z}, \qquad k > 0 \tag{15}$$

つまり，品質増に伴う（評価）価格増が，供給側の品質増に伴う価格増より大きい場合に，品質増が許諾される（逆もまた同様）。この様子を図3-5に示す。間接市場の品質調整プロセス(15)が行き着く先は，定常状態 $\dot{z} = 0$ である。

このとき，次項が成立する。

$$\frac{\partial p^D(x, y ; z)}{\partial z} = \frac{\partial p^S(x, y ; z)}{\partial z} \tag{16}$$

その際，定義より次項が成立する。

$$\frac{\partial p^D(x, y ; z)}{\partial z} = \frac{\partial (U_x/U_y)}{\partial z} = \frac{U_{xz} - p U_{yz}}{U_y}$$
$$= \frac{\partial p^S(x, y ; z)}{\partial z} = \frac{\partial (F_x/F_y)}{\partial z} = \frac{F_{xz} - p F_{yz}}{F_y}$$

これは(13)を用いれば，次のように表される。

$$U_{xz} - \theta F_{xz} = p(U_{yz} - \theta F_{yz})$$

さらにこれは(13)の下で次項をもたらす。

$$U_{xz} - \theta F_{xz} = U_{yz} - \theta F_{yz} = L_{xz} = L_{yz} = 0 \tag{17}$$

もし，(13)および(17)の2つの条件から $L_z = 0$，つまり $U_z - \theta F_z = 0$ が得られれば，次のパレート最適性の一階条件が得られることとなる。

$$\theta = \frac{U_z}{F_z} = \frac{U_x}{F_x} = \frac{U_y}{F_y}$$

図 3-5　間接市場による品質調整

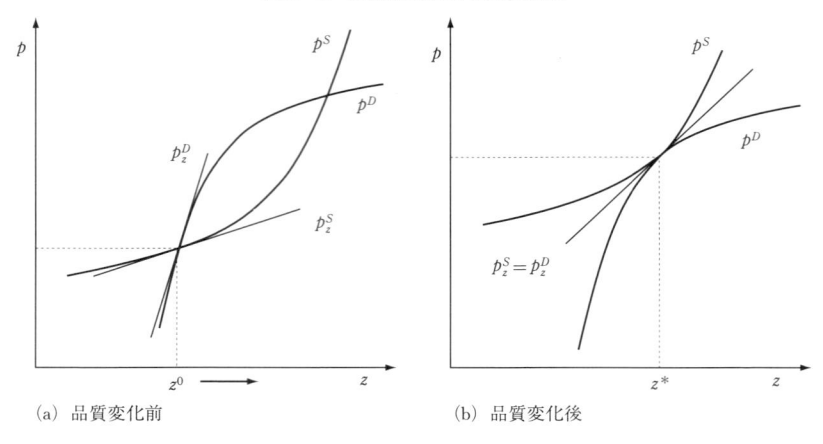

(a) 品質変化前　　　　　　　　　　　(b) 品質変化後

それでは、どのような場合に $L_z=0$ が得られるのであろうか。まず、L において z が、x に関して加法分離的（Additive Separable）である場合を考えよう。この場合、常に $L_{xz}=0$ つまり(17)が成立するが、必ずしも $L_z=0$ が得られるわけではない。(15)に従って z を調整しても他の変数の影響を捉えることはできない。このことは、z が y に関して加法分離的である場合にも同様である。

次に、L において z が、x, y どちらかに関して加法分離的でない場合を考えよう。図 3-6 に z と x が加法分離的でないとした場合の $L_y=0$ の下での L の等高線を示す（ここでは頂点もしくは谷点を表しているが、鞍点でも議論は同様である）。実線は、$L_x=0$ を表している（加法分離的である場合には直線となる）。これは等高線の z 方向に直角となる点をつなげたものである。このうちの A, B は何れも $L_{xz}=0$ となる（z 軸と平行となる）点である。一方、$L_z=0$ は破線で表しているが、A は $L_{xz}=0$ 上で $L_z=0$ を成している。つまり、調整プロセス (15) は、$L_{xy}=0$ となる点 A, もしくは B を見出すが、パレート最適条件をもたらす $L_z=0$ をみたす A は、これらに含まれる。言い換えるなら、品質 z は、他の財市場を通じて、それらとの関連性（非加法分離性）によって、完全ではないが間接的に調整され得る、と言うことができる。

最後に、このような試行錯誤プロセスが大域探索でなく、得られた状態が大

第3章 自然環境と公共財

図3-6 品質調整の可能性

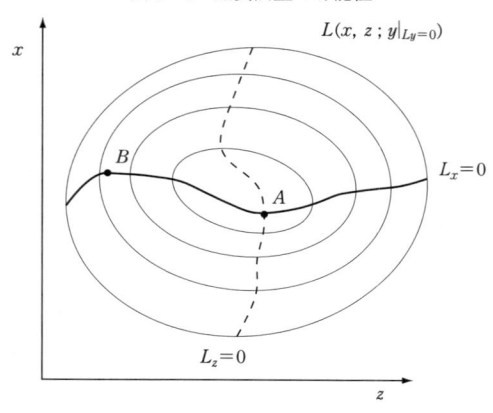

図3-7 間接市場による品質調整

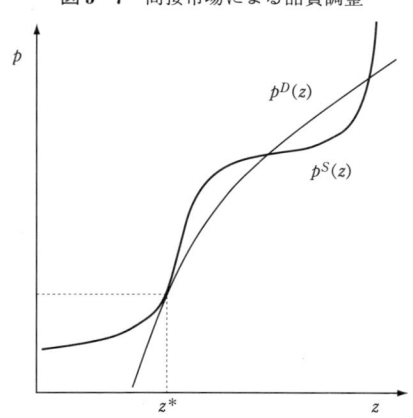

域的な最適解（パレート最適）となるとは限らない，ということを指摘しておこう。図3-7のような場合は十分ありえることである。結合生産において財と品質の生産可能性フロンティアの形状がいびつであるような場合，$p^S(z)$ は図3-7のような形になるだろう。そこでもし，間接市場による品質探索が z^* の近傍からスタートしたとすると，z^* よりも効用レベルの高い z と p がありえるにもかかわらず，このプロセスは z^* を見つけ出して定常状態となるであろう。

●参考文献

Drèze, J. and D. de la Vallèe-Poussin (1971). "A Tâtonnement Process for Guiding and Financing an Efficient Production of Public Goods," *Review of Economic Studies* 38: 133-150.

Fujigaki, Y. and K. Sato (1981). "Incentives in the Generalized MDP Procedure for the Provision of Public Goods," *Review of Economic Studies* 48: 473-485.

Malinvaud, E. (1970). "Procedures for the Determination of a Program of Collective Consumption," *European Economic Review* 2: 187-217.

Samuelson, P. A. (1954). "The Pure Theory of Public Expenditure," *Review of Economics and Statistics* 36 (4): 387-389.

宇沢弘文（1972）社会共通資本の理論的分析（1）（2）『経済学論集』38(1)：2-16, 14.27.

第4章
再生不可能資源

新熊隆嘉

再生不可能資源は，石油のように採掘・消費すればその分だけ将来利用可能な資源が減少するような資源のことである．本章では，市場で実現する異時点間配分を効率性と公平性の2つの観点から評価する．すなわち，第1に，厚生経済学の基本定理が再生不可能資源市場で成立するか，また，どのような場合に市場の失敗が生じるかをみる．第2に，市場で実現する異時点間配分は現在世代と将来世代の間で公平な配分となるであろうか，また，どうすれば将来世代に負担をかけない公平な配分が実現できるだろうかをみる．

本章の構成は以下のとおりである．4.1節と4.2節において，それぞれ再生不可能資源市場の効率性と公平性を考察する．続く4.3節においては，市場が失敗する例をいくつか紹介する．4.4節をもって結論とする．

4.1 再生不可能資源市場の効率性

4.1.1 生産のない経済

今，生産のない経済を考え，消費者は採掘された再生不可能資源を直接消費することで効用を得ているものとし，資源の採掘には費用がかからないものとする．本節では，このような想定の下で，競争市場均衡の効率性を検証，すなわち，厚生経済学の基本定理の成立についてみていく．

まず，競争市場均衡条件を導出しよう．競争市場において，資源価格はどのように決定されるだろうか．競争市場均衡においては，枯渇性資源一単位を現在期で採掘・販売して利潤 p_0 を受け取る場合と，t 期にそれを採掘・販売し

て利潤 p_t を受け取る場合が無差別とならなければならない。現在期で p_0 の資金を金融市場で運用すれば，t 期には $p_0(1+r)^t$ の利益になるため，このことは，競争市場において市場均衡が維持されるためには，資源価格が利子率 r で上昇せねばならないことを意味している。すなわち，競争市場では次の条件が成立する。

$$p_t(1+r)^{-t}=p_0 \tag{1}$$

ここで，以上の事実を定理として，採掘費用が存在するより一般的なケースについてまとめておこう。

定理 ホテリング・ルール (Hotelling, 1931)
競争市場均衡においては，資源価格から限界採掘費用を引いた純資源価格 (net price) は利子率 r で上昇せねばならない。

また，消費者は資源を直接消費することで効用を得ているので，資源購入額を控除した後の効用 $U(R_t)-p_tR_t$ が最大になるように，毎期の資源の消費量を決定する。すなわち，競争市場では次の条件も成立する。

$$U'(R_t)=p_t \tag{2}$$

(1) と (2) より，競争市場均衡では，限界効用の割引現在価値が一定となることがわかる。

続いて，競争市場の効率性を評価するために，次のような社会的最適化問題を考えよう。

$$\underset{R_t}{\text{Max}} \sum_{t=0}^{\infty} U(R_t)(1+r)^{-t}$$

subject to

$$S_0=\sum_{t=0}^{\infty} R_t$$

ここで，S_0 は現在の資源ストックを表している。この問題のラグランジアン

L は

$$L=\sum_{t=0}^{\infty}U(R_t)(1+r)^{-t}+\lambda\left[S_0-\sum_{t=0}^{\infty}R_t\right]$$

と表わされる。ここで、未定乗数 λ（定数）は現在期（$t=0$）で評価した（未採掘の）資源ストックのシャドウプライスを表す。すると、社会的余剰最大化の必要条件として、

$$U'(R_t)(1+r)^{-t}=\lambda \qquad (3)$$

を得る。(3)は、資源が効率的に異時点間配分されるためには、限界効用の割引現在価値が一定に保たれなければならないことを示している。このことは上の競争市場均衡条件とも一致する。したがって、生産のない単純な経済を考えた場合、厚生経済学の第1基本定理は成立することがわかる。

4.1.2 生産のある経済

もう少し現実的な経済を考えよう。以下では、枯渇性資源は消費財の生産に利用され、社会は枯渇性資源から直接効用を得るのではなく、そこから生産された消費財から効用を得るものとしよう。計算を単純にするために、効用関数を $U(C)=C$ としよう[1]。また、消費財は再生不可能資源 R と人工資本 K によって生産されるものとし、K と R について凹かつ連続微分可能な生産関数 $F(K_t, R_t)$ を仮定する。t 期で生産された財 $F(K_t, R_t)$ は、投資 I_t と消費 C_t に配分される。さらに、単純化のため人工資本 K は減耗しないと仮定する。

先ほどとは順番を入れ替えて、最初に社会的最適化問題を解こう。生産経済における社会的最適化問題は次のように定式化される。

$$\underset{\{C_t\},\{R_t\},\{I_t\}}{\text{Max}} \sum_{t=0}^{\infty}C_t\delta^t$$

subject to

$$F(K_t, R_t)=C_t+I_t \qquad (4)$$

$$K_{t+1} - K_t = I_t \tag{5}$$

$$S_0 = \sum_{t=0}^{\infty} R_t \tag{6}$$

ここで，$\delta = \dfrac{1}{1+r}$ とする。また，現在期の人工資本ストック K_0 と資源ストック S_0 は所与とする。

（4），（5），（6）を用いて，ラグランジアン L を次のように定義しよう。

$$L = \sum_{t=0}^{\infty} [F(K_t, R_t) - (K_{t+1} - K_t)]\delta^t + \lambda(S - \sum_{t=0}^{\infty} R_t)$$

ここでも，未定乗数 λ（定数）は現在期（$t=0$）で評価した（未採掘の）資源ストックのシャドウプライスを表す。すると，社会的最適化の必要条件として次式を得る。

$$\frac{\partial L}{\partial K_t} = [F_K(K_t, R_t) + 1]\delta^t - \delta^{t-1} = 0 \tag{7}$$

$$\frac{\partial L}{\partial R_t} = F_R(K_t, R_t)\delta^t - \lambda = 0 \tag{8}$$

生産経済においても厚生経済学の第1基本定理が成立するためには，（7）と（8）が競争市場均衡条件としても成立しなければならない。以下でそれを確認しよう。ここで，消費財（資本財）を価値基準財としよう（したがって，消費財および資本財の価格は1である）。すると，財の生産者の利潤最大化問題は次のように表すことができる。

$$\underset{\{K_t\},\{R_t\}}{\text{Max}} \sum_{t=0}^{\infty} [F(K_t, R_t) - (K_{t+1} - K_t) - p_t R_t]\delta^t$$

利潤最大化の必要条件として，

$$[F_K(K_t, R_t) + 1]\delta^t - \delta^{t-1} = 0 \tag{7}$$

$$F_R(K_t, R_t) - p_t = 0 \tag{9}$$

を得る。一方，前節でみたとおり，競争市場均衡ではホテリング・ルールが成立する。したがって，

第4章 再生不可能資源

$$p_t = \delta^{-t} p_0 \qquad (1)$$

を得る。ここで，(9)に(1)を代入すれば，(8)を得ることがわかる。したがって，生産経済においても(7)と(8)がみたされ，厚生経済学の第1基本定理は成立することがわかる。

なお，(7)は資本市場における競争市場均衡条件を表すことに注意したい。それをみるために，(7)を次のように書きかえよう。

$$1 + F_K(K_t, R_t) = \delta^{-1} \qquad (10)$$

消費財（資本財）を価値基準財としているため，(10)の右辺は t 期で資本一単位を安全資産で運用したときの $t+1$ 期における収益を表している。一方，左辺は t 期で資本一単位を生産に振り向け，その後売却した場合の $t+1$ 期で得る収益を表している。(10)は，この2つの収益が等しいことを示しており，各期の資本市場における競争均衡条件に対応している。

4.2 再生不可能資源配分の公平性

前節では，競争市場が枯渇性資源の効率的な異時点間配分を達成することをみた。ところが，図4-1をみてもわかるように，ホテリング・ルールが成立する競争市場経済においては，資源採掘量は時間の経過とともに減少する。したがって，効率的な資源配分は公平な資源配分とはならない。問題は公平な枯渇性資源の配分を実現するにはどういった政策が必要となるかである。

再生不可能資源をどのように異時点間配分すれば，現在世代と将来世代の公平性を実現することができるのだろうか。この難問に対して1つの解答を与えたのが，以下でみるハートウィック・ルールである。第12章において，再び異時点間の公平性の問題が論じられる。そこでは，再生不可能資源に限定しないより一般的なフレームワークの中で，この問題が詳しく論じられる。

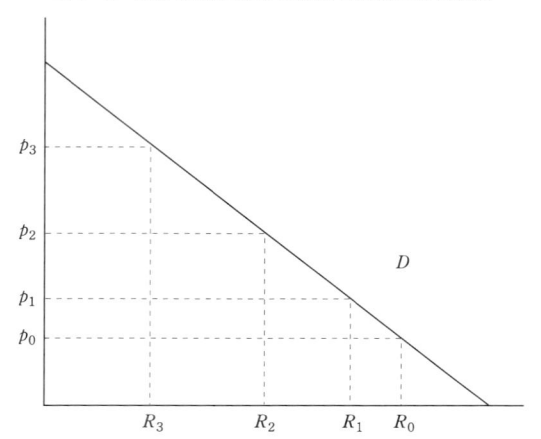

図 4-1 競争市場における採掘と価格の時間経路

4.2.1 ソローの世代間公平性の議論とハートウィック・ルール

再生不可能資源の異時点間配分は，ラムゼイ（F. Ramsey）らの最適成長と資本蓄積に関する標準的なモデルに再生不可能資源を取り込むことで扱うことができる。このようなラムゼイモデルは，前節でみたように社会的厚生を各時点での消費から得られる効用を合計したものと考える。そのような功利主義の観点にたてば，ある世代（時点）の効用の一単位の犠牲によって他の世代の効用が一単位以上増加するのであれば，当該世代（時点）が被る犠牲はむしろ望ましい。ところが，このような功利主義にもとづく資源の異時点間配分は，世代間の公平性の観点からは認められるものではない。

そこで，ソロー（R. M. Solow）はロールズ（J. Rawls）にならってマキシミン原理を支持した。社会的厚生を最も恵まれない世代の効用とするマキシミン原理にしたがうと，将来世代の効用が少なくとも現世代と同じ水準に保たれるときのみ，現世代による再生不可能資源の採掘が認められる。

このようなマキシミン原理のもとで効率的な経路は，消費水準が一定となる経路である。そのことを確認するために，消費水準が一定ではない経路を考えよう。マキシミン原理では，最も消費水準の低い世代に他の世代の消費の一部を回すことによって社会的厚生を増加させることができるので，消費水準が一

定でない経路は非効率的となる。したがって，消費水準が一定となる経路がマキシミン原理のもとで効率的な経路となる。

このような消費水準を一定に保つような経路を実現させるためには，どのような政策が必要であろうか。それを示したのがハートウィック (J. M. Hartwick) によって提唱されたハートウィック・ルールである。

定理 ハートウィック・ルール (Hartwick, 1977)
再生不可能資源で得られた利益をすべて人工資本に投資すれば，各時点での消費を一定にすることができる。

証明

4.1.2 節のモデルを使って証明しよう。ハートウィック・ルールは次を意味する。

$$I_t = p_t R_t \tag{11}$$

今，t 期と $t-1$ 期における消費 C_t と C_{t-1} の差をとろう。すると，それは次のように書きかえることができる。

$$\begin{aligned}
C_t - C_{t-1} &= F(K_t, R_t) - F(K_{t-1}, R_{t-1}) - I_t + I_{t-1} \\
&= F_K(K_t, R_t)(K_t - K_{t-1}) + F_R(K_t, R_t)(R_t - R_{t-1}) - I_t + I_{t-1} \\
&= (\delta^{-1} - 1) I_{t-1} + p_t^R (R_t - R_{t-1}) - I_t + I_{t-1} \\
&= [\delta^{-1} I_{t-1} - p_t^R R_{t-1}] - [I_t - p_t^R R_t] \\
&= \delta^{-1} [I_{t-1} - p_{t-1}^R R_{t-1}] - [I_t - p_t^R R_t] \tag{12}
\end{aligned}$$

ここで，(12) において 2 番目の等号では，テーラー展開で一次近似をおこなっており，3 番目の等号では，(1)，(7)，(9)を使っている。また，最後の等号では，(1)を使っている。

(12)に(11)を代入すれば，

$$C_t - C_{t-1} = 0$$

となり，各時点における消費が一定となる。　　　　　　　　（証明終わり）

　すなわち，再生不可能資源に依存する経済においても，ハートウィックの投資ルールにしたがって，再生不可能資源と代替可能な人工資本に投資していけば，消費水準を一定水準に保つことができる。

　再生不可能資源から生産された財の一部を投資に回していくことによって，再生不可能資源の枯渇が進む一方，経済における人工資本の蓄積が進む。すると，現在世代は少ない人工資本ストックと豊富な再生不可能資源ストックを保有し，他方，将来世代は豊富な人工資本ストックと少ない再生不可能資源ストックを保有することになる。こうして現在世代と将来世代の公平性は再生不可能資源ストックと人工資本ストックの代替によって理論上は解決される。

　その後の研究では，ネット・インベストメントというより一般的な概念を用いて，再生可能資源を含めた自然資本に対してもハートウィック・ルールが成立することが示されている。ネット・インベストメントとは，上のモデルでは(12)の左辺を意味する。この拡張された概念を用いると，ハートウィック・ルールは一般的なルールとして次のように表現できる。すなわち，ネット・インベストメントを常にゼロに保つならば，各時点の効用を一定に保つことができる。これまでと同様に，「ネット・インベストメントをゼロに保つ」とは，「自然資本の市場価値の減少分と等しい額だけ人工資本に投資されている」ことを意味する。

4.2.2　持続可能な発展，グリーン NNP およびネット・インベストメント

　再び自然資本を再生不可能資源に限定して議論を先に進めよう。消費水準が一定に保たれるような，持続可能な発展を実現するために，どのような経済指標を参照すべきであろうか。GDP は持続可能な発展の正しい指標となりえるだろうか。

　t 期における GDP は，

$$GDP_t = C_t + (K_{t+1} - K_t)$$

と表される。ところが、明らかに GDP は再生不可能資源を採掘したことによって得られた所得も含んでいる。これをすべて所得として計上してよいだろうか。ヒックス (J. R. Hicks) によれば、資産から得られる所得はその資産によって生み出される永久に持続可能な消費の流列である。

今考えている資産は人口資本 K と再生不可能資源 S である。人口資本はそれへの投資 I を通じて増加し、GDP の右辺をみれば明らかなように、K の増価は計上されている。その一方、再生不可能資源は採掘によって減耗するが、GDP はその資源ストック資産価値の減耗分を控除していない。このことは、GDP は持続可能な発展の指標とはなりえず、新たな指標が必要であることを意味する。

それでは、持続可能な発展のための経済指標を得るために、GDP から控除される資源ストック資産価値の減耗分はどれだけであろうか。今、t 期における資源ストックの (t 期で評価した) 時価を V_t で表そう。資源ストックを t 期で売却し、それを安全資産で運用した場合、$t+1$ 期の資産価値は $\delta^{-1} V_t$ となる。一方、t 期で R_t だけの資源を採掘し、$t+1$ 期で資源ストックを売却した場合の資産価値は $\delta^{-1} p_t R_t + V_{t+1}$ となる。競争市場均衡では、この2つの場合における資産価値は等しくならなければならない。したがって、

$$\delta^{-1} V_t = \delta^{-1} p_t R_t + V_{t+1} \tag{13}$$

を得る。これを使えば、t 期で評価した資源ストック資産価値の減耗 $V_t - \delta V_{t+1}$ 分は、

$$V_t - \delta V_{t+1} = p_t R_t \tag{14}$$

と書き表すことができる。(14) の右辺は、GDP から控除される資源ストック資産価値の減耗分を表しており、トータル・ホテリング・レントと呼ばれている。現在では、GDP から資源ストック価値の減耗を引いた値をグリーン

NNP といい，それは，

$$\text{グリーン} \quad NNP_t = C_t + (K_{t+1} - K_t) - p_t R_t \tag{15}$$

として表される。

次に，グリーン NNP がなぜ経済の総資産から永久に消費可能な（その意味で持続可能な）所得というヒックスの所得概念に合致したものであるのかを確認しよう。経済がもつ t 期の総資産 (K_t, S_t) の価値を W_t で表そう。ここで，K_t と S_t はそれぞれ t 期における資本ストックと再生不可能資源ストックを表す。t 期における資産価値は，(K_t, S_t) によって生み出される消費の総和を t 期で評価したものである。したがって，それは

$$W_t = \sum_{s=t}^{\infty} C_s \delta^{s-t} \tag{16}$$

と表すことができる。

定理 グリーン NNP と持続可能性（Weitzman, 1976）
グリーン NNP は持続可能な最大のコンスタント消費水準である。

証明
(16)は次のように書きかえることができる。

$$\begin{aligned}
W_t &= \sum_{s=t}^{\infty} C_s \delta^{s-t} \\
&= \sum_{s=0}^{\infty} C_t \delta^s + \delta \sum_{s=0}^{\infty} (C_{t+1} - C_t) \delta^s + \delta^2 \sum_{s=0}^{\infty} (C_{t+2} - C_{t+1}) \delta^s + \cdots \\
&= \Delta C_t + \delta \Delta (C_{t+1} - C_t) + \delta^2 \Delta (C_{t+2} - C_{t+1}) + \cdots \\
&= \Delta C_t - \delta \Delta p_{t+1} R_t + \delta \Delta (p_{t+1} - \delta p_{t+2}) R_{t+1} + \delta^2 \Delta (p_{t+2} - \delta p_{t+3}) + \cdots \\
&\quad + \delta \Delta (\delta^{-1} I_t - I_{t+1}) + \delta (\delta^{-1} I_{t+1} - I_{t+2}) + \delta^2 (\delta^{-1} I_{t+2} - I_{t+3}) + \cdots \\
&= \Delta (C_t + I_t - p_t R_t) \\
&= \Delta (C_t + (K_{t+1} - K_t) - p_t R_t)
\end{aligned}$$

ここで，$\Delta = \sum_{s=t}^{\infty} \delta^{s-t} = \sum_{s=0}^{\infty} \delta^s = \dfrac{1}{1-\delta}$ である。4 番目と 5 番目の等号はそれぞれ

(12)と(1)による。上の結果を整理して，次式を得る。

$$W_t = [C_t + (K_{t+1} - K_t) - p_t R_t] \sum_{s=t}^{\infty} \delta^{s-t} \qquad (17)$$

(15)で定義したグリーン NNP を用いると，(17)は

$$W_t = (1 + \delta + \delta^2 + \delta^3 + \cdots) NNP_t \qquad (18)$$

と書きかえることができる。t 期以降の毎期において NNP_t をコンスタントに消費したとすれば，(t 期で評価した）そのような消費計画に対する支出総額は(18)の右辺で表される。一方，(18)の左辺は，t 期における総資産価値を表す。したがって，(18)は t 期以降の毎期において NNP_t のコンスタントな消費が可能であることを意味する。　　　　　　　　　　　　　　　　（証明終わり）

　以上のように，グリーン NNP は持続可能な最大のコンスタント消費水準，すなわちヒックスの所得概念である。したがって，グリーン NNP を引き下げるような発展は持続可能な発展と矛盾する。それでは，どうすればグリーンNNP の減少を防ぐことができるだろうか。

系　ネット・インベストメントを非負に保てば，グリーンNNPの減少を防ぐことができる。

証明
(12)を使って $NNP_{t+1} - NNP_t$ を計算すると，

$$\begin{aligned} NNP_{t+1} - NNP_t &= C_{t+1} - C_t + (K_{t+2} - K_{t+1} - p_{t+1}^R R_{t+1}) - (K_{t+1} - K_t - p_t^R R_t) \\ &= (\delta^{-1} - 1)(I_t - p_t^R R_t) \end{aligned}$$

を得る。よって，ネット・インベストメントを非負に保てば，グリーン NNP の減少を防ぐことができる。　　　　　　　　　　　　　　　　（証明終わり）

4.3 再生不可能資源と市場の失敗

これまでみてきた単純な経済においては，効率的な再生不可能資源の異時点間配分は市場の枠組みで実現可能である。しかしながら，しばしば市場は失敗し，再生不可能資源の異時点間配分もその例外ではない。この節では，市場が再生不可能資源の効率的な異時点間配分に失敗するいくつかのケースを紹介する。それらは独占市場のケースと生産可能集合の非凸性のケースである。

4.3.1 独占市場のケース

再生不可能資源を採掘する企業の多くは多国籍企業であり，個々の企業の市場シェアは他の業種と比較しても相対的に大きい。いくつかの再生不可能資源市場は寡占状態にあるともいえる。ここでは，寡占市場を扱うかわりとして，独占が再生不可能資源の異時点間配分に与える影響をみよう。

これまでの研究（Dasgupta and Heal, 1979）によって，独占市場における採掘量と社会的に最適な採掘量の大小関係は，需要の価格弾力性が消費量の増加関数であるか減少関数であるかに依存することがわかっている。このことを二期間モデルでみよう。各期の採掘量を R_t で表し，資源の需要関数を $P(R_t)$ で表そう。ここでもまた，採掘に費用はかからないものとする。

さて，独占企業の利潤最大化問題は，次のように表わされる。

$$\underset{R_0, R_1}{\text{Max}} \ \Pi = P(R_0)R_0 + \frac{1}{1+r}P(R_1)R_1$$

subject to

$$S = R_0 + R_1$$

制約条件を目的関数に代入すると，

$$\Pi = P(R_0)R_0 + \frac{1}{1+r}P(S-R_0)(S-R_0)$$

を得る。そして，利潤最大化の必要条件として，

$$\frac{\partial \Pi}{\partial R_0} = MR(R_0) - \frac{1}{1+r} MR(R_1) = 0 \tag{19}$$

を得る。ここで，$MR(R_t) = P(R_t) + R_t \frac{\partial P}{\partial R_t}$ は限界収入を表している。$R_0 = R_1 = S/2$ を(19)に代入すると，$\partial \Pi / \partial R_0 > 0$ となることがわかる。このことは，R_0 を増やせば利潤が増えることを意味するので，(19)を満たす最適解において $R_0 > R_1$ が成立することを示している。

さて，資源需要の価格弾力性 $\varepsilon = -\frac{\partial R}{\partial P} \frac{P}{R}$ を用いると，(19)は次のように書きかえることができる。

$$\left[1 - \frac{1}{\varepsilon_0}\right] P(R_0) = \left[1 - \frac{1}{\varepsilon_1}\right] \frac{P(R_1)}{1+r} \tag{20}$$

以下でみるように，独占市場がもたらす歪みの方向は，需要の価格弾力性 ε が一定であるか，資源消費量の増加関数であるか，資源消費量の減少関数であるかによって異なる。

① 需要の価格弾力性 ε が一定であるケース

このとき，(20)より資源価格が利子率で上昇する（ホテリング・ルールが成立する）ことがわかる。したがって，独占市場における採掘量は競争市場のそれと一致する。この場合には，独占による歪みは生じない。

② 需要の価格弾力性 ε が資源消費量 R の増加関数であるケース

$R_0 > R_1$ となることに注意すれば，この仮定のもとでは，$\varepsilon_0 > \varepsilon_1$ となる。このとき，(20)から

$$P(R_0) < \frac{P(R_1)}{1+r} \tag{21}$$

がみたされることがわかる。この場合，独占価格は利子率以上で上昇する。このことは，競争市場均衡と比較して，現在期（0期）において独占企業による過剰な採掘がおこなわれることを意味する（図4-2参照）。

③ 需要の価格弾力性 ε が資源消費量 R の減少関数であるケース

$R_0 > R_1$ のもとでは，この仮定は $\varepsilon_0 < \varepsilon_1$ を意味する。(20)から

図 4-2 独占市場の歪み（イメージ）

$$P(R_0) > \frac{P(R_1)}{1+r} \tag{22}$$

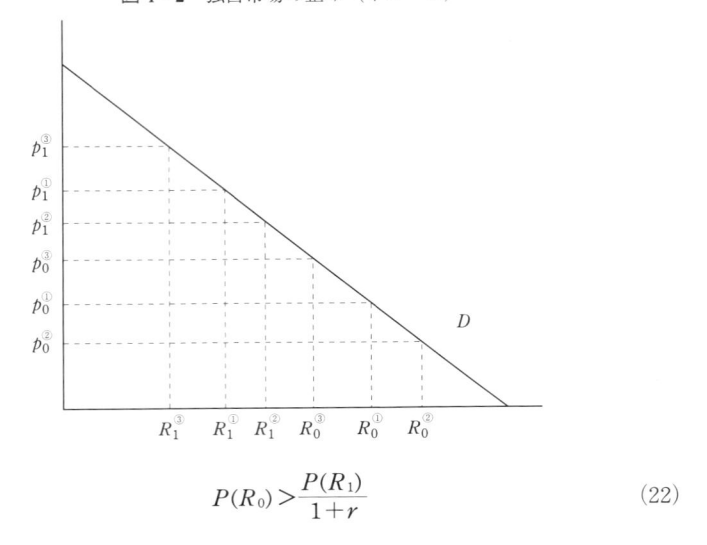

がみたされることがわかる。このとき独占価格は利子率以下で上昇する。したがって，競争市場均衡と比較して，現在期（0期）において独占企業による過少な採掘が行われる（図 4-2 参照）。以上のように，独占市場による歪みの方向は，需要の価格弾力性が資源消費量の増加関数であるか減少関数であるかで全く異なる。

4.3.2 生産可能集合の非凸性とセットアップコストの存在

再生不可能資源の採掘は規模の経済を有していると言われる。たとえば，金属資源の場合，鉱床から品位の高い鉱石のみを選択的に採掘するよりも品位の低い鉱石まで大量に採掘する方がコストを抑えることができる。また，採掘が開始される前には莫大な資本投下が必要であり，資源採掘において，いわゆるセットアップコストの存在は無視できない。この節では，このような再生不可能資源採掘に特有の性質が資源の異時点間配分にどのような影響を及ぼすかをみる。

(1) **規模の経済が資源の異時点間配分に与える影響** ここでは採掘企業の生産可能集合が非凸であるケースを考えよう。これは採掘量の小さい領域において採掘の拡大とともに平均費用が逓減する収穫逓増現象を意味する。平均費用曲線がU字型をしている場合，U字型の左側の領域（$0<R<\underline{R}$ としよう）で採掘を行わないのが最適な採掘計画となる。その理由は，その領域では利潤関数が凹ではないからである。ある1つの資源デポジットにおける最適な採掘経路では，採掘量は時間とともに減少し，採掘終了時点 T で $R(T)=\underline{R}$ となる（Eswaran, Lewis, and Heaps, 1983）。

ここで，競争市場で生産する採掘企業が複数存在し，それらは同質であるとしよう。すなわち，すべての企業が同じ平均費用曲線と同じ資源ストック量をもつと仮定しよう。すると，最適経路上では，すべての採掘企業は同じ生産経路をもつと考えられるが，このとき競争均衡が存在しないことは明らかである。というのは，すべての採掘企業が同時に採掘量を不連続的にゼロにし（$R(T)=\underline{R}$），それが価格の不連続的な上昇をもたらすからである。価格の不連続的な上昇は完全予見を仮定した競争均衡では存在しない。なぜなら，その時点で価格が不連続的に上昇することが既知であれば，採掘企業の1つは，その時点の前において採掘を控え，他のすべての企業が採掘を終了するのを待って採掘を再開することによって独占利潤を享受できるからである。

このような競争均衡が存在しないという事態は，採掘企業による費用のかからない参入退出を認めることで理論的には回避可能である。参入退出に費用がかからないと仮定することで，産業全体の採掘量は連続的に減少することが可能となり，結果として競争均衡の存在することが示される（Mumy, 1984）。

しかしながら，再生不可能資源の場合，採掘の再開には少なからずコストが発生する。とくに，新規に採掘を開始する場合には，莫大な費用がかかる。このような初期投資にかかる費用はセットアップコストとよばれる。

(2) **セットアップコストが資源の異時点間配分に与える影響** 次に，セットアップコストが存在するときに枯渇性資源の異時点間配分がどのような影響を

受けるのかみよう。セットアップコストは，一旦投下すれば回収できないサンクコストである。セットアップコストが存在すると，社会的最適な再生不可能資源の異時点間配分は競争市場において実現できない（Hartwick et al., 1986）。以下で，これを説明しよう。

今，2つの再生不可能資源デポジットAとBが存在するものとし，さらに，2つの資源デポジットは同じ資源ストック量をもつものと仮定する。単純化のために採掘費用はかからないものとする一方，採掘を開始するにあたってはセットアップコスト K がかかるものとしよう。すると，デポジットA（あるいはB）の採掘を行い，それが枯渇した時点でデポジットB（あるいはA）の採掘を開始するという経路が社会的最適な採掘経路となる。2つのデポジットで同時に採掘をおこなわないのは，同時に採掘しないことでセットアップコストを節約できるためである。今，デポジットAの採掘を先行しておこなうものとすれば，デポジットBの採掘を開始する時間を T で表すと，最適な T は次の必要条件をみたす。

$$(U(R(T^-))-p^R(T^-)R(T^-))+rK=U(R(T^+))-p^R(T^+)R(T^+) \quad (23)$$

ここで，T^- と T^+ はそれぞれ T の微小単位前と後の時間を表している。また，U は効用関数，R は採掘量，p^R は資源のシャドウプライス，r は利子率を表す。採掘デポジットBの採掘開始時間Tを微小単位遅らせることで，社会は T 直前の純便益 $(U(R(T^-))-p^R(T^-)R(T^-))$ を享受でき，さらに，デポジットBのセットアップコストの支払いを遅らせることもできる。セットアップコストの支払いを遅らせることができれば，利払い rK が節約される。よって，左辺はデポジットBの採掘開始時間 T を微小単位遅らせることの社会的限界便益を表している。一方，デポジットBの採掘開始時間 T を微小単位遅らせると，それまでデポジットBの採掘直後に享受していた純便益 $(U(R(T^+))-p^R(T^+)R(T^+))$ が享受できなくなる。したがって，右辺は T を微小単位遅らせることにともなう社会的限界損失を表す。社会的に最適な T は社会的限界便益と社会的限界損失が等しくなる値である。

資源のシャドウプライス p^R は $U'(R)$ と等しくなることに注意すれば，(23) は時間 T において $U(R) - U'(R)R$ が不連続的に増加することを意味する。これは採掘量 R が時間 T において不連続的に増加することを意味する。なぜなら，いつものように効用関数 U が凹関数であると仮定すれば，$U(R) - U'(R)R$ は R の増加関数となるからである。

さて，以上の社会的最適な採掘経路は競争市場で実現できない。採掘量が T で不連続的に増加することは，競争市場で資源価格が不連続的に下落することを意味し，このとき，先に採掘していたデポジットAの割引現在利潤はデポジットBのそれを上回る。デポジットAとBは同質であると仮定されているので，両デポジットの経営者はわれ先にと採掘を開始するだろう。したがって，セットアップコストが存在する場合には厚生経済学の基本定理は成立しない。

4.4　今後の課題

本章では，再生不可能資源の異時点間配分について，効率性と公平性という2つの観点からみてきた。非常に単純化された仮定のもとでは，競争市場によって効率的な資源配分は可能である。しかしながら，再生不可能資源の偏在性を背景に個々の企業は少なからず価格影響力を持っており，競争市場の仮定はあてはまらないことも多い。たとえ市場が競争的であっても，規模の経済やセットアップコストが存在すると市場が効率的な資源配分に失敗する可能性が残る。効率的な異時点間配分のもとでホテリング・ルールが成立することをみてきたが，実際には多くの実証研究によって棄却されている。

次に，再生不可能資源の公平な配分においては，競争市場がそれを達成する保証はどこにもない。つまり，ハートウィック・ルールは政策介入なしには競争市場均衡では成立しない。また，再生不可能資源の効率的な異時点間配分と公平なそれとは両立せず，効率性と公平性にはトレード・オフの関係がある。さらに，ハートウィック・ルールが目指すコンスタントな消費は，「完全なリサイクル可能性」という条件を必要とする。すなわち，人口資本が減耗し，そ

の完全なリサイクル（資源回収）が可能でないとき，ハートウィック・ルールは成立しない。

このように今や再生不可能資源の利用を考える場合，リサイクルによって回収された二次資源および回収できなかった廃棄物処理をも視野に入れる必要がある（廃棄物とリサイクルの問題は第5章で扱われている）。昨今，わが国では最終処分場の枯渇が問題視されている。再生不可能資源ストックが有限であるのと同様に，最終処分場も有限である。ところが，驚くことに，資源採取（一次資源）・リサイクル（二次資源）・廃棄物処分を包括的に分析した研究は数少ない。これから研究が進められるべき領域の1つである。

注
(1) ここでは，線形の目的関数を扱うことになるが，以下でみるように制約条件の代入によってラグランジアン L は K と R に関する凹関数となるので，最大化の必要条件(7)と(8)は十分条件でもあることに注意する。

●参考文献

Dasgupta, P. and G. M. Heal. (1979) *Economic Theory and Exhaustible Resources*. Cambridge : Cambridge University Press.

Eswaran, M., Lewis, T. R., and T. Heaps (1983) On the Nonexistence of Market Equilibria in Exhaustible Resource Markets with Decreasing Costs. *Journal of Political Economy* 91 : 154-167.

Hartmick, J. M. (1977) Intergenerational Equity and the Investing of Rents from Exhaustible Resources. *American Economic Review* 67 (7) : 972-974.

Hartwick, J. M., M. C. Kemp and N. V. Long. (1986) Set-up Costs and Theory of Exhaustible Resources. *Journal of Environmental Economics and Management* 13 : 212-224.

Hotelling, H. (1931) The Economics of Exhaustible Resources. *Journal of Political Economy* 39 : 137-175.

Mumy, G. E. (1984) Competitive Equilibria in Exhaustible Resource Markets with Decreasing Costs : A Comment on Eswaran, Lewis, and Heaps's Demonstration of Nonexistence. *Journal of Political Economy* 92 : 1168-1174.

Solow, R. M. (1986) On the Intergenerational Allocation of Natural Resources. *Scandinavian Journal of Economics* 88 (1) : 141-149.

Weitzman, M. L. (1976) On the Welfare Significance of National Product in a Dynamic Economy. *Quarterly Journal of Economics* 90 : 156-162.

時政勗（1993）『経済の情報と数理⑧ 枯渇性資源の経済分析』牧野書店.

第5章
再生可能資源とオープンアクセス

小谷浩示

本章は，地球環境の基盤をなす再生可能資源とその利用について解説する。とくに，再生可能資源の利用の在り方として最も典型的であるオープンアクセス問題への理解を深める事が本章の狙いである。その理解には，いくつかの予備知識が必要であるが，それらについても逐次説明をしていく。大まかに，本章の流れは以下の通りである。はじめに，再生可能資源とは定義上，どのようなものを指すのか，そしてどのような特徴を保持しているのか議論する。次に，その理解に基づき，再生可能資源の資源量の増減がどのようなものであると考えられてきたか，簡単な差分方程式を適用し説明する。また，その動学的特徴についてもまとめる。そして，再生可能資源の動学的数理模型に基づき，オープンアクセスという再生可能資源の利用について紹介する。とくに，オープンアクセスの再生可能資源利用が，なぜ社会に多く見受けられるのか，そしてその利用方法はどのような影響や結末を社会にもたらしてきたのかを説明する。最後に，今後の展望についてまとめる。

5.1 再生可能資源

一般的に再生可能資源と聞いた場合，どのような理解がなされているのだろうか。まずはじめにこの用語から想起するのは，自己増殖，または再生することが可能な資源であれば「再生可能資源」とくくられるに違いない，との予想かもしれない。しかし，それは経済学上では正しくない。なぜならば，われわれ人間社会にとって実益のある資源の再生は，自然界における物理的な資源の

再生と必ずしも一致しないからである。その原因を経済学的視点で述べれば，現在の人間社会にとって，千年後等の遠い未来の事まで考えることにほとんど意味がない，という事と深く関わっている。簡単に言えば，この世に生きているわれわれ人間にとって，ある程度以上に遠い未来は関係がない，ということである。たとえば，現在の1000円と千年後の1000円を比較して，誰が後者を選択するのか。100人中100人が「現在の1000円」を選択するであろう。それが10年後の1000円の話であろうと，全員が現在の1000円を選択するその結論は変わらないはずである。

上記したような人間にとっての時間的感覚とその選好性は，再生可能資源を考える上でも非常に重要である。ある資源は，人間にとって有意義な時間内に自己増殖する事が可能であるが，中にはそうでないものが多々あるからである。ここで注意が必要なのは，その具体例である。多くの資源は自己増殖し，再生することが可能である。しかし，人間にとって，意味のある時間内に自己増殖できるもの，できないものは何なのか。その事を考えていくことは，再生可能資源の管理では非常に重要である。

経済学では，再生可能資源の定義を以下のように規定している。分析対象となる会社や個人，または社会にとって，有意義な時間内に自己増殖ないし，再生する事のできる資源は，「再生可能資源」，それでなければ「非再生可能資源」となる（Field, 2006）。この定義に基づけば，上述した再生可能資源のより具体的な例を挙げることができる。日本の社会で，最も重要な再生可能資源の1つは，魚と言えるであろう。ご存知の通り，サンマやその他魚類のほとんどは，数年単位でストックの再生が可能であり，その再生に要する時間的間隔は，漁師にとっても社会にとっても有意義なものと言える。一方，再生はするが，それに要する時間が長すぎるため，再生可能資源と経済学上定義されないものが幾つかある。有名な例として原生林が挙げられる。原生林が自己増殖・再生できるのは言うまでもない。しかし，原生林が財として価値を持ちうる程度の大木に成熟するまでに，屋久杉などの例が示すように種によっては千年以上かかることもあり，林業者，そして人間社会双方にとって，それは再生可能資源

第 5 章 再生可能資源とオープンアクセス

とは言えない。

　纏めると，経済学で資源を語る場合に重要なのは，物理的に資源が再生できるか否かではなく，資源利用の当事者，つまり人間社会にとって有意義な時間内に自己増殖し再生できるかどうかである。再生できれば「再生可能資源」，そうでなければ「非再生可能資源」となる。

5.2　再生可能資源の増殖過程とその数理模型

　読者の多くは，今現在，環境経済学のこの教科書を手にとっている以上，資源利用の問題やニュースにある程度の興味を持たれ，また何らかの形で勉強したことがあると思う。その場合に頻繁に目にするのは「資源量」の問題ではないだろうか。夕方のニュースを見ていると今年は，サンマが豊漁だとか，マグロの資源量が減り，値段の高騰が予測されるなど，再生可能資源の資源量に関する事柄を目にする機会は意外と多いと気づくはずである。前節では，そうした再生可能資源は，人間社会にとって有意義な時間内に自己増殖出来るものとして経済学的規定を加えた。しかし，どのような増殖過程を示すのかについては，まだ説明をしていない。本節では，簡単な数理模型を用い，どのような状況で，資源量が増加・減少していくのか，説明を行っていく。

5.2.1　マルサス増殖

　さて，再生可能資源の自己増殖過程に関して，どのような仮説が立てられているのだろうか。それは，資源量の増殖に関する学問の発展の歴史をみると，上記の質問に対する答えの変遷が見える。一番最初に，資源や生物の自己増殖過程に簡単な数式を用いて仮説を提示したのはマルサスだと言われている (Tietenberg, 2006)。その仮説は以下の数式で表される。

$$x_{t+1} = x_t + rx_t, \tag{1}$$

- x_t, $t=0, 1, 2, ...\infty$：期間 t における資源量，

- $r>0$：自然増加率。

マルサスが，この資源増加の仮説に基づき19世紀初頭に人間社会が直面するであろう食糧危機を予言したことは有名である。人口が（1）式に基づき自己増殖した場合，後で詳しく解説するが，時間が経つにつれ幾何学的に人口が増加する。しかし，その急激な増加に食糧の供給が間に合わない，という論理展開であった。

では，マルサス増殖過程と呼ばれる（1）式は現実的であるのか？ マルサス増殖は，時間とともに際限なく資源量が増殖していくことを既に述べた。つまり，$t \to \infty$ となる時，$x_t \to \infty$ である。この特徴をより直観的に理解するためには，視覚的にマルサス増殖を表すと便利である（図5-1）。これらの図は，（1）式におけるパラメータ $r=0.5, x_0=1$ と設定しエクセルよって，$x_1, x_2, \ldots$ を計算し作成された。とくに，上の図5-1（a）はCobwebと呼ばれ，横軸に今期の資源量 x_t，縦軸に翌期の資源量 x_{t+1} をとり作成されたものである。このCobweb図からわかるのは，（1）式で表現されるマルサス増殖関数が45°線よりも高い位置にあることである。故に，最初の資源量が0より大きければ（つまり $x_0>0$），時間と共に資源量が際限なく増殖していくことが確認できる筈である。この事実は，図5-1（a）のCobweb線（図の実線）の▲を辿っていくとより明らかである。つまり，$x_0=1$ からスタートし，次に $x_1=1.50, x_2=2.25, \ldots$ と資源量が時間と共に単調増加していくことがわかる。

次に，時間と共にマルサス増殖が幾何学的な資源量増加を本当に示すのか確かめる。横軸を時間（Period t），縦軸をその期の資源量 x_t と設定した図5-1（b）を参照いただきたい。この図からわかるのは前述の通り，資源は時間と共に増加するが，その増加度合が時間と共に大きくなることである。これがマルサスの言っている幾何学的人口増加であり，その増加率の大きさこそが将来の食糧危機の源だと訴えたのである。さて，読者の方は，この2つの図5-1（a）と5-1（b）を観察し，実際にこのマルサス増殖過程が十分に納得のいくものであるか，否か，そして食糧危機仮説について如何に考えるであろうか。

第 5 章　再生可能資源とオープンアクセス

図 5-1　（ 1 ）式のマルサス増殖過程：$r=0.5$, $x_0=1$

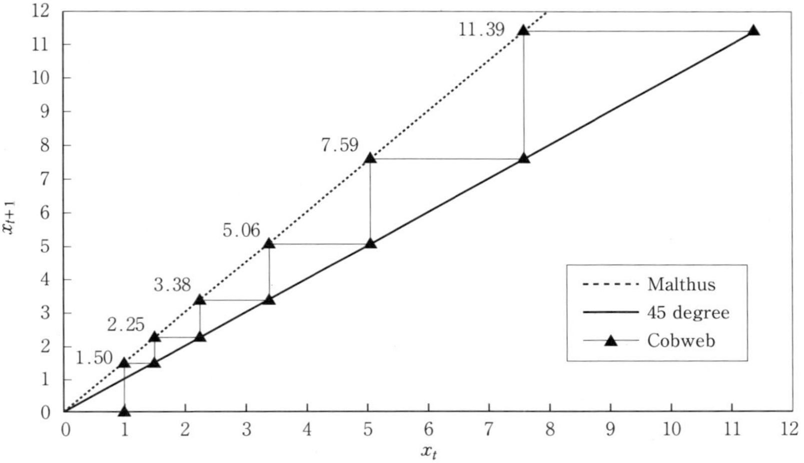

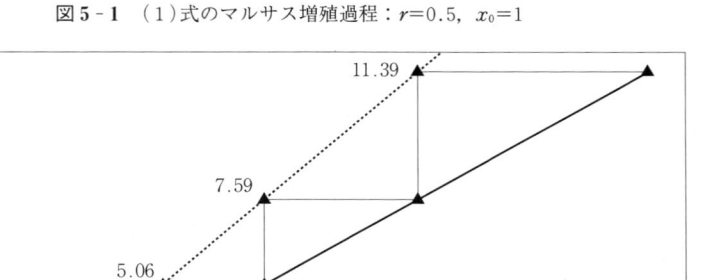

(a) Cobweb 図：横軸：資源量 (x_t), 縦軸：翌期の資源量 (x_{t+1})

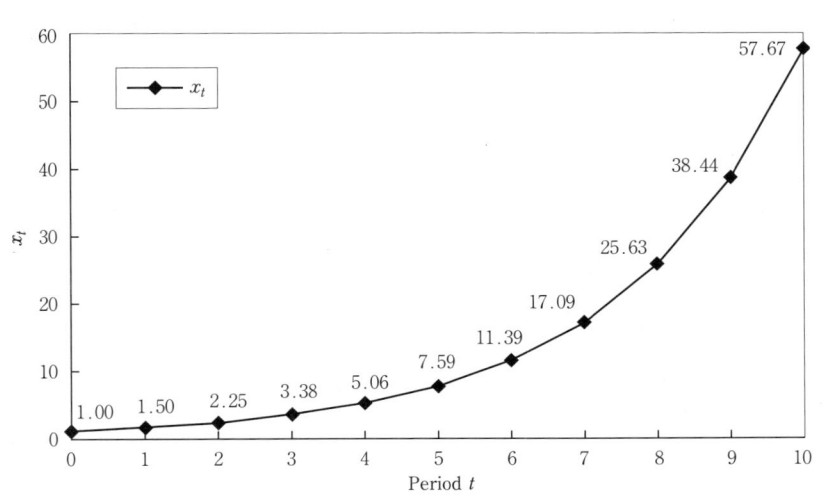

(b) 時間を横軸にとった場合の資源増加：横軸：時間（Period t), 縦軸：資源量 (x_t)

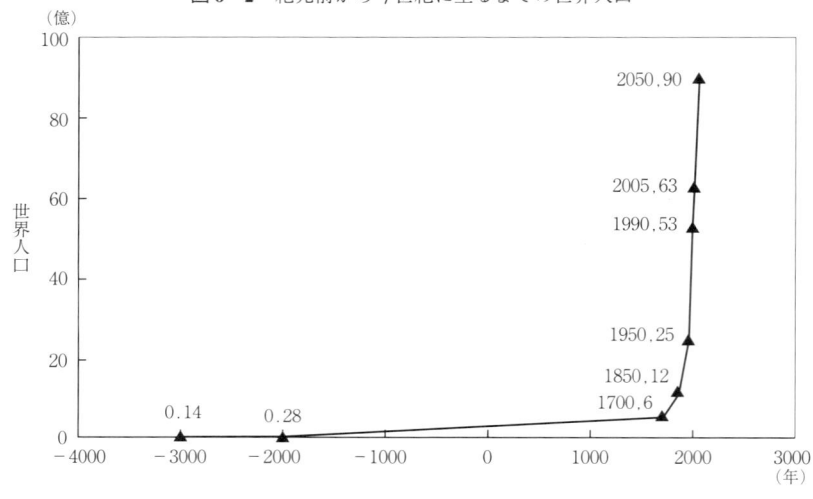

図 5-2 紀元前から今世紀に至るまでの世界人口

人口や資源量が時間と共に幾何学的に，かつ際限なく増殖していくというその予測はある意味においては現実的ではない，と言える．それは，限られたスペースやお金等の最適な配分を考える事が常であるわれわれにとって，「無限増殖」とは想像しにくいものだからである．一方で，マルサスの仮説である幾何学的人口増加は実際のデータで当てはまるのかも興味の湧くところである．そこで，簡単ながら紀元前から今世紀に至るまでの世界の総人口変化を図 5-2 に示し，マルサス増殖が適当であるか検討する．この図を見た場合，多くの読者が世界の総人口変化とマルサス増殖の過程とが意外と一致すると思われるかもしれない．特に，図 5-1 (b) と図 5-2 の軌跡は定性的に類似している．しかし，ここでもう一度考え直してもらいたい．果たして，マルサス増殖過程は十分に現実を捉えているのか，または本当に人口は無限に増えるのか？

5.2.2 ロジスティック増殖

近年の資源経済学者の間では，やはりマルサス増殖は資源量の増減を説明するのに十分ではない，という認識がなされている．それはまず，人間の現在の置かれている立場を考えれば，納得がいくはずである．人間が自己増殖してい

くためには，一人当たりに最低限保障されるべき一定以上の土地や資源が必要である。しかし，土地や資源は有限であり，人口がある一定以上増え過ぎると，人口密度が高くなり，お互いの生命維持が難しくなることが予想される。一方で，こうした有限性からくる原理は人間に限らずどの生物にもあてはまる。つまり，住む土地が有限，またはその他の要因も含め様々な事物が有限である以上，ほとんどの場合，われわれの人口や再生可能資源の資源量が無限に増殖できると仮定するのは不自然という考えである。そこで，近年の資源経済学で一般的に用いられるのはロジスティック増殖と呼ばれるもので，この過程に基づけば無限増殖は起こらない。それは，以下の式で表される。

$$x_{t+1} = x_t + rx_t(1 - x_t/K) \qquad (2)$$

- r：資源増殖率，
- K：環境収容量。

マルサス増殖と決定的に異なるのは，右辺の二項目，つまり，$rx_t(1-x_t/K)$ の存在である。現在の資源量 x_t が環境収容量 K よりも大きい場合は，$(1-x_t/K)<0$ となることが有限増殖となる事の肝である。つまり，x_t が K よりも大きい場合には，翌期の資源量 x_{t+1} は x_t より小さくなる。よって，$rx_t(1-x_t/K)$ の項は，資源の増殖過程で起こり得る密度効果を表していると解釈できる。環境収容量より現資源量 x_t が小さければ，資源量は増加する。しかし，一旦，現資源量が環境収容量よりも大きくなると密度効果が働いて，資源量が減少する。

では，ロジスティック増殖ではどのような資源量の変化を示すのか，マルサス増殖の場合と同様に視覚的に表現し，理解を深めていく。図5-3(a)は，$r=0.5$, $K=10$, $x_0=1$ と設定し数値計算をした時の Cobweb 図，そして図5-3(b)はこのパラメータ設定で時間と共に資源が如何に変化しているかを表している。この一連の図5-3から見られる特徴は，マルサス増殖過程と比べ，どのような違いがあるのか？

はじめに図5-3(a)から明瞭なのは，ロジスティック増殖過程が45°線と交

図 5-3 （2）式のマルサス増殖過程：$r=0.5$, $x_0=1$, $K=10$

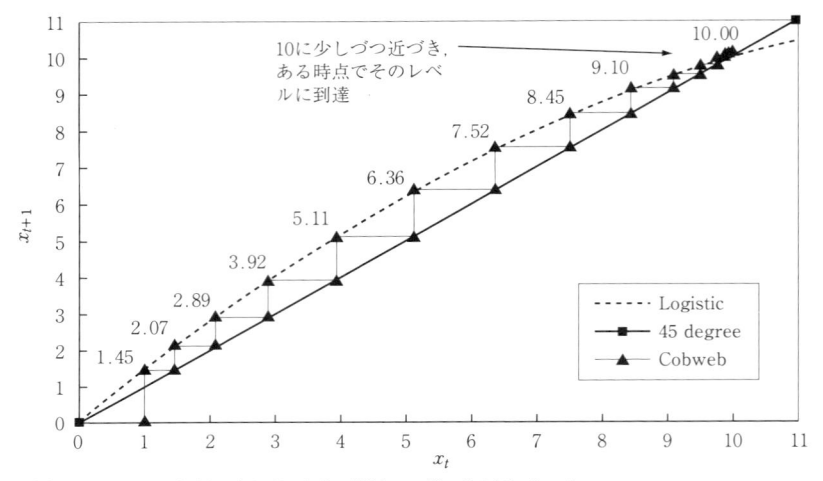

(a) Cobweb 図：横軸：資源量 (x_t), 縦軸：翌期の資源量 (x_{t+1})

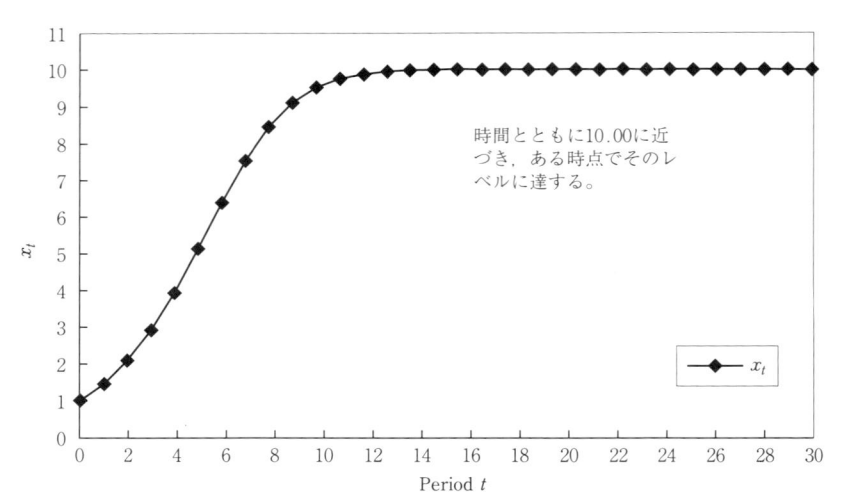

(b) 時間を横軸にとった場合の資源増加：横軸：時間 (Period t), 縦軸：資源量 (x_t)

わっている事である。しかも，その交点は $K=10$ の環境収容量と一致している。Cobweb の▲を辿っていくとわかるように，$x_0=1$ からスタートした資源量は，$x_1=1.45$，$x_2=2.07$，… と確実に増殖していくことがわかる。しかし，その資源量が環境収容量の $K=10$ 近くまで増殖していくと，その増殖度合にブレーキがかかっていることがわかる（参照，図 5-3 (a)）。それは，即ち密度効果によるものである。さらに図 5-3 (b) から明らかであるのは，最終的にある時点で，その資源量は 10 に達し，その後も同じ資源量であり続けることである。この場合，10 はこのロジスティック増殖の資源量平衡点と呼ばれる。平衡点とは，資源量が一旦そのレベルに達した場合，同じレベルで留まり続けるその資源量を表している。つまり，平衡点では，$x^*=x_{t+1}=x_t$ が成り立つ。ロジスティック増殖での平衡点は，以下のように簡単に求められる。

$$x=x+rx(1-x/K) \Rightarrow x^*=0, K$$

つまり，ロジスティック増殖においての平衡点は 0 と K となる。図 5-3 で示した例は，$x_0>0$ であれば，正の平衡点である K に資源量が収束する典型である。

では，ロジスティック増殖関数では，$x_0>0$ であれば，常に資源量 x_t が最終的に環境収容量 K に収束するのであろうか？ 実は，必ずしもそうはならない。とくに，自然増加率 r があまりにも大きいと，$x_0>0$ であっても K にはいつまで経っても収束しない。図 5-4 (a) は，自然増加率を $r=2.9$ と設定し，そうした状況を作り出した時の数値計算の結果を表している。言い換えると，この図は，$r=2.9$ とし，他のパラメータは先程と同じ値に設定した場合の資源量の増減を表している。

ここでまず特徴的なのは，自然増加率を $r=2.9$ に上げただけで，45°線とロジスティック増殖関数との関係性が少なからず変化していることである（参照，図 5-4 (a)）。確かに，その交点は環境収容量 K のままである。しかし，図 5-4 (a) で示されたその交点の交わり方が，前出の例で示された図 5-3 (a) と異なる。より具体的には，交点付近では，ロジスティック増殖関数の傾きが

図 5-4 （2）式のロジスティック増殖過程：$r=2.9$, $x_0=1$, $K=10$

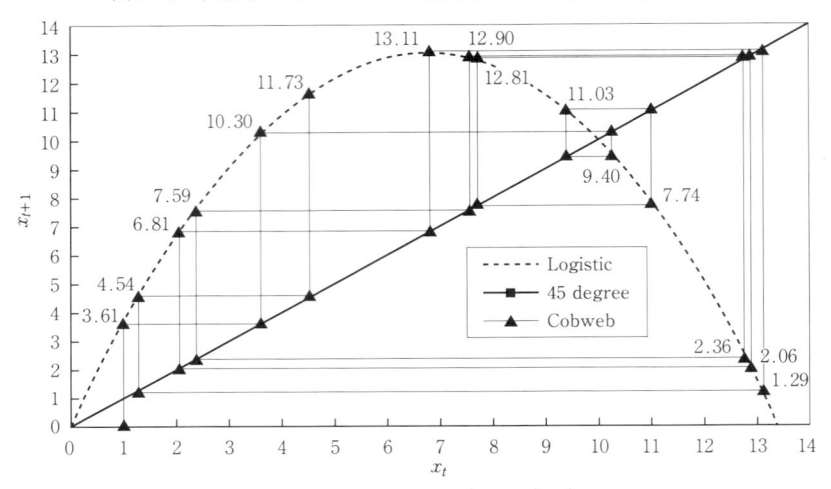

(a) Cobweb 図：横軸：資源量 (x_t), 縦軸：翌期の資源量 (x_{t+1})

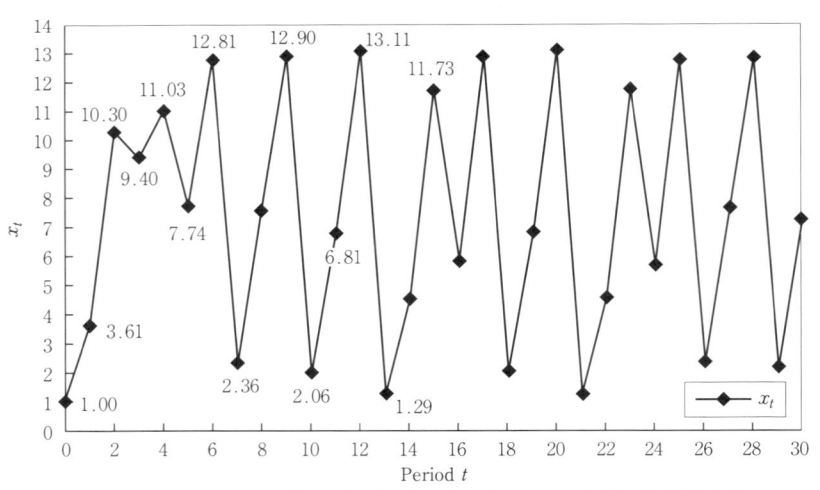

(b) 時間を横軸にとった場合の資源増加：横軸：時間 (Period t), 縦軸：資源量 (x_t)

負であり（$dx_{t+1}/dx_t|_{x_t=K}<0$），激しい密度効果が既に表れている。この事が，例え $x_0>0$ でスタートしても，K に収束しない原因である。

図5-4(a)からわかる通り，$x_0=1.00$ からスタートし，$x_1=3.61$，$x_2=10.30$, ... と激しく増減を繰り返し，資源量が環境収容量 $K=10$ に収束する気配を全く示さない。同様の特徴は，図5-4(b)からも伺える。$r=2.9$ のように自然増加率が高いということは，一期間に一気に増殖できる，ということである。しかし，一期間内に増殖する能力があり過ぎると，翌期にはその密度効果により自滅，または資源量の大幅な減少をもたらすこととなる。そうした激しい増減を繰り返し，結局は資源量がどこにも収束することなく，揺れ動き続ける。

さて，このロジスティック増殖過程は，再生可能資源量の変化を表すのに十分に有用であるのか。現実の再生可能資源の変化はさまざまである。時間と共に収束するもの，激しく揺れ動き続けるものなど，その資源量の変化のパターンは資源の種によって大きく異なる。マルサス増殖過程では，そのどちらに対しても十分な説明を与えることができない。しかし，ロジスティック増殖を仮定すれば，少なくともその2つのパターン（収束するものと揺れ動き続けるもの）に対して，ある程度の説明と解釈を与えうる。この事が現在，多くの資源経済学者がロジスティック増殖過程の方がより現実的であると考える1つの要因となっている。

本章では取り上げないが，実はここで紹介したロジスティック増殖関数と定性的に同様の特徴を持つ自己増殖関数が他にもいくつか存在する。たとえば，Ricker 自己増殖関数等である。これらの多くは，ロジスティック増殖関数と同様に平衡点が2つ存在し（1つは0，もう1つは正の平衡点），パラメータによっては時間と共に正の平衡点へ収束したり，ずっと収束せず資源量が揺れ動き続けるケースなどを説明し得る。そのさまざまな自己増殖関数の詳細については，Clark（1990）や Conrad（2010）を参照して頂きたい。

ここまでマルサス増殖関数とロジスティック増殖関数を軸に再生可能資源の資源量の変化について説明を行ってきた。さて，この2つの関数を適用し資源

の自己増殖を説明する上で，実際に起こっている資源・環境問題と矛盾している点はないだろうか。それは，生物の絶滅と資源量が零になる場合について，両関数とも十分な説明ができない点である。言い換えると，これらの増殖関数は，資源量が正からスタートすれば，絶滅，もしくは資源量零にはならない点が現実と矛盾している。そこで，絶滅や資源量が零になってしまう場合について簡単な説明を与えうる数理模型を紹介したい。

5.2.3　絶滅に至るシナリオ——Critical depensation 型自己増殖関数

今現在，再生可能資源に関する問題の中でも，最も注目を集めているのは生物多様性の維持である。つまり，生物多様性を保つ事は，あらゆる種類の動植物の生存を確かなものとすることと同意である。しかし，そうした保全活動は実際にそう簡単には進まない。さまざまな希少生物種が絶滅している昨今では，生物多様性は減少の一途を辿っていると言われている。何故，そのような絶滅が起こり得るのか？　こうしたある生物種が絶滅に至る際の説明に適用される自己増殖関数は，critical depensation 型自己増殖関数と呼ばれ，以下の数式で表される。

$$x_{t+1} = x_t + rx_t(x_t - a)(1 - x_t/K) \qquad (3)$$

- r：自然増加率
- $a, 0 < a < K$：生存可能最少資源量水準
- K：環境収容量

さて，(3)式で一番初めに気がつくのは，a の生存可能最少資源量水準の存在ではなかろうか。このパラメータはその名が示している通り，資源量の x_t がその水準より低くなると，もはやその資源は生存できないという「閾値」となっている。より具体的に(3)式を見ると，もし $x_t < a$ ならば，$0 < a < K$ なので，右辺の二項目，$rx_t(x_t - a)(1 - x_t/K)$ が負になることがわかる。よって，翌期の資源量 x_{t+1} が x_t より低くなる。同様の資源減少がずっと続くことで，最終的には資源量が零になる。一方で，もし $x_t > a$ ならば，翌期の資源量

第5章 再生可能資源とオープンアクセス

x_{t+1} が x_t より大きくなり，資源は少なくともゼロになることはない[1]。この場合は，ロジスティック増殖関数とほぼ同様のパターンで増減していくことになる。

（3）式をより深く理解するため，その資源量の増減を視覚的に示す。**図5-5**は，（3）式のパラメータを $r=0.2$, $a=3.0$, $K=10$, そして $x_0=4$ と設定し，数値計算により作成されたものである。まずはじめに**図5-5 (a)**を参照してもらいたい。ここでまず気づくのは，現資源量 x_t が a より小さければ，critical depensation 増殖関数が45°線より下にあり，そうでなければ45°線より上にあることである。つまり，この図5-5 (a)は，$x_0<a=3.00$ である場合に，資源量がそのうちに零になることを示唆している。反対に，$x_0>a$ であれば，資源量は零になることはない。

では，critical depensation 増殖関数で $x_0=4.00$ からスタートした場合，本当にロジスティック増殖関数と同様の資源の変化の仕方をするのか確かめる。図5-5 (a)から明らかなように，$x_0=4.00$, $x_1=5.21$, $x_2=6.32$, ……と順調に資源量が増加していることがわかる。そして，ロジスティック増殖関数のように，環境収容量の K で資源量が収束している。同様の変化は，時間を横軸にとった図5-5 (b)でも確かめられる。つまり，図5-5 (b)の図は，ロジスティック増殖で示された図3-5 (b)と類似していることが分かる。繰り返しになるが，この数値例と同様の定性的結果，つまり絶滅や資源量がゼロにならない条件は，$x_0 \geq 3.00$ である。

では，次に資源量が零になる場合を見てみる。今度は $x_0=2.5<3.00=a$ と設定し数値計算を行った。その結果が**図5-6**にまとめてある。**図5-6 (a)**は，Cobweb 図の横軸を0から4までに狭めたものであり，それ以外は先程提示した図5-5 (a)と全く同じ図である。この Cobweb 図から明らかなように，$x_0=2.50$ からスタートした場合，$x_1=2.31$, $x_2=2.07$, ... と時間と共に資源量がゼロに近づいていることがわかる。そして，ある時点でその資源量はいよいよゼロに到達してしまう（参照，**図5-6 (b)**）。

では，こうした Critical depesation 増殖関数が，生物の絶滅や資源量が零に

図 5-5 （3）式の critical depensation 増殖過程：$r=0.2$, $a=3$, $K=10$ and $x_0=4$

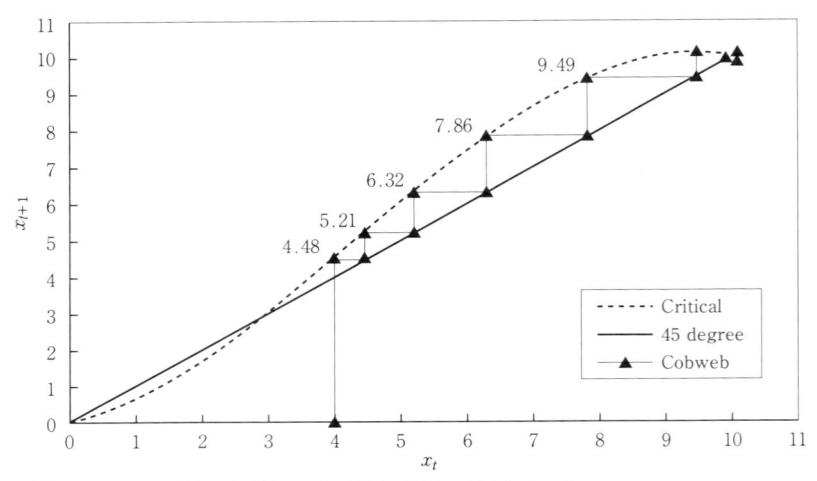

(a) Cobweb 図：横軸：資源量 (x_t), 縦軸：翌期の資源量 (x_{t+1})

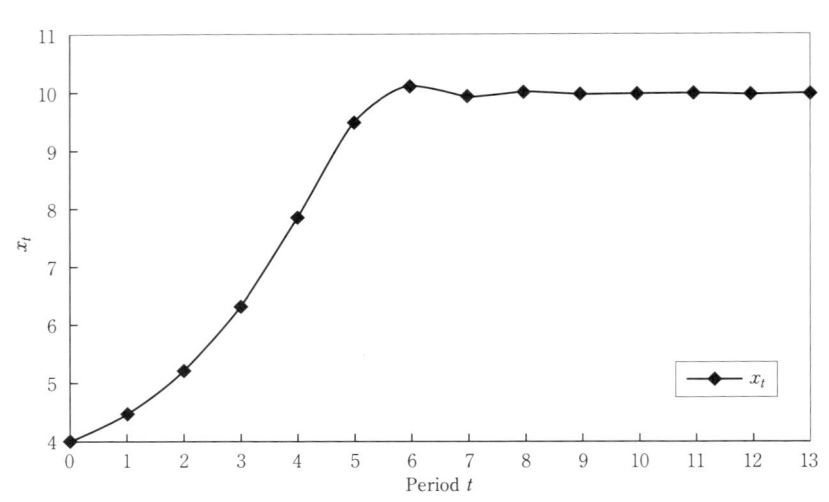

(b) 時間を横軸にとった場合の資源増加：横軸：時間 (Period t), 縦軸：資源量 (x_t)

第 5 章 再生可能資源とオープンアクセス

図 5-6 （3）式の critical depensation 増殖過程：$r=0.2$, $a=3$, $K=10$ and $x_0=2.5$

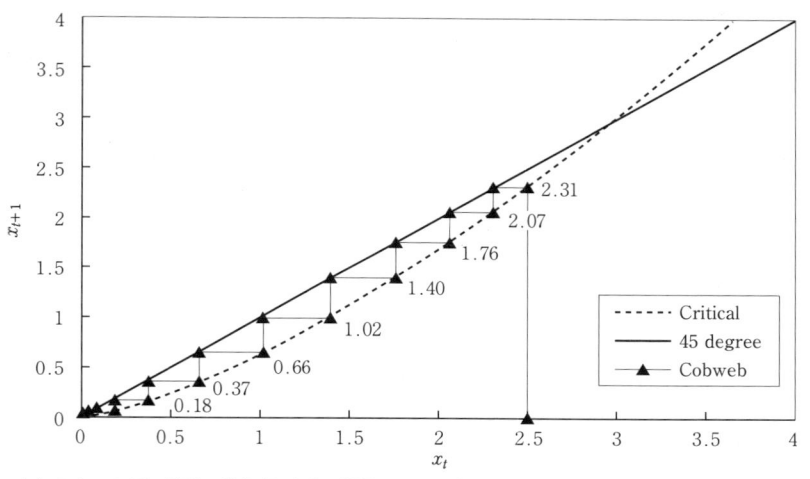

(a) Cobweb 図：横軸：資源量 (x_t)，縦軸：翌期の資源量 (x_{t+1})

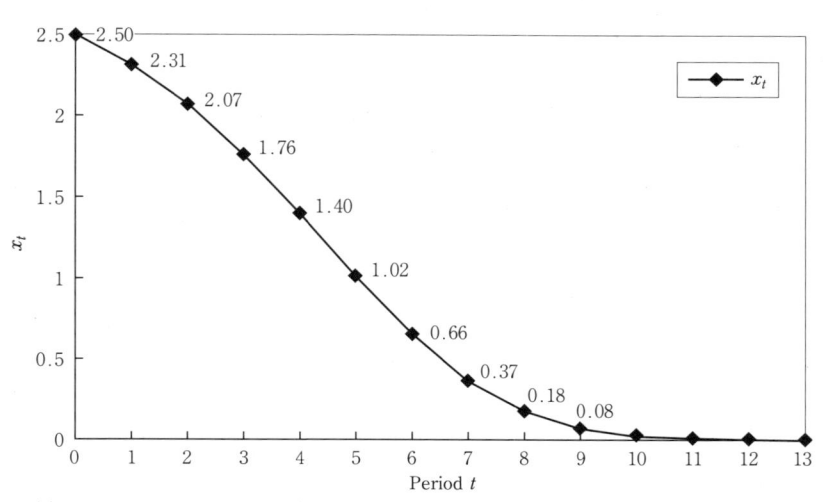

(b) 時間を横軸にとった場合の資源増加：横軸：時間 (Period t)，縦軸：資源量 (x_t)

なる過程を説明し得るものとして,どのような論理が存在するのか。Critical depensation の増殖関数が他の増殖関数と決定的に異なるは a の閾値の存在である。つまり,そうした閾値は本当に存在し,かつその存在について正当性があるかどうかが問題である。多くの生物学者は,人間を含め,あらゆる生物種は,生存を維持していくために最低限必要とされる資源量・個体数がある,と訴えている。その理由は,いくつか存在するが,一番有名なのは Warder C. Allee による説明である。彼は,生物の生存を確かなものにするために重要なのは,生物個体間での協力的相互作用であると主張している。つまり,生物個体数や資源量がある閾値以下に減り過ぎると,その個体間同志での生存を賭けた協力作用が十分でなくなる,ということである。それは,群れを作る動物,もしくは異性生殖をする生物種にとって特に顕著であるとしており,個体群や資源量が減少すれば,群れを作るメリットや交尾相手が見つかり難いなど,さまざまな弊害が列挙できる。

　Critical depensation の自己増殖関数を持つ生物種として仮定された現実の生物種はシロナガスクジラである（参照 Spence (1973)）。南極海地域に生息しており,20世紀初頭から中期に至るまで世界数カ国により鯨油や食肉確保を目的として大規模な捕獲がなされて,結果としてその個体数の激減と絶滅の危機が訴えられ始めた。シロナガスクジラは大型の哺乳類であるため,自然増加率が低く,さらに Critical depensation 型の自己増殖過程ではないかとの仮説も提唱されたため,その資源回復が危ぶまれた。その仮説の根拠は,1960年代半ばに,シロナガスクジラの捕獲が禁止されたものの,資源量の回復が一向に見られなかったという事実である。ようやく近年になり,その個体数の回復が確かめられたが,この南極海のシロナガスクジラの事例は,再生可能資源の増殖過程における Critical depensation の可能性を十分に示唆するものであった。

　Critical depensation 増殖関数を紹介し,生物や資源量の絶滅の過程を説明してきたが,勿論,多くの他の要因によりそうした資源と生物の絶滅は起こり得る。気候や災害等からくる不確実な外部的ショックによるもの,または他の生物種や外来生物種との生存競争に敗れ,絶滅に追い込まれるケースなどであ

る。そうしたさまざまな要因に関する詳細な解説は松田（2001）や厳佐（1990）を参照して頂きたい。

5.3　再生可能資源利用とオープンアクセス

　前節までは，再生可能資源の増殖過程について議論をしてきた。本節では，こうした資源が如何に利用されてきたか，そしてその背景にはどのような要因が潜んでいるかについて説明をしていく。そして，最後に，再生可能資源の利用の在り方として最も典型的であるオープンアクセス利用について議論し，それがどのような影響を資源と社会に与えるのかについて解説する。

5.3.1　オープンアクセスと所有権

　そもそもオープンアクセスの再生可能資源の利用の在り方とは何を意味しているのか。オープンアクセス状態とは，平易な言葉でいうと，その資源利用が誰にでも解放されている状態のことである。近年では，様々な規制により先進国の間では，再生可能資源利用における完全なるオープンアクセス状態はあまり多くみられない。しかし，多くの発展途上国ではまだまだそうした状況が続いている。

　何故，未だに多くの国では，再生可能資源の利用がオープンアクセス状態なのか，そして，その事は社会にとって悪いのか良いのか，そうした疑問が頭に浮かんでくる。ここで，気をつけなければならないのは，オープンアクセスの資源利用が必ずしも社会にとって悪いのではなく，主にそこから引き起こされる負の連鎖が問題となる。つまり，経済学的に価値のある再生可能資源がオープンアクセス状態であれば，多くの人がそこに利益を求め，過剰に集る。結果として，短期間に再生可能資源が経済価値を完全に失うまで利用されるか，または，資源量の枯渇を招くことが問題なのである。もっと単純化すれば，多くのオープンアクセス状態では，「人より早く来て多く資源を捕った者勝ち」なのである。一方で，オープンアクセスであっても，そうした負の連鎖に陥らず，

適切な資源管理が出来ている事例もあるが，やはり，ほとんどの場合では負の連鎖を止める事ができていない。

　オープンアクセスは，多くの場合，再生可能資源利用に大きな被害を与えてしまう。つまり，短期的な利益追求が長期的な利益を損なう典型例がここにある。さらに，注目しなければならないのは，そうしたオープンアクセスの問題は，主に発展途上国で起きている事実である。たとえば，現代の欧州諸国や日本において，どれだけの人が山に燃料を集めにいくだろうか。職業として再生可能資源管理に携わっていない限り，そうした機会はほとんど無いはずである。一方，多くの発展途上国では，農業が GDP の大半以上を占め，燃料を集めに山や森林を探索するのが日常的である。そうした生活の基礎をなす燃料集め等の再生可能資源利用は，いまだにオープンアクセス状態のままである。それはやはり，国のインフラ整備不足により電気が未だに主なエネルギー源になっていないことや，低収入や貧困により，少しでも多くの事をタダで済まそうという短期的視野に基づき人々が行動する事もその大きな原因である。よってオープンアクセス問題は発展途上国で，より深刻である。

　経済学を学んだことのある学生ならば，こう言うかもしれない。再生可能資源の所有権のありかを政府が明確にし，何らかの形で適切な規制をすれば済むではないか，と。確かに，ここで言う所有権の明確化は，ある程度の効果を示すかもしれない。しかし，話はそう単純ではない。非再生可能資源であれば可能な事が実は再生可能資源では可能ではないことが主な要因である。それは何か。非再生可能資源のほとんどは所有権の明確化が可能である。たとえば，オークションをすることで，所有権を落札させる等，明示的な方法で所有権がはっきりとし，所有権の区分け等さまざまな管理についても実効性が伴う。しかし，再生可能資源では，多くの場合それが不可能である。たとえば，誰かに所有権を任せたとしても，果たしてその所有権保持が実質的な所有となるか，という話である。

　再生可能資源の場合，その生育・生息地域も大きな面積に及び，かつ何らかの形でその資源は機動性を保持している。広大な面積に及ぶ生育・生息地域に

より，再生可能資源利用に関する不法行為への取締が非常に難しく，かつ機動性がある事で，土地の分割に基づく所有権分配が明瞭になされない。資源の利用者が，発展途上国の人々にように日常的に貧困に喘ぎ，短期的利益を求めざるを得ない状態では，上記した事実により再生可能資源の所有権は簡単に形骸化してしまうのである。良い具体例は，発展途上国の山間部で起こる農民による森林伐採が挙げられる。彼らは土壌の栄養素や肥料不足等の関係から森林伐採を伴う shifting cultivation をすることで，農作物の生産性を高く保ち，少しでも多く食糧を確保しようと努力する。実際には，多くの国で法律上，そのような森林伐採を伴う shifting cultivation は禁じられている。しかし，広大な面積に及ぶ森林区域により取締は非常に難しく，野放図となってしまっている。

　経済学理論に基づきオープンアクセス問題について解説すると，以下のようになる。1996年にノーベル経済学賞を受賞したコースの定理によれば所有権の分配と明確化を行えば，再生可能資源の利用の場合も含む外部不経済を取り除くことができ，且つ最終的な財の分配はパレート効率を達成する，はずである（第2章参照，なお Coase (1960) も参照）。しかし，コースの定理が支持されるには幾つかの前提条件を要する。その内で再生可能資源の利用に関係のある条件は，以下のように纏められる。

条件1　資源利用問題に絡む当事者達がお互いの選好や利益等，その行動の基礎となる経済学的評価基準について完全なる情報を持っていること。（簡単に言い換えると資源を共有する人々や団体が何のためにその資源を利用しようとしているのか，お互いにわかっていること）

条件2　資源の利用から生まれる財について，資源利用の当事者達が値段を操作できないこと。

条件3　所有権分配とその明確化により生じた資源利用の取り決めの忠実な実施を可能にする法的機関が存在すること。

条件4　所有権分配にかかる交渉費用が生じないこと。

　さて，このコースの定理が支持される為の諸条件を鑑みて，果たしてこれら

のいくつが再生可能資源の利用で満たされる，と考えられるだろうか。いくつかの条件が確実に満たされない事に同意する人も多いと思う。ゆえに，政府の介入による所有権の分配と明確化は，現実を直視した実証的・経験的な検証からも，そしてより純粋な経済学的理論分析からも，再生可能資源のオープンアクセス問題を解決し得ないことが明らかとなる。

5.3.2 オープンアクセスの数理模型

では，これからオープンアクセス問題への深い理解の為に，簡単な数理模型を提示し，説明をしていく。その基本となるのは，前述してきた再生可能資源の増殖過程である。そして，そこにオープンアクセス状態で資源が収穫された時に，どのような結果になっていくのか，説明していく。まずはじめに，どの程度の努力量 E_t, $t=0, 1, \ldots$ でどの位再生可能資源を捕獲できるか，を表す生産関数 $H(\cdot)$ を定義する。

$$Y_t = H(X_t, E_t)$$

- X_t, $t=0, 1, \ldots$: t 期の資源量
- E_t, $t=0, 1, \ldots$: t 期の収穫・捕獲努力量
- Y_t, $t=0, 1, \ldots$: t 期の収穫・捕獲量

ほとんどの場合，再生可能資源の生産関数では以下のような仮定を置く。

$$\partial H(\cdot)/\partial X_t > 0, \quad \partial H(\cdot)/\partial E_t > 0$$

$\partial H(\cdot)/\partial X_t > 0$ は，同じ努力量を投入した場合，現存する資源量が多い方がより多く捕獲できることを意味する。また，$\partial H(\cdot)/\partial E_t > 0$ は，現資源量が同じ場合，捕獲努力量をより多く投入した方がより多く捕獲・収穫できる事を意味する。

上述したような仮定を満たす実践的な生産関数は以下の数式で表される。

$$Y_t = q(X_t) X_t E_t = p(X_t) E_t$$

- $q(X_t)$：捕獲効率。
- $p(X_t)=q(X_t)X_t$：catch per unit of effort（CPUE）

ここでいう捕獲効率とは，一単位捕獲努力量当たりに現資源量 X_t の何割が捕獲でき得るのか，を表している。そして，CPUE は一単位捕獲努力量当たりに捕獲出来得る資源量を表している。捕獲効率 q は，一般的には現資源量 X_t に依存し，多くの実証研究では，以下のように定式化されている。

$$q=q(X_t)=bX_t^{\theta-1} \qquad (4)$$

故に CPUE は以下のようになる。

$$p(X_t)=bX_t^{\theta} \qquad (5)$$

捕獲効率がどのような形で現資源量 X_t に依存するかは，捕獲技術の質や資源の枯渇の可能性と大きな関わりをもつ。その事を深く理解するために，縦軸に CPUE を，横軸に現資源量 X_t を設定し，図 5-7 にその関係を表す。

まず初めに図 5-7 (a)で表された $\theta<1$ の場合を説明する。この時，CPUE は上に凸であり，かつ，現資源量を図のように $X_t=X_t^*$ と仮定すると，CPUE の $p(X_t^*)$ と原点を結んだ線分の傾きが捕獲効率の $q(X_t^*)$ となる。このことから，X_t が減少する時，CPUE も減少するが，逆に捕獲効率が高くなることが分かる。つまり，原点と $q(X_t)$ を結んだ線分の傾きがより急になる。この状況は，現資源量が減少しても捕獲効率が良くなり，捕獲技術の高さとともに資源が捕獲しやすい場合を表していると言える。

反対に，図 5-7 (b)は，$\theta>1$ の場合を表しており，$\theta<1$ とは反対の状況となる。つまり，CPUE は下に凸であり，現資源量 X_t の減少と共に CPUE だけでなく，捕獲効率（原点と CPUE を結んだ線分の傾き）も減少していくことが分かる。つまり，この状況は，資源の減少が捕獲効率の低下を招く状況であり，現資源量の減少は，捕獲をより困難にする。

こうした θ についての議論は，再生可能資源の管理を題材として書かれた

図 5-7　Equations（4）と（5）の捕獲効率と CPUE

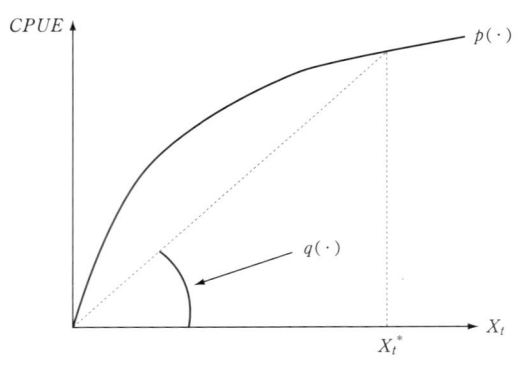

(a) $\theta<1$ の時の捕獲効率と CPUE

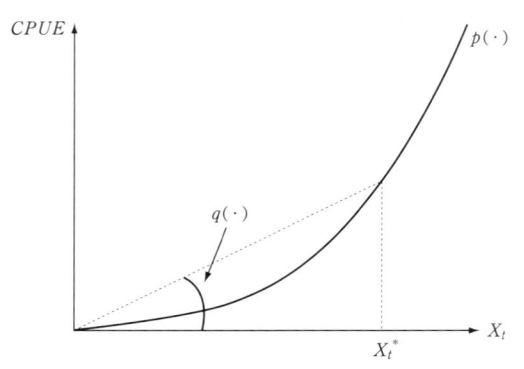

(b) $\theta>1$ の時の捕獲効率と CPUE

多くの実証研究論文で見受けられる。つまり，現在使用している捕獲技術はどれだけ現資源量に依存しているのか，そして現資源量の減少（もしくは上昇）と共にどれだけ捕りにくく（捕りやすく）なるのかは，最適な資源管理を考える上で非常に重要だからである。ここで，一般的合意がなされているいくつかの例を紹介したい。

読者の方は，どのような状況で $\theta<1$ なのか，$\theta>1$ なのか，興味があると思う。多くの漁業経済学者の実証研究によれば，日本を含む先進国の漁業では $\theta<1$ というのが科学的知見として得られている。つまり，漁業における捕獲

第5章 再生可能資源とオープンアクセス

技術はその長い歴史が物語るように多くの進歩があった。魚群探知機等の導入も含め，資源量が減ったとしても捕獲効率が下がらない状況がほとんどだとされている。一方，$\theta > 1$ となる状況は，外来種管理で起こり得る。北海道のアライグマや奄美大島のマングース等の捕獲データによれば，外来種の個体群の低下と共に捕獲が困難になる状況が報告されているからである。これはやはり，外来種問題自体が漁業に比べればその歴史が浅く，社会も如何に捕獲していくかについて十分な考慮や改良をできていない事が，その原因として考えられている。

上述したように捕獲努力 E_t，現資源量 X_t，そして捕獲量 Y_t の関係性は，θ の値によって様々に特徴付けられるが，オープンアクセスの問題を扱う場合では，以下のように単純な生産関数を仮定する。

$$Y_t = q X_t E_t$$

この単純化は，オープンアクセス問題の本質を捉えるのに十分であること，そして無用な数理模型の複雑さを避けるために行う。

また，次に資源がいずれ平衡状態に到達すると仮定し，その平衡状態での捕獲量 Y_t と捕獲努力量 E_t がどのような関係になるのかを示す漁獲量関数を導出する。つまり，資源がある増殖関数

$$X_t = X_t + F(X_t) - Y_t \qquad (6)$$

に沿って，その資源量を変化させていく時に，そのうちに定常状態に落ち着くことを想定する。そして，いずれ到達する平衡状態において，捕獲量と努力量の関係を突き止める，その関係性を漁獲量関数と呼ぶ。ここで増殖関数(6)の $F(X_t)$ は純増殖関数と呼ばれ，その期における資源量の変化量を表している。増殖関数(6)に基づけば，資源の定常状態では，$X = X_{t+1} = X_t$ であり，その関数は以下のように簡略化される。

$$F(X) = Y = H(X, E) = qXE \qquad (7)$$

たとえば，自己増殖関数がロジスティックである時には

$$rX(1-X/K)=qXE \Rightarrow X=K[1-(q/r)E]$$

として平衡状態における X を表す事ができる。そして，漁獲関数 $Y=Y(E)$ は，この $X=K[1-(q/r)E]$ を生産関数 $Y=qXE$ に代入する事で導出できる。つまり，

$$Y=Y(E)=qKE[1-(q/r)E] \qquad (8)$$

となる。この漁獲関数 $Y=Y(E)$ の特徴を理解するために，簡単な数値例を示す。図 5-8 (a) に，$r=0.5$，$K=10$，$q=0.1$ の場合の純増殖関数と漁獲関数を表す。

（7）式で表わされた純増殖関数は，図5-8 (a) に対応している。この図より明らかなのは，資源が定常状態で，かつ $X=5$ である時，資源の純増部分を表わす $F(X)$ が最大となることである。より具体的には，$X=5$ であれば，$F(5)=1.25$ と純増関数が最大化され，かつその純増部分を捕獲（$Y=1.25$）しても，翌期の個体数は $X=5$ のままである。つまり，定常状態を保持しつつ（持続可能な形で），捕獲出来る最大の個体数は $Y=1.25$ であり，その為には毎期の資源量を $X=5$ で持続していく事が求められる。この最大化された持続可能捕獲量を最大持続可能生産量（Maximum Sustainable Yield（MSY））と呼び，古典的な資源管理理論ではMSY理論の実践が理想的な資源管理であると考えられていた。

では，そうするためにはどうしたらよいか。その答えを部分的に与えるのは，漁獲量関数(8)式の $Y=Y(E)$ で，それは図5-8 (b) に示されている。この図は，捕獲努力量の E をどのあたりに設定すると，持続可能な形でどの程度の捕獲を出来るか，示唆を与えてくれる。もちろん，われわれは，前述の通り，より多く持続的に捕獲したいと願うはずである。つまり，$Y=1.25$ を持続的に捕獲できるように捕獲努力量 E を設定するのが理想的である。図5-8 (b) では，その努力量は $E=5$ だと示唆している。つまり，何らかの形で資源量が

第 5 章　再生可能資源とオープンアクセス

図 5-8　Equations（7）と（8）で表わされる定常状態での $Y=F(X)$ と漁獲関数

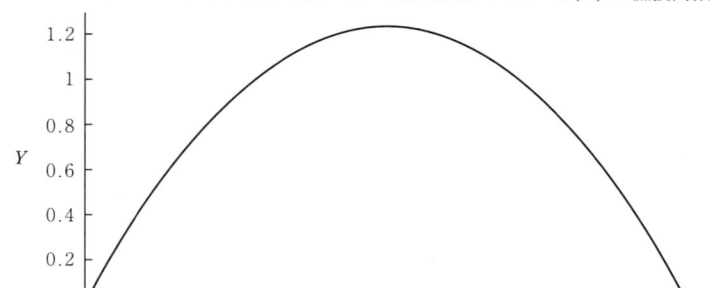

(a) Function $Y=F(X)$

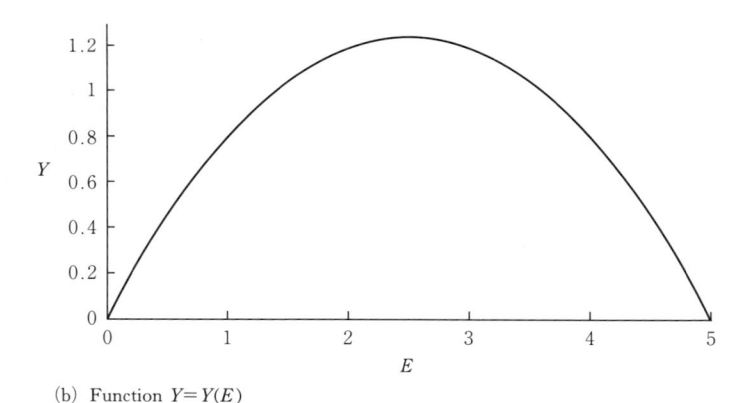

(b) Function $Y=Y(E)$

$X=5$ になった時に，$E=5$ として捕獲努力量を毎年投入していれば，持続可能的に $Y=1.25$ が捕獲できるということである。

　実際の再生可能資源の捕獲や管理では，ここで示したようにすんなり持続可能な捕獲努力量を決定する事は不可能である。それは，さまざまな不確実性や資源管理者の実行や判断に伴う誤差の為に予定通りの捕獲努力量を投入しても，同じだけの捕獲量を確保する事はあり得ないからである。しかし，この簡単な数理模型から我々が学ぶべきことは，そういうさまざまな要因を取り払い，重要な要素だけを抜き出し分析する事が，われわれにわかりやすい示唆を与えて

くれる，ということである。つまり，どの程度の努力量であれば，資源を安全に管理できるか，またはゼロにしないのか，それぞれにおいて示唆を与えてくれる。

では，これから資源が定常状態にある事を仮定した上で，これまで説明したきた漁獲量関数を用いながらオープンアクセス状態で資源利用がどのようになるか，説明していく。まずはじめに，いくつかの経済的パラメータを導入する。資源利用者が資源を捕獲し市場にて売った場合に，一単位捕獲量あたりに p の収入を得ると仮定する。つまり，p は資源の値段である。さらに，資源利用者が捕獲努力量 E を投入した場合の歳入は，捕獲量関数を用いて，

$$R = pY(E)$$

のように表される。また，一単位捕獲努力量を投入するのに捕獲費用として c かかるとする。もし，E の捕獲努力量を投入した場合には，総捕獲費用として，

$$C = cE$$

かかる。この状況で捕獲努力量 E を投入した場合に，資源利用者が得る利潤は，

$$\pi = R - C = pY(E) - cE \qquad (9)$$

で表される。

さて，潜在的な資源利用者達が大勢いる状況を仮定し，かつその利潤が(9)式で表される時，オープンアクセス状態では，どのような事が起こるであろうか。その事を端的に理解するには，(9)式を図に表すと便利である。まずはじめに，図5-8(b)で縦軸に R と C を，そして横軸に捕獲努力量の E をとり，$pY(E)$ がどのような曲線となるか表す。$R = pY(E)$ の曲線は，定性的には漁獲量関数の $Y(E)$ と同じで，図5-9で描かれた曲線ようになる。次に C に関しては，単純な線形関数であり図5-9の $C = cE$ のように単純増加の直線にな

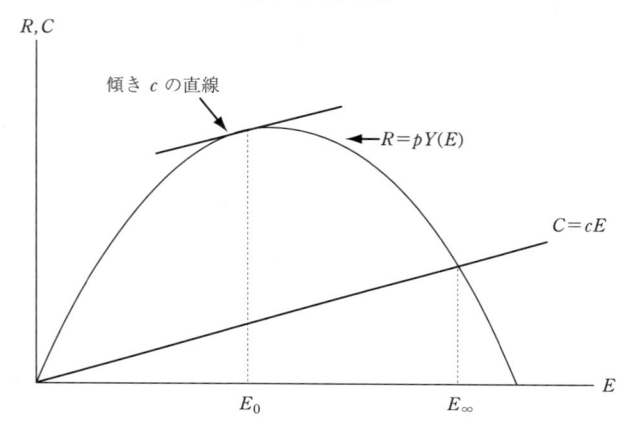

第 5 章　再生可能資源とオープンアクセス

図 5-9　R と C

　　　　傾き c の直線

　　　　$R = pY(E)$

　　　　$C = cE$

　　　　E_0　　E_∞

る。この 2 つの関係から π を解釈すると，π は図 5-9 の R と C の差となる。

　前述の疑問，つまりオープンアクセス状態でどのような事が起きるのか，それを理解するには，もし，この資源の潜在的利用者が一人だけだったら，を考えるとより明瞭に理解できる。もし，貴方が唯一の資源利用者であった場合，かつ資源が今定常状態にあるとわかっている時，どのレベルに捕獲努力量を設定するのか，それを考えて頂きたい。貴方が唯一の利用者であるならば，利益の最大化を考えるはずである。その時，最も妥当な捕獲努力の投入量は図 5-9 での E_0 となる。数学的には，

$$\max_E \pi \Rightarrow pY'(E_0) - c = 0$$

であり，利益を最大化させる努力量は，$pY' = c$ より導出できる。それは図 5-9 で表現されているように E_0 となる。

　一方，資源利用がオープンアクセスであり，また，潜在的な資源利用者が大勢いる状況では，同様に捕獲努力量が E_0 になるような事が起こり得るのだろうか。このオープンアクセス状態で起こり得るシナリオは以下のようになる。まず，ある一人が再生可能資源を利用する事で，利潤を得る。その行動を観察したり，聞いたりした他者が同じように，再生可能資源に集まり始める。潜在

的利用者が一人である場合は，資源を独占的に使用できるので，捕獲努力量を $E=E_0$ に設定する。しかし，この場合はそれが無理であり，多くの潜在的資源利用者がいるので，次々に，また一人，そして，また一人とその資源に利用者が殺到する。さて，その殺到はどういう状況で止まるのか。

オープンアクセスでは，多くの読者が既に予想しておられる通り，結果として，その利用対象となっている資源が完全に経済価値を無くすまで捕獲努力量が投入されることになる。つまり，図5-9の E_∞ まで捕獲努力量は投入される。数学的には $\pi=pY(E_\infty)-E_\infty$ となる（参照，図5-9）。つまり，各資源利用者の利潤が零になるまで捕獲努力は続けられる。前出の通り，$F(\cdot)=rX(1-X/K), Y=qXE$，そしてそこから導出される $Y(E)$ を元に，E_∞ を導出すると，

$$E_\infty = \frac{r(pqK-c)}{pq^2K} \tag{10}$$

となる。利潤を最大化させる努力量 E_0 と比較すると明らかなように，過剰な捕獲努力量 E_∞ が投入され，資源の大幅な減少をもたらすことになる。更には，適切に管理がなされれば，本来社会に利潤を生みだすはずの再生可能資源が，ついには，利潤が零になるまで過剰利用されてしまうのである。この結果は，明らかに社会的に望ましいとは言えない。

5.3.3 オープンアクセスの動学的分析

では，上記したようなオープンアクセス状態における過剰な資源利用が「動学的に」どのように起こるのか，数理模型を用いて説明する。ここまで紹介した数理模型を基本とし，人々の利潤追求に対する行動の変容と資源量の変化を本模型ではより明示的に表す。一般的にオープンアクセス状態では，人々の利潤追求に基づいた捕獲努力投入量の変化は以下のような簡単な差分方程式で表される。

$$E_{t+1} - E_t = \eta[pH(X_t, E_t) - cE_t], \tag{11}$$

- $\eta > 0$：調整パラメータ。

ここで重要なのは，現期間 t での捕獲努力量が E_t である時，翌期の捕獲努力量 E_{t+1} が，E_t より大きくなるか否かは，現期間における利潤 $pH(\cdot)-cE_t$ で決まる，という事実である。つまり，オープンアクセス状態では，人々は資源が経済価値を保持している間は利用し続けるため，利潤が正であれば，捕獲努力量もそれに応じて大きくなる。反対に，経済価値を持たない場合，つまり，利潤が負である時には，資源利用者達はそれに応じて捕獲努力量を減らしていく。これらの状況が差分方程式(11)で表現されている。しかし，定量的にどの程度利潤の変化に対し，資源利用者が捕獲努力量を調整するかは，調整パラメータの $\eta > 0$ に依存する。

上述した捕獲努力投入量の反応を示す差分方程式(11)と資源の動学的変化を表す前出の資源量の増殖関数，つまり差分方程式(6)からなる，二変数・二差分方程式のオープンアクセス資源利用の動学的変化を示す系を以下のように定式化できる。

$$\begin{aligned}X_{t+1} &= X_t + F(X_t) - H(X_t, E_t) \\ E_{t+1} &= E_t + \eta[pH(X_t, E_t) - cE_t]\end{aligned} \quad (12)$$

もし，パラメータの $p, c, \eta, F(\cdot), H(\cdot)$ の関数形，そして E_0, X_0 の初期値，これらすべての情報が所与であれば，オープンアクセスの利用がどのような結末を示すのか，数値計算実験が可能となる。また，$E_{t+1}=E_t=E, X_{t+1}=X_t=X$ と設定し，系(12)から簡単に平衡点を導出できる。この導出される E_t に関する平衡点は，以前導出した式(10)の E_∞ と一致する。しかし，その平衡点にその系(12)が収束するか否かは，数値計算をするまでは判明しない。

より詳細な説明をするため，$F(\cdot)=rX_t(1-X_t/K)$ と $H(\cdot)=qX_tE_t$ と仮定し，更なる分析を行う。この時，系(12)は

$$\begin{aligned}X_{t+1} &= X_t + rX_t(1-X_t/K) - qX_tE_t \\ E_{t+1} &= E_t + \eta[pqX_tE_t - cE_t]\end{aligned} \quad (13)$$

となる。そして，系(13)から平衡点 (X_∞, E_∞) を求める。つまり，$X_{t+1}=X_t=X_\infty, E_{t+1}=E_t=E_\infty$ とし，連立方程式を解くとその平衡点

$$X_\infty = \frac{c}{pq} \tag{14}$$

$$E_\infty = \frac{r(pqK-c)}{pq^2K} \tag{15}$$

と求められる。ちなみに，この平衡点の E_∞ は，以前に導出された式(10)と同じである。

さて，全てのパラメータ，関数形，初期値が揃えば，次に数値計算によりオープンアクセスの資源利用がどのような結末を迎えるのか，動学的分析が可能となる。果たして，導出した平衡点 (X_∞, E_∞) に，資源量と捕獲努力量が収束するのか。それとも，そうならないのか。何れの場合も想定し，これから分析を行っていく。最初にパラメータを以下のように設定し，数値計算実験を行う。

$$r=0.5,\ K=10,\ X_0=1,\ p=50,\ c=1,\ \eta=0.1,\ q=0.01,\ E_0=1$$

そして，これらの数値と式(14)と(15)より，正の平衡点は以下のように求められる。

$$(X_\infty, E_\infty) = (2, 40)$$

縦軸に E_t，横軸に X_t と設定した図5‐10(a)に，数値計算実験の結果を示した。その図に示された補助の矢印→は，系(13)の数値計算によってはじき出された変数 $\{(X_0, E_0), (X_1, E_1), ...\}$ がどのように変化していくのか，その方向性を明示している。まず，図5‐10(a)からわかるのは，$(X_0, E_0)=(1,1)$ からスタートし，最初の内は捕獲努力量と資源量もなだらかに上昇していっていることである。しかし，資源量が10辺りまで上昇してくると，その捕獲から得られる高い利潤から，捕獲努力の投入量が急激に上昇し，資源量の減少を招く。しかし，資源がある程度まで減少してくると，利潤が減少，または負にな

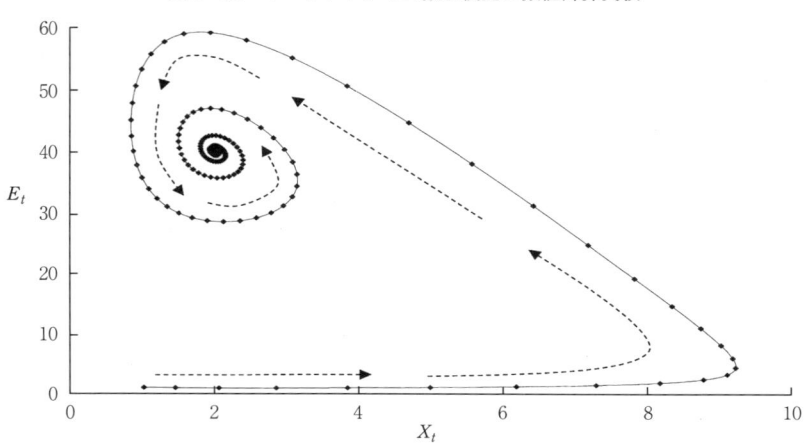

図 5-10　オープンアクセス数理模型の数値計算実験

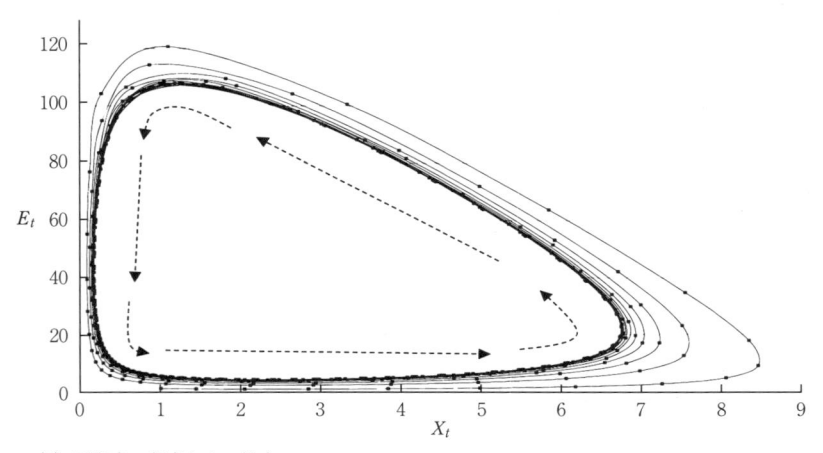

(a) 平衡点へ収束する場合

(b) 平衡点へ収束しない場合

るため，捕獲努力の投入量が少なくなる。こうしたサイクルを何度か繰り返しながらも，最終的には正の平衡点である $(X_\infty, E_\infty) = (2, 40)$ に収束することがこの数値計算実験より確認できる。

一方，平衡点に収束しない場合もある。たとえば，先程のパラメータの中で η を 0.3 に上昇させると，他のパラメータや初期値が同じでも平衡点にはいく

ら経っても収束しない。図5-10(b)は，この収束しない場合の数値計算実験の結果を示している。先程の計算と同様に，初期値は $(X_0, E_0) = (1, 1)$ である。しかし，系(13)に基づき，$\{(X_1, E_1), (X_2, Y_2), ...\}$ をいくら長く計算しても，その系が収束しないことが図5-10(b)よりうかがえる。つまり，$(X_0, E_0) = (1, 1)$ からスタートした系(13)は，図5-10(b)において反時計回りにずっと回転し続け，$(X_\infty, E_\infty) = (2, 40)$ に収束しない。

何故，η を0.1から0.3に上昇させただけで，平衡点に収束しないのであろうか。これは，η の経済学的解釈を考えるとより直観的に理解できる。既に，η は調整パラメータとして紹介されたが，実際の所，オープンアクセス状態における，資源利用者の利潤の変化に対する「反応速度」として考える事ができる。つまり，利潤の変化に対し，資源利用者達がどれだけ感度よく捕獲努力量の調整を行うか，ということである。その反応速度が早ければ，資源量の変化に対し，捕獲努力量の変化もより激しく，両変数が際限なく変動し続けることも理解できることと思う。しかし，反応速度が遅い，または小さければ，振幅はやがて小さくなり多くの場合で，平衡点に収束することとなる。

本節ではここまで，平衡点に収束する場合としない場合をそれぞれ数値計算例を紹介し，解説した。実際には，数値例を用いなくても，解析的な分析によって前もって，オープンアクセス状態の数理模型の系で，平衡点へ収束するか否かを突き止める事は可能である。しかし，その為には差分方程式の系に関するより高度な数学が必要であるため，ここでは割愛する。しかし，そういった分析に興味のある方は，Edelstein-Keshet（1998）や Sedaghat（2003）を参照して頂きたい。

さて，現実のオープンアクセスの再生可能資源の利用では，収束する場合としない場合，どちらなのか。ほとんどの場合は経験則的に収束することが多く，それは即ち「反応速度」を表す η はそこまで大きくない，というのが資源経済学者の間での一般的な見解である。つまり，X_t と E_t は，増減しながらも最終的に収束し（その収束点は (X_∞, E_∞)），こうした状況は現実のオープンアクセスの多くの事例を説明し得る，との見解である。既に述べたとおり，収束点

第5章 再生可能資源とオープンアクセス

が (X_∞, E_∞) であるということは，$E_\infty > E_0$ であるので，資源の過剰利用と利潤零の状況に遅かれ早かれ到達する，というのが本数理モデルの予測である。本節では，η を変化させたが，他にも同様の形で値段の p や費用の c が大きくなると系の収束にどのような影響があるかなど，まだまだ幾つもの政策的示唆に富む分析が可能である。

　最後に，これまで説明してきたオープンアクセス問題について，共有地の悲劇との関連性とその重要性についてまとめる。オープンアクセス問題は，程度の差はあれ，再生可能資源の利用では常に見受けられる現象である。その原因は，実効的な所有権分配が不可能な事に起因する。そして，結果として「共有地の悲劇」へと繋がっていく事になる。多くの経済学の教科書では，共有地の悲劇をゲーム理論という分析ツールを用いて説明している。つまり，再生可能資源の利用問題での分析では，ゲーム理論のナッシュ均衡は，「共有地の悲劇」を常に起こり得る結果として予測する。本節で取り上げたオープンアクセスの分析は，ゲーム理論分析とは全く異なり，人々の利潤追及行動を差分方程式で表現し，かつ，資源の時間的変動も合わせ，動学的分析より「共有地の悲劇」，つまり資源の過剰利用を説明している。オープンアクセスの再生可能資源利用に関する分析は，実際に多くの現実問題へ応用され，実証研究としてさまざまな政策的示唆を与えている。

　本章では，最も単純なオープンアクセスの数理モデルを紹介してきたが，実際の問題を分析するために，さまざまなタイプのオープンアクセスの分析がこれまでなされている。たとえば，Conrad (2005) は，純増殖関数が Critical depensation 型の場合を仮定したオープンアクセスの数理モデルを提示した。その模型を応用し，20世紀初頭に，アメリカ大陸で起きたリョコウバトの絶滅の原因を分析した。また，Homan と Wilen (1997) は，資源が枯渇しないことを目的とし，政府が再生可能資源の漁獲可能期間を定めた場合のオープンアクセスの数理モデルを開発した。そして，応用事例として太平洋のオヒョウ（カレイに似た魚）に関する経済分析を行った。これらオープンアクセスの数理モデルを適用した2つの代表的論文は，実際のデータよりパラメータ・生産関数・自己

増殖関数の関数形を突き止め，多くの政策的示唆を与えている．もし，本章で紹介したオープンアクセスという考え方や分析手法が，今日まで環境経済学の概念として語り継がれている1つの原因を挙げるとすれば，ゲーム理論による分析よりも，データに基づいた実証研究分析が可能で，より汎用度が高い，ということが挙げられる．これら論文が証明するように，オープンアクセスの概念とその数理模型を理解することは，現在起こっている資源問題を分析する上でも非常に有用である．

5.4 今後の展望

人類にとって，再生可能資源は不可欠である．そして，その利用の在り方は，これからの人類の発展に大きな影響を与えるはずである．また，最近では，外来種管理問題など，新たな再生可能資源の問題も浮上してきており，その管理を考える学問の重要性は増すばかりである．こうした再生可能資源の問題を分析する1つのアプローチとして，オープンアクセスという状況を科学的，かつ，数理的に分析することは，将来においても必要である．たとえば，現在，日本では幾つもの外来種が管理対象として，多くの自治体で指定されており，その外来種個体数の増加を食い止める，もしくは絶滅に追い込むことを目的とし，捕獲活動が実行されている．そのなかの1つの政策として，外来種一個体の捕獲に対し報酬を支払う制度が確立されており，その状況とは正に，本章で取り上げたオープンアクセスなのである．しかし，皮肉にも，この外来種関連の問題では，資源（外来種）を守るためではなく，資源（外来種）を零に追い込むための分析，を考えることとなる．この外来種問題に代表される新たな再生可能資源の管理問題では，オープンアクセスという概念を理解することで，未だに多くの政策的示唆が提示される可能性が残されている．また，これからもオープンアクセスという状況は，いくら社会が発展しても，そして技術が革新しても，根本的な問題として存在し続けると考えられる．本章の読者が，人類におけるこの根源的問題に興味を持たれ，さらなる知的探求の発端として，本章が

役に立てば，と願っている。

注
(1) もし，r のパラメータの値を異常に大きくすると，資源量が零になる事もあり得るが，ここではそうした場合を想定しない。

■ ■ ■

◉参考文献
Clark, C. W. (1990) *Mathematical bioeconomics.* John Wiley and Sons, Inc., 2 edition.
Coase, R. (1960) "The problem of social cost." *Journal of law and economics*, 3: 1-44.
Conrad, J. M. (2005) "Open access and extinction of the passenger pigeon in North America." *Natural resource modelling*, 18 (4): 419-438.
Conrad, J. M. (2010) *Resource economics.* Cambridge university press, 2 edition.
Edelstein-Keshet, L. (1988) *Mathematical models in biology.* McGraw Hill.
Field, B. C. and M. K. Field (2006) *Environmental economics.* McGraw-Hill/Irwin.
Homans, F. R. and J. E. Wilen. (1997) A model of regulated open access resource use. *Journal of environmental economics and management*, 32: 1-21.
Sedaghat, H. (2003) *Nonlinear difference equations: Theory with applications to social science models.* Kluwer academic publishers.
Spence, M. (1973) "Blue whales and applied control theory." Technical report 108, Stanford university, Institute for mathematical studies in the social sciences.
Tietenberg, T. (2006) *Environmental economics.* Pearson Addison Wesley, 7 edition.
巖佐庸（1990）『数理生物学入門』共立出版.
松田裕之（2004）『ゼロからわかる生態学』共立出版.

第6章
環境税

山本雅資

環境問題に関する報道等で環境政策が議論される場合には，地球温暖化問題における炭素税に代表されるように，(環境) 税という言葉がしばしば登場する。本章では，環境問題を解決する手段としての環境税とは，他の政策手段と比較してどのような特徴をもっているかを解説する。具体的には，はじめに課税という行為が経済厚生にどのような影響をもたらすかについて最も単純な経済を想定して解説する。その上で，環境問題を解決する上で望ましい課税手段であるピグー税を定義し，それがどのような機能を持っているかを述べる。次に，環境税と環境補助金が政策として，どのように等しく，どのように異なっているかを概説する。費用効率性という観点からは両者は同一の効果をもたらすが，長期的視点に立ち，産業全体への参入・退出の効果を考慮に入れると環境補助金は必ずしも望ましくないことが示される。さらに，環境税の政策効果を税制改革の視点から捉えなおした「二重配当仮説」がどのようなものであるかを紹介し，その妥当性について論じる。最後に事例として，我が国の産業廃棄物税の現状を紹介する。

6.1 環境税とは

6.1.1 課税のもつ効果

政策手段としての課税は必ずしもバッズに対するものとして用いられるものではない。どちらかと言えば，税収確保の目的から労働所得や必ずしも環境を汚染しないような財に課されることが主流である。そこで，環境税の特徴を理

解するために，はじめに課税が経済にもたらす一般的な効果について検討しよう。

図6-1はある市場の需要曲線と供給曲線を描いたものである。供給曲線が水平であるから，費用関数が線形である場合，つまり，限界費用が一定であることを仮定していることになる。課税後の供給曲線とは，ある税 t を課した場合のこの企業の限界費用曲線である。図から明らかなように，課税後の市場均衡では財の供給量は $\hat{y}$ から y^* まで減少する。

このとき，消費者余剰にはどのような変化がみられるだろうか。図6-1において，課税前の消費者余剰は三角形 AEP_0 である。課税後の新たな市場価格のもとでは，消費者余剰は三角形 AFP_1 に減少している。所得分配の問題を考えないとすれば，税収として政府が得ることになる四角形 P_1P_0GF は社会的には損失ではない[1]。問題は，三角形 EFG で表される部分である。これは課税前の消費者余剰のうち，課税後は誰にも帰属しない部分であり，これを死荷重損失（Deadweight Loss）と呼ぶ。これは間接税を財に課すことで発生する資源配分上の歪みを示すものである。一般に課税は価格体系の歪みをもたらすため，死荷重損失という厚生損失を伴うのである。

この死荷重損失は経済効率性を損ねるものであるから，なるべく小さい方が望ましい。以下では，どのように課税すれば死荷重損失を小さくすることができるかを考えよう。図6-1における死荷重損失の大きさを B とおけば，

$$B = \frac{1}{2} \times FG \times GE \qquad (1)$$

である。ここで，FG は課税前後の価格変化の大きさである。よって，$P_1=(1+t)P_0$ と考えれば，$FG=(1+t)P_0-P_0=tP_0$ である。一方，GE は価格変化によって生じた需要量の変化であるから，Δq と書くことにする。

需要の価格弾力性 ϵ の定義は，

$$\epsilon \equiv \frac{\Delta q}{\Delta P_0} \frac{P_0}{q} \qquad (2)$$

であるから，これを Δq について解けば，

第6章 環境税

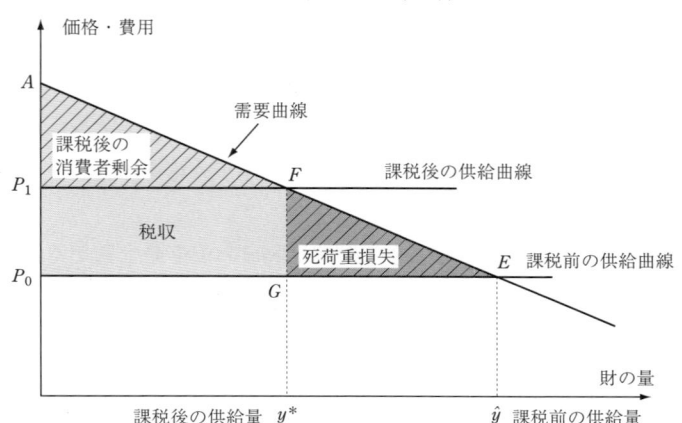

図6-1 環境税に伴う死荷重

$$\Delta q = \epsilon \left(\frac{q}{P_0}\right) \Delta P_0 = \epsilon \times \frac{q}{P_0} \times tP_0 \tag{3}$$
$$= \epsilon qt \tag{4}$$

となる。ここで，$GE = \Delta q$ であるから，

$$B = \frac{1}{2}\epsilon qt \times tP_0 = \frac{1}{2}\epsilon P_0 qt^2 \tag{5}$$

となることがわかる。つまり，死荷重損失は税の二乗に比例して大きくなることがわかる。これは，ある税収の目標値がある場合に，2つ以上の課税対象に対して均一の税率を課した方が異なる税率をかけた場合よりも死荷重損失を小さくすることができるということを意味している。なぜなら，税率を2倍にした場合に集まる税額は2倍にしかならないが，超過負担の大きさは4倍になるためである。

また，(5)式は，ϵ が大きくなればなるほど死荷重損失 B が大きくなることを示している。よって，もし高率の税を課す必要があるのであれば，より非弾力的な財にかけた方が B の面積が小さくなる，すなわち，死荷重損失の大きさが小さくなることがわかる。

6.1.2 ピグー税

第1章で述べられたように,外部(不)経済の存在する経済において,市場メカニズムは社会的に最適な帰結をもたらさない。環境税とは,このような外部不経済のある経済において,外部不経済をもたらす財に課税することで市場メカニズムを修正し,社会的最適性を達成しようとする政策手段である。以下で,具体的にみてみよう。

ある企業 i が生産する財 y が外部不経済 $D(y)(>0)$ を発生させている状況を考える。汚染は生産量とともに増加するものとし,$\frac{dD(y)}{dy} \equiv D'(y) > 0, D''(y) \geq 0$ を仮定する。また,y 財の市場は完全競争市場であり,その価格を P とする。さらに,生産費用を $C(y)$ とし,$C'(y) > 0$,$C''(y) \geq 0$ を仮定する。個別企業の利潤最大化行動のもとでは外部不経済は無視されるので,企業 i は,

$$\pi_m = Py - C(y) \tag{6}$$

を最大にするような生産水準を選択する。すなわち,

$$P = C'(\hat{y}) \tag{7}$$

を満たす $\hat{y}$ を選択する。一方,社会的最適な生産水準は,

$$\pi_0 = Py - C(y) - D(y) \tag{8}$$

を最大化するような生産水準であるから,

$$P = C'(y^*) + D'(y^*) \tag{9}$$

を満たす y^* である。$D'(y)$ と $C'(y)$ に対する仮定を考慮すれば,(7)式及び(9)式を比較することで,

$$y^* < \hat{y} \tag{10}$$

であることがわかる。汚染量は生産量に依存しているので,外部不経済が存在する経済では,市場機能に任せたままでは,社会的に望ましい汚染水準よりも

第6章 環境税

過大な汚染がなされてしまうことがわかる。

この問題を解決するために環境税を導入してみよう。ここでは最も単純な環境税を導入するとして，生産1単位あたりに課税するような場合を考える。このとき企業の利潤は以下のようにあらわすことができる。

$$\pi_t = Py - C(y) - ty \tag{11}$$

ただし，ここで，t は税率（＝一定）である。このとき，企業 i の利潤最大化のための一階の条件は，

$$P = C'(y^t) + t \tag{12}$$

となる。(9)式と(12)式を比較すれば，明らかに $t = D'(y^*)$ とすることによって，$y^* = y^t$ を達成することができることがわかる。すなわち，限界外部費用と等しい大きさの税を課すことによって，外部不経済のある市場経済においても，社会的最適を達成することができるのである。これを（提唱者の名前にちなんで）**ピグー税**と呼んでいる。

次に，ピグー税がどのように機能するかを図で確認してみよう。**図6-2**は，ピグー税の課税前と課税後の市場均衡における均衡生産量の変化を示したものである。課税前の市場均衡では需要曲線と（課税前の）供給関数が交わっている。需要曲線とは限界便益曲線であるから，限界便益と私的限界費用が等しい点である。図から明らかなように社会的にはこの均衡は望ましくない。社会的費用を考慮に入れれば，$\hat{y}$ において限界便益を社会的限界費用がはるかに上回っており，過大な汚染が発生している。これが(10)式が意味していることに他ならない。そこで，限界外部費用と限界便益が等しくなるような税，すなわち，GF に等しい税を課せば，課税後の市場均衡は y^* となる。このような税をピグー税と呼んでいるのである。

前節の図6-1で一般的な課税の効果を検討した際には，課税は必ず死荷重という非効率性を生み出すということを述べた。しかし，**図6-2**のピグー税の例では，外部不経済の存在により，課税前に既に死荷重損失が存在している。

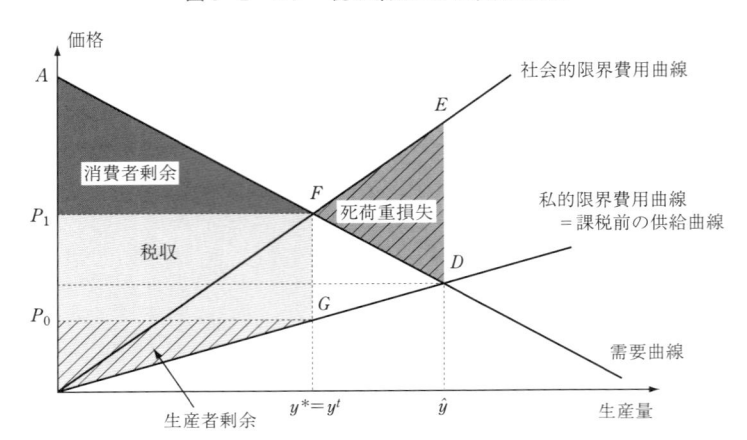

図 6-2　ピグー税の導入による余剰の変化

そして，その死荷重損失をピグー税を導入することによりにより消失させることができることを図から確認できるであろう。

このように，理論的見地からみると政策担当者が限界外部費用について十分な情報を持っていれば，ピグー税という政策手段によって外部不経済は内部化することができることがわかる。しかし，現実はそれほど単純ではない。実際の限界外部費用については，政策担当者どころか汚染企業自身も十分に把握できない場合が少なくないのである。このような場合の次善的手段として，ボーモル・オーツ税と呼ばれるものがある[2]。これは，限界外部費用を把握できない場合に，汚染物質の排出水準を科学的根拠に基づいて定め，その排出水準を税率を上下することによって，達成しようというものである。この方法は，各企業間で限界費用が一致するため，後に示すように費用効率的である。しかし，実際には税率を上下すること，とくに上げることは政治的に極めて困難であることから，限界外部費用に関する情報が必要ないとはいえ，運用上の課題は残る。

6.2 環境税と環境補助金の政策効果

6.2.1 環境税と環境補助金の共通点

次に環境補助金,すなわち,企業が汚染排出量を一定の水準以下に削減した場合に補助金を交付する政策について検討する。この場合,企業 i の利潤は以下のように書くことができる。

$$\pi_s = Py - C(y) + s(\bar{y} - y) \tag{13}$$

ここで,s は補助率,$\bar{y}$ は補助金を受けることができる水準を表すベンチマークである。すなわち,企業 i は生産量を $\bar{y}$ 以下にした場合,削減量1単位につき,s の補助金を得ることができるということを意味する。このとき,企業 i の利潤最大化のための一階の条件は,

$$P = C'(y^s) + s \tag{14}$$

となる。(14)式と(9)式を比較すれば,補助率 s を限界外部費用と等しく設定することで,$y^* = y^s$ を達成することができることがわかる。この結果は,環境税の場合と同等である。政策担当者は,環境税であっても環境補助金であっても,

$$s = D'(y^*)(=t) \tag{15}$$

と設定することができれば,社会にとって望ましい水準へと企業の生産量(=汚染量)を誘導することができるのである。この意味で,環境税と環境補助金は全く同等の政策手段である。実際,環境補助金の(13)式の定式化は,$\bar{y}=0$ とすれば,環境税の定式化と同じものであるから,環境補助金のモデルとは,環境税のモデルを一般化したものと考えることもできる。

さらにこの2つの政策は,目標達成のための社会全体の費用を最小化するという共通点を持っている。n 社の汚染企業が存在する社会において,各企業 i

の汚染削減費用関数を $A_i(y_i)$ と定義しよう。このとき，社会全体としての汚染水準の目標（$=\bar{Y}$）を達成するための費用最小化問題は以下のように定式化できる。

$$\min_{y_i} \sum_{i=1}^{n} A_i(y_i) \tag{16}$$

$$\text{s.t.} \quad \sum_{i=1}^{n} y_i = \bar{Y} \tag{17}$$

この問題のラグアンジュアンは

$$L = \sum_{i=1}^{n} A_i(y_i) + \lambda \left[\sum_{i=1}^{n} y_i - \bar{Y} \right] \tag{18}$$

となるから，一階の条件は，

$$MAC_i(y_i) = \lambda, \ \forall i \tag{19}$$

となる。ただし，MAC_i は限界削減費用を意味する。(19)式は，社会全体の汚染削減費用を最小化するためには，全ての企業 i の限界削減費用が等しくなることが求められるということを意味している。上述の環境税（補助金）のモデルにおける削減費用とは生産量を減少させることであるから，$MAC_i = P - C'_i(y_i)$ である。環境税（補助金）のモデルにおける一階の条件は，

$$P - C'_i(y_i) = t(=s) \tag{20}$$

と書きなおすことができる。これは，環境税（補助金）政策のもとでは，各企業の限界削減費用が等しくなることを示している。よって，環境税（補助金）は費用最小化という観点から望ましい政策であることがわかる[3]。

6.2.2 環境税と環境補助金の相違点

しかし，この2つの政策の間に相違点が全くないわけではない。ここまでの分析では企業の短期的な行動のみを考えてきたが，以下では，長期的視点からの行動を分析する。長期均衡では参入・退出を考慮する必要があるため，新た

に「ゼロ利潤条件」の成立が長期均衡の条件として加わる。ゼロ利潤とは,

$$Py - C(y) = 0 \Rightarrow P = AC \tag{21}$$

である（AC は平均費用を意味する）。政策が導入された結果，$P>AC$ となれば，レントを求めて新規企業により参入が進み，逆に $P<AC$ となるなら退出が発生することになる。

まず，ベンチマークとして政策導入前の市場均衡における平均費用についてみてみると，(21)式を y で割ればよいから，

$$AC_m = \frac{C(y)}{y} \tag{22}$$

である。次に，(15)式で定義される適切な環境税及び環境補助金を導入した場合をみてみる。平均費用はそれぞれ

$$AC_t = \frac{C(y)}{y} + t = AC_m + t \tag{23}$$

$$AC_s = \frac{C(y) - s\bar{y}}{y} + s = AC_m - s\left[\frac{\bar{y}}{y} - 1\right] \tag{24}$$

である。ここで，$t(=s)>0$ であるから，$AC_m < AC_t$ であることがわかる。また，(13)式の定式化が（税ではなく）補助金を受給している状況を表現するためには，$\bar{y}>y$ である必要があるから，以下が成立する。

$$AC_t > AC_m > AC_s \tag{25}$$

(25)式より，環境税が実施されると平均費用が増加するため，AC_t は AC_m よりも上方に位置することがわかる。同様に，環境補助金では平均費用が低下するため AC_m よりも下方に AC_s がくることになる。さらに，$t=s$ のもとでは，限界費用（MC）について，以下の関係があることがわかる。

$$MC_t = MC_s > MC_m \tag{26}$$

これらをグラフとして整理すると以下の図 6-3 (a)のようになる。

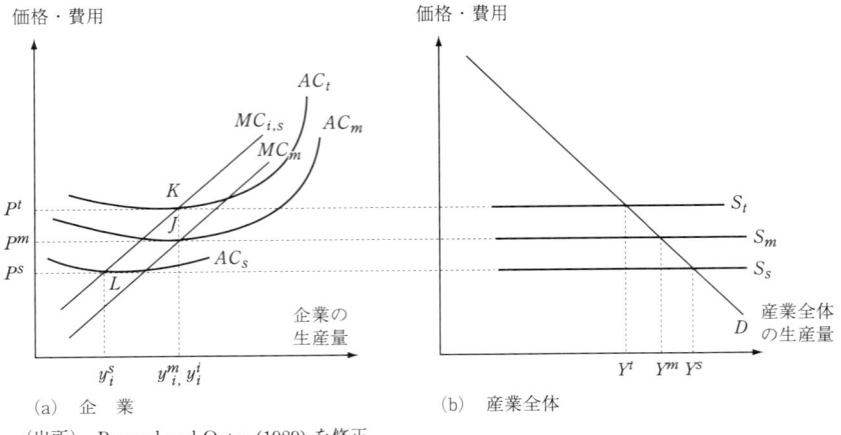

図 6-3 環境税と環境補助金の長期的効果

(a) 企業

(b) 産業全体

(出所) Baumol and Oates (1989) を修正。

　図 6-3 (a) は各企業の意思決定を示したものである。環境税が導入されると平均費用が増加するので，$P<AC$ となり退出が進むとともに市場価格が上昇する。また，環境補助金が導入されると平均費用が減少するため，$P>AC$ となるので参入が進み，市場価格が低下する。これらの産業全体への影響を示したものが，図 6-3 (b) のグラフである。

　環境税による市場価格の上昇は需要を減少させるため，産業全体における生産量（＝汚染量）は減少しているが，環境補助金は市場価格を低下させるため，市場全体の生産量を増加させており，本章で仮定しているように生産に比例して汚染が増加するような場合には汚染量も増大することになる。図 6-3 (a) のグラフでは個別の企業は限界費用が増加したために汚染量を減らしているにもかかわらず，（図 6-3 (b) のグラフで示される）市場全体での汚染総量は増加してしまうことが確認できる。

第 6 章　環境税

6.3　環境税の「二重配当仮説」

6.3.1　二重配当仮説とは

　これまでみてきたように，外部不経済の存在による市場の失敗は適切に設計された環境税という政策手段を用いることで解決することができる。しかし，実際の課税状況をみると，たとえば，労働の対価として得た所得に対する税など，必ずしも外部不経済を発生させているような財・サービスのみに課税されているわけではない。もちろん，これは労働を抑制することが目的なのではなく，一定の税収を効率的に確保するための次善の策である。

　その一方，前述のように課税は死荷重損失と呼ばれる厚生の損失をもたらす。そのため，外部不経済の問題を解決するために課す環境税を所得税と相殺して税収中立的な税制改革を行うことが提唱された。その結果，環境税により新たに発生する税収分だけ他の既存の税を減免することができるので，既存の税により発生している「歪み」を緩和することができるのではないかという議論が1990年代以降に活発に行われた。これは「環境税の二重配当（Double Dividend）仮説」あるいはグリーン税制改革と呼ばれている。

　二重配当仮説は，Weak Double Dividend（WDD）と Strong Double Dividend（SDD）に分類される。WDD とは，税収中立的な環境税の導入により，環境税の税収を他の税収に充当した場合，環境改善という第 1 の配当に加えて，一括移転（lump-sum transfer）で還元する場合よりも環境改善以外の厚生増加がある（＝第 2 の配当）ことをいう。一方，SDD とは，環境改善という第一の配当に加えて，税収中立的な環境税の導入以前に比べて，環境改善以外の厚生増加がある（＝第 2 の配当）ことをいう。

　言い換えれば，WDD とは，環境税が導入されたことを前提として，税収の還元方法を一括移転から他の市場の歪みを是正する方法へ変化させた際に厚生増加が見込めることを意味している。また，SDD とは，税収中立的な環境税の導入前と導入後を比べて，後者の方が厚生増加が見込めるということを主張

するものである。

 一般に，WDDについては経済学者の間で広く合意がなされていると言われている[4]。一方，SDDについては意見が分かれている。たとえば，Peace (1991) などは肯定的であるが，Bovenberg and de Mooji (1994) は否定的な結論を導いている．この結論の違いを，Parry (1995) はアプローチの違い，すなわち，部分均衡分析と一般均衡分析の違いであると主張した。以下では，このBovenberg and de Mooji (1994) によるモデルを使って，環境税の二重配当仮説の妥当性を検討しよう。

6.3.2 Bovenberg and de Mooji (1994) によるモデル

 これまでの分析とは異なり，以下では一般均衡体系の経済モデルを考える。生産部門については，インプットが労働 L のみである以下のような線形技術の生産体系で記述できるものとする。

$$hNL = NC + ND + G \tag{27}$$

ただし，h：労働生産性，G：政府消費，C：個人消費（クリーンな財），D：個人消費（環境汚染をもたらす財），N：世帯数とする。(27)式は，この経済における全世帯の消費量は，労働人口 NL に生産性を乗じたものであるということを示している。一方，世帯の効用関数は，

$$U = u(C, D, V, G, E)$$

とする。ただし，V は余暇である。また，環境質 $E = e(ND)$ については，$\dfrac{de}{d(ND)} < 0$ を仮定する。ここで，家計の効用は，私的財に加えて，政府消費 G と環境質 E という2つの公共財に依存していることに注意する。家計の所得制約は，$V + L = 1$ と規準化すれば，

$$C + (1 + t_D)D = h(1 - t_L)(1 - V) \tag{28}$$

と表すことができる。ただし，t_L は労働収入にかかる税であり，t_D は汚染を

もたらす財にかかる税である。

この問題のラグランジュアンは,

$$\mathcal{L} = u(C, D, V, G, E) + \lambda[h(1-t_C)(1-V) - C - (1+t_D)D] \quad (29)$$

となる。よって, 一階の条件は,

$$\frac{\partial \mathcal{L}}{\partial C} = \frac{\partial u}{\partial C} - \lambda = 0 \quad (30)$$

$$\frac{\partial \mathcal{L}}{\partial D} = \frac{\partial u}{\partial D} - (1+t_D)\lambda = 0 \quad (31)$$

$$\frac{\partial \mathcal{L}}{\partial V} = \frac{\partial u}{\partial V} - (1-t_L)h\lambda = 0 \quad (32)$$

である。(27)式を C について解いて,(28)式に代入すれば,政府の予算制約が以下のように導かれる(ワルラス法則)。

$$G = t_D ND + t_L hNL \quad (33)$$

税収中立なので $dG=0$ であることに注意して,効用関数を全微分すれば,

$$dU = -\frac{\partial u}{\partial V}dL + \frac{\partial u}{\partial C}dC + \frac{\partial u}{\partial D}dD + \frac{\partial u}{\partial E}\left[\frac{de}{d(ND)}\right]NdD \quad (34)$$

となる。家計の効用最大化行動の一階の条件を(34)式に代入すれば,

$$dU = -(1-t_L)h\lambda dL + \lambda dC + (1+t_D)\lambda dD + \frac{\partial u}{\partial E}\left[\frac{de}{d(ND)}\right]NdD$$

が得られる。この両辺を λ で割って,(27)式の全微分を使って整理すると,

$$\begin{aligned}\frac{dU}{\lambda} &= ht_L dL + \left[t_D - N\frac{\frac{\partial u}{\partial E}\left[-\frac{de}{d(ND)}\right]}{\lambda}\right]dD - [hdL - dC - dD] \\ &= ht_L dL + \left[t_D - N\frac{\frac{\partial u}{\partial E}\left[-\frac{de}{d(ND)}\right]}{\lambda}\right]dD \quad (35)\end{aligned}$$

となる。(35)式の第1項は、労働市場における歪みを示している。また、第2項は環境負荷による歪みに対応している。税収確保のための課税が必要でないようなファーストベストの社会、すなわち、$t_L=0$ とできる歪みのない社会では、最適な t_D の値はピグー税であり、

$$t_D = N \frac{\frac{\partial u}{\partial E}\left[-\frac{de}{d(ND)}\right]}{\lambda} \tag{36}$$

となる。これは、一見複雑にみえるが、(15)式に対応している。なぜなら、右辺の λ (=ラグランジュ乗数) は所得の限界効用であるから、λ で割るということは単位を効用から貨幣に変換することを意味している。また、分子は環境質の汚染財での微分であるから、各個人の汚染財の消費が1単位増えた場合の限界的な環境質の変化、すなわち限界被害を意味している。ある個人がもたらした環境汚染は社会全体に影響する負の公共財であると想定しているので、N 倍することで、各個人が直面する限界外部費用となる。ピグー税とは、限界外部費用に等しい税を課すものであるから、(36)式もやはりピグー税を課すことが望ましいということを主張していることになる。

6.3.3　税収中立的な環境税の厚生への影響

以下では、税制中立的な税制改革、すなわち、$dG=0$ のもとで、環境税率を上昇させるとともに、労働所得税率を減少させる政策を実行したものと想定する。[5] 労働市場が十分に競争的であるとすれば、税制改革前の賃金率は労働生産性 h と等しくなる。ここでグリーン税制改革の前後で h が変化しないとすれば、税制改革後の実質賃金は $w=h(1-t_L)/p$ となる。ただし、p は消費財の価格指数である。w を全微分し、両辺を w あるいは $h(1-t_L)/p$ で割れば、

$$\frac{dw}{w} = \frac{dh}{h} - \frac{dt_L}{(1-t_L)} - \frac{dp}{p} \tag{37}$$

となる。相対変化率をチルダで表し $\left(\tilde{w}=\frac{dw}{w}\right)$、$dh=0$ に注意すると、$\tilde{w}=-\tilde{t}_L-\tilde{p}$ を得る。さらに税制改革後に価格が変化する消費財は汚染財だけなので、家計の全消費に占める汚染財の割合、

$$\Phi_D \equiv \frac{(1+t_D)D}{C+(1+t_D)D}$$

を使って，$\tilde{p}=\Phi_D \tilde{t}_D$ と書き換えることができるので，

$$\tilde{w}=-\tilde{t}_L-\Phi_D \tilde{t}_D \qquad (38)$$

を得る。(6) (38)式は，税引後実質賃金率の変化率は労働所得税率の変化と汚染税率の変化の合計であると解釈することができる。

一般に，労働所得税の課税ベースの方が環境税の課税ベースよりもはるかに大きいと考えられることから，税収中立的な環境税制改革では，環境税率の変化（$=\tilde{t}_D>0$）よりも労働所得税率の変化（$=\tilde{t}_L<0$）の方が小さくなると考えられる。この環境税率の変化の大きさが「消費に占める汚染財の割合（$=\Phi_D$）」に比べて十分に大きい場合，税収中立的な環境税の導入により，(38)式が負，すなわち，課税後実質賃金率を下落させることになる。労働供給が賃金率のみに依存し，労働の供給弾力性が正であれば，(38)式が負のとき，労働供給は減少する。その結果，(35)式より，家計の効用は税収中立的な汚染税の導入により減少することになり，グリーン税制改革から必ずしも2つの果実を得ることはできないということがわかる。

労働の弾力性が正であることを仮定することは直感的にも合致するし，実証研究からも支持されている。二重配当仮説が議論された当初は二重配当が必ず得られるという意見が支配的であったが，本節で示したような一般均衡モデルに基づいて分析する限りにおいては，二重配当仮説が成立することはそれほど容易ではないことがわかるであろう。

最後に上記の結果を図で直感的に確認してみよう。図6-4は，(a)に汚染財の市場，(b)に労働市場が描かれている。(a)では，ピグー税が導入された後の価格 P' のもとでは最適な汚染財の水準 D' が達成されている。その結果，需要曲線で表される限界便益と社会的限界費用（SMC）が等しくなるため，三角形 B に相当する厚生改善が得られる。これが第1の配当である。

次に，(b)のグラフを見てみよう。税収を確保する目的で課されている労働所

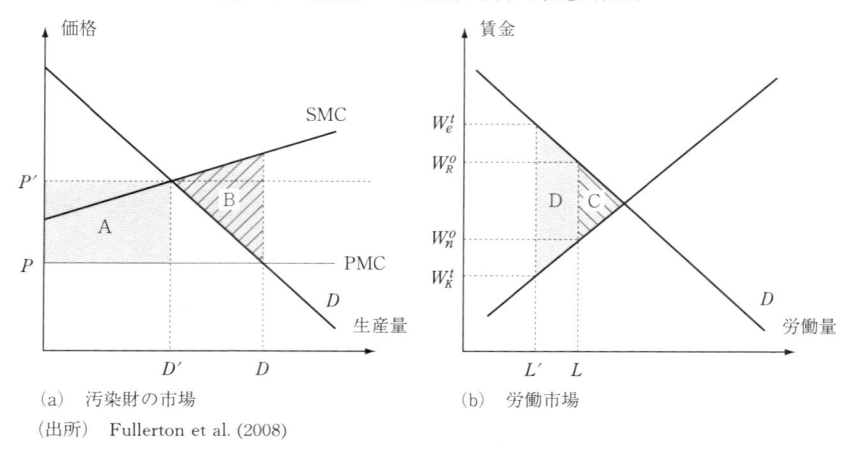

図 6-4 環境税の二重配当に関する直感的説明

(a) 汚染財の市場

(b) 労働市場

(出所) Fullerton et al. (2008)

得税により，労働者は W_n^o という賃金率に直面している。その結果，労働供給は減少して L となり，三角形 C に相当する厚生損失が発生している。さらにピグー税が課されると，消費バスケット内の財価格が上昇するので，実質賃金は下落する場合がある。労働の供給弾力性が正であれば実質賃金の下落は労働供給の減少をもたらすので，労働供給は L' となり，さらなる厚生損失 D をもたらすことになる。ここで，ピグー税の税収を労働所得税の減免に用いたとしても，その効果が当初の厚生損失の大きさである C を下回るかどうかは必ずしも保証されないのである。

6.4 事例——産業廃棄物税

現在，わが国で導入されている産業廃棄物税は，2000年4月の地方分権一括法による地方税法の改正により創設された法定外目的税であるため，国税として全国一律に課されているわけではない。都道府県（政令市）が独自に制度を設けているが，「産業廃棄物の発生抑制，再生，減量その他適正な処理に係る施策に要する費用」をその目的としている点でほぼ似通った制度となっている。

第6章　環境税

表6-1　産業廃棄物税導入自治体とその時期

	道府県・政令市名
2002年度	三重県
2003年度	岡山県，広島県，鳥取県，北九州市，青森県，秋田県，岩手県，滋賀県
2004年度	新潟県，奈良県，山口県
2005年度	宮城県，京都府，島根県，福岡県，佐賀県，長崎県，大分県，宮崎県，熊本県，鹿児島県
2006年度	福島県，愛知県，沖縄県，北海道，山形県
2007年度	愛媛県

(出所)　総務省 HP より。

　具体的には，産業廃棄物の排出事業者や中間処理事業者といった納税義務者が最終処分された量に税率を乗じた額を道府県等に納めることになる[8]。

　法定外目的税としての産業廃棄物税は2002年に三重県が最初に導入したが，その後の廃棄物に関連する制度改革が相次いだことや大規模な不法投棄が発見されたこともあり大きな注目を集めることとなり，2010年3月現在の導入自治体は，27道府県及び1政令市に導入されるまでにいたっている（表6-1参照）。

　産業廃棄物税の主要な目的の1つは，産業廃棄物の発生抑制であるが，笹尾(2010)によれば，一時的な発生量の減少は見られたものの，その効果は持続的ではない。導入からの期間がそれほど長くないため，今後も継続的にその効果を分析する必要があるが，現行の制度は発生抑制というよりはむしろ，最終処分場の拡充やリサイクル促進の費用，適正処理への教育といった政策を実施するための財源確保の側面が強いと言えよう。2008年度の決算における産業廃棄物税の総額は約87億円であり，決して小さな額ではない。

　本章では，(15)式で定義されるピグー税が導入できれば，社会にとって望ましいことを理論的に示した。では，産業廃棄物はこのピグー税としての性格をもっているだろうか。現行の産業廃棄物税の税率はほとんどの自治体で1,000円／トンで共通となっている。この金額がピグー税として妥当であるかどうかは，実証研究の結果と比較する必要があるため一概には言えないが，Dijkgraaf and Vollebergh (2004) が EU について行った研究によれば，最終処分の限界

環境被害は2,500円／トン程度と推定されている。もし，わが国において最終処分がもたらす限界外部費用が EU のそれと同程度であるとすれば，効率的な課税という観点からはわが国の産業廃棄物税の税率は低すぎることになる。

謝辞

本章の草稿に有益なコメントをくださった中村和之氏（富山大学経済学部），一ノ瀬大輔氏（東北公益文科大学）に感謝します。

注

(1) なお，ここでは税収の使途については考慮しておらず，価格体系に歪みをもたらさない一括移転（lump-sum transfer）として消費者に還元されると仮定している。もちろん，このような還元は現実には極めて困難である。
(2) 詳細は，Baumol and Oates (1987) の第11章，特に命題1に関する議論を参照のこと。
(3) その意味で，各企業の汚染の排出水準を一律に定める環境規制は一般に限界削減費用を等しくしないので，費用効率的な政策ではないことがわかる。
(4) たとえば，Bovenberg (1999) などを参照せよ。
(5) 本節の議論も Bovenberg and de Mooji (1994) に拠っているが実際に展開されているモデルは本書のレベルを越えるので後半部分はその結論だけを解説している。正確なモデルによる議論に興味のある読者は直接 Bovenberg and de Mooji (1994) を参照されたい。
(6) $\tilde{t}_L$, $\tilde{t}_D$ についても，$\tilde{t}_L = \dfrac{dt_L}{(1-t_L)}$, $\tilde{t}_D = \dfrac{dt_D}{(1+t_D)}$ と定義している。
(7) 法定外目的税とは，地方税法に定めのある税目以外の税で，税収の使途が定められているものをいう。
(8) 課税主体や納税義務者は道府県等によって異なっている。産業廃棄物税の制度の詳細について興味のある読者は，金子 (2009) を参照されたい。

●参考文献

Baumol, W. and W. Oates (1989) *The Theory of Environmental Policy*, 2nd edition, Oxford University Press.

Bovenberg, A. Lans (1999) "Green Tax Reforms and the Double Dividend: an

Updated Reader's Guide," *International Tax and Public Finance*, 6 : 421-443.

Bovenberg, A. Lans and de Mooji, Ruud A. (1994) "Environmental Levies and Distortionary Taxation," *American Economic Review*, 84 (4) : 1085-1089.

Dijkgraaf, Elbert and Herman Vollebergh (2004) "Burn or Bury?: A Social Cost Comparison of Final Waste Disposal Method," *Ecological Economics*, 50 : 233-247.

Fullerton, Don, Leicester, Andrew and Stephan Smith (2008) "Environmental Tax," *NBER Working Paper*, 14197.

Fullerton, Don and Gilbert E. Metcalf (2001) "Environmental Controls, Scarcity Rents, and Pre-existing Distortions," *Journal of Public Economics*, 80 : 249-267.

Parry, Ian W. H. (1995) "Pollution Taxes and Revenue Recycling," *Journal of Environmental Economics and Management*, 61 (4) : 915-922.

Peace (1991) "The Role of Carbon Taxes in Adjusting to Global Warming," *Economic Journal*, 101 : 938-948.

金子林太郎（2009）『産業廃棄物税の制度設計』白桃書房.

笹尾俊明（2010）「産業廃棄物税の最終処分削減効果に関するパネルデータ分析」『環境経済・政策研究』3 (1) : 55-64.

第 7 章
排出量取引

杉野誠・有村俊秀

　前章で示されたように，環境政策において，経済的インセンティブを活用する経済的手段が重要な役割を果たしている。その中で，環境税と並んで注目を浴びているのが排出量取引である。排出量取引は，コースの定理の考え方を利用した制度である。本章では，キャップ・アンド・トレード型の排出量取引の理論的枠組を紹介する。

　はじめに，完全情報下における環境税と排出量取引の同値性について紹介する。次に，不確実性が存在する場合の排出量取引と環境税の比較を行うとともに，不確実性の対処方法として，排出量取引制度に上限・下限価格を設定する政策を紹介する。そして，実際に導入されている欧米の排出量取引制度に依拠しながら，実際の制度としての論点を紹介する。最後に，日本でも導入された東京都の排出量取引制度を紹介する。

7.1　排出量取引の理論——完全情報の場合[1]

　規制主体は環境税または排出量取引を導入することにより，汚染物質の排出による社会的な費用を内部化することが可能である。キャップ・アンド・トレード型の排出量取引では[2]，規制主体が，社会が許容する総排出量（キャップ）を決定し，それに相当する排出枠を発行する。汚染者は排出する権利がなければ汚染物質は排出できない。持っている排出枠以上に削減を実施すれば，余剰枠を売却できる（トレード）。不足すれば，購入すればよいという制度である。

　環境税による価格規制と排出量取引による数量規制は，規制当局が保有する

図7-1 情報が正しいケース

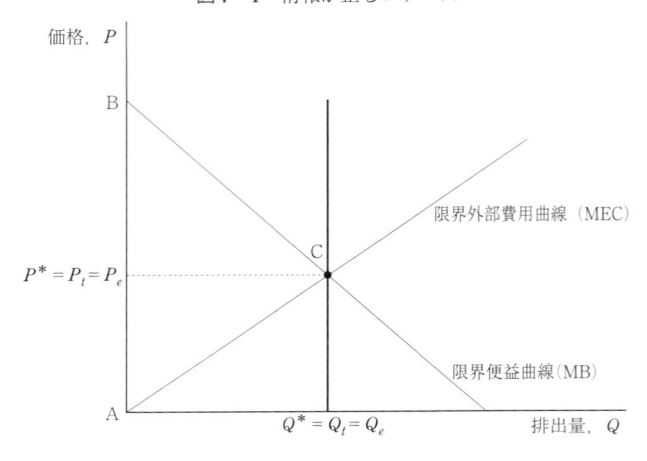

限界便益と限界外部費用の情報が正しい場合,同様の効果を持つ。ここでは,集計された汚染者の排出の限界便益と,排出の限界外部費用を用いて説明しよう(図7-1参照)。同図では,横軸には,排出量を,縦軸は限界外部費用と限界便益を示している。

この図を用いて,排出量取引と環境税の効果を比較してみよう。ここでは,規制当局が保有する限界便益と限界外部費用の情報が正しい場合を考える。規制当局が環境税を導入した場合,外部性を内部化するために,税 P_t を課すことになる。ここで排出される量は,限界便益曲線と環境税が交わる Q_t となる。社会的総余剰は△ABCとなり,最大化されている。

次に,規制当局が総量規制(排出量取引)を導入した場合,総排出量を Q_e と設定した結果,排出権価格は市場で P_e に決定される。このとき,社会的総余剰は三角形ABCとなり,最大化されている。

すなわち,規制当局が保有する情報が正しい場合,環境税と排出量取引は社会的に望ましい価格 P^* と排出量 Q^* を達成する。また環境税と排出量取引制度の効率性は同値となる。これは両方の規制ともに,限界削減費用と限界便益が一致しているところで価格・数量を規制しているため,死荷重損失が発生し

ない。

このように，排出量取引は環境税と全く同じ効率性を達成する。これは，複数の汚染者がいる場合も同様である。前章では環境税の効率性が示されたが，排出量取引にも同様の議論があてはまるのである。複数の汚染者がいる場合も，排出量取引においても，市場を通じて，排出の限界便益（限界削減費用）が均等化され，最小費用で社会全体の削減が達成されるのである。

7.2 排出量取引の理論——不完全情報の場合

規制当局が所有する情報は，必ずしも正しいものとは限らない。そのため，環境税と排出量取引制度の効率性が同一とはならず，死荷重損失が発生する。ただし，環境税が優れているケースと排出量取引制度が優れているケースが存在する（Weitzman, 1974）。以下では，①限界便益曲線の情報が誤っているケース，②限界外部費用の情報が誤っているケース，③限界外部費用曲線の傾きが異なるケース，④限界便益曲線の傾きが異なるケースの順に解説する。

7.2.1 限界便益曲線の情報が誤っているケース

規制当局が保有する情報が正しい場合，数量規制および価格規制は同値となった。しかし，誤った情報をもとに価格規制または数量規制を実施した場合，死荷重損失が発生し，同値とならず，効率性は異なる可能性がある。

最初に，限界便益に関する情報が誤っているケースを考える（図7-2参照）。社会的総余剰が最大化される環境税は P^* であり，社会的総余剰は△AFI である。同様に，排出量規制を Q^* に設定した場合，社会的総余剰は△AFI となる。

限界便益曲線の情報が誤っている場合，規制当局は誤った限界便益曲線と正しい限界外部費用曲線の情報をもとに政策を決定することになる。この誤った情報をもとに環境税を設定した場合，価格は P_t となる。ここで，誤った情報に基づいて環境税を導入した結果，排出量は Q_t となり，最適な排出量 Q^* よりも過小となる。これにより，社会的総余剰は，台形 AFGH となり，死荷重

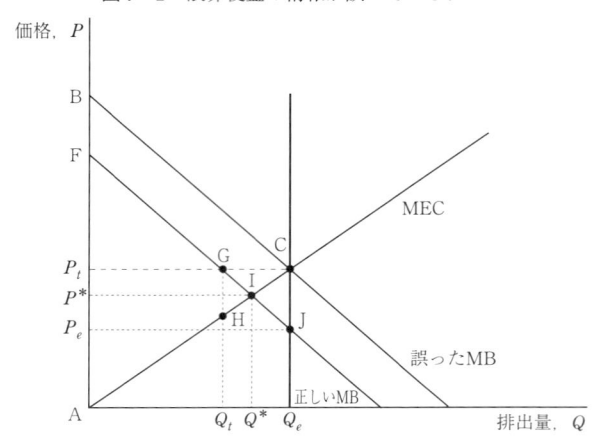

図7-2 限界便益の情報が誤っているケース

損失は△GIH（死荷重損失＝△AFI－台形 AFGH）となる。

　一方，排出量取引制度を導入した場合，総量は Q_e で固定される。このケースでは，排出量は社会的に最適な量よりも過大となる。社会的総余剰は△AFI－△ICJ となり，死荷重損失は△ICJ となる。そのため，環境税と排出量取引では異なった効率性となる。どちらが死荷重損失を小さく抑えることが可能かは，限界便益曲線と限界外部費用曲線の傾き（弾力性）によって決定される。

7.2.2　限界外部費用曲線の情報が誤っているケース

　次に，限界外部費用曲線の情報が誤っている場合を考える（図7-3参照）。正しい情報のもとに決定される価格 P^* と排出量 Q^* は，社会的総余剰△ABE を実現し，社会的総余剰は最大化される。しかし，限界外部費用曲線の情報を誤ったまま政策を決定した場合，死荷重損失が発生する。

　環境税は，誤った限界外部費用曲線の情報のもとに導入した場合，P_t となる。このとき，社会的総余剰は台形 ABCD となり，死荷重損失は△CDE となる。

　一方，総量を誤った情報のもとに Q_e を決定し，排出量取引を行った場合，社会的総余剰は台形 ABCD となり，死荷重損失は△CDE となる。

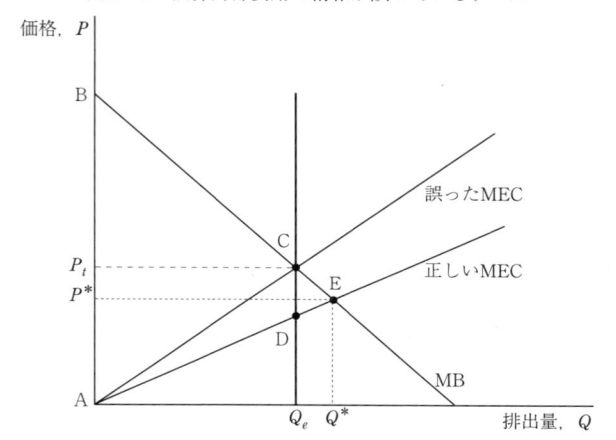

図7-3 限界外部費用の情報が誤っているケース

したがって，環境税と排出量取引制度は，限界外部費用の情報が誤っている場合，共に死荷重損失を発生させるが，同じ効率性となる。

7.2.3 限界外部費用曲線の傾きが異なるケース

前述の2つのケースでは，限界便益曲線および限界外部費用曲線の情報が誤っている場合を取り扱った。以下では，限界外部費用曲線と限界便益曲線の傾きの違いによって，環境税と排出量取引の効率性の違いについて検討する。

MEC^1 と MEC^2 はともに正しい限界外部費用曲線であるが，傾きは異なる。限界外部費用曲線の傾きが緩やかな場合（MEC^1），環境税による死荷重損失は△GHI となる。一方，排出量取引による死荷重損失は△IJC となる。両政策の効率性を比較すると，環境税の方が死荷重損失の大きさが小さいため，効率性が高いことになる（図7-4参照）。

限界外部費用曲線の傾きが急な場合（MEC^2），環境税による死荷重損失は△GKL に対して，排出量取引による死荷重損失は△LJC である。よって，排出量取引は環境税よりも死荷重損失が少ないため，効率性が高くなる。

結果をまとめると，限界外部費用曲線の傾きが緩やかな場合，環境税は排出量取引よりも効率性が高いこととなり，逆に，限界外部費用曲線の傾きが急な

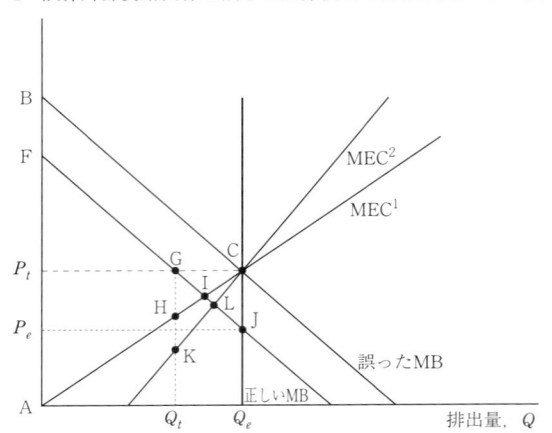

図7-4 限界外部費用曲線の傾きと限界便益の情報が誤っているケース

場合，排出量取引は環境税よりも効率性が高いこととなる。

7.2.4 限界便益曲線の傾きが異なるケース

最後に，異なる傾きをもつ限界便益曲線と政策の効率性を比較する。MB^1 は限界便益曲線の傾きが急なケースを示している。一方，MB^2 は限界便益曲線の傾きが緩やかなケースを示している（図7-5参照）。

限界便益曲線の傾きが急な場合（MB^1），環境税による死荷重損失は△GHI である。一方，排出量取引による死荷重損失は，△IJC であり，環境税による死荷重損失よりも大きくなっている。したがって，環境税は排出量取引よりも効率的であることがわかる。

限界便益曲線の傾きが緩やかな場合（MB^2），環境税による死荷重損失は△GHM である。一方，排出量取引による死荷重損失は，△MNC であり，環境税よりも死荷重損失が小さくなっている。したがって，排出量取引は環境税よりも効率的であることがわかる。

上述の結果をまとめると，以下の4点となる。第1に，規制当局が保有する情報に誤りがない場合，環境税と排出量取引による効率性は同値となる。さらに，どの手法でも外部性を完全に内部化することにより，社会的総余剰は最大

第7章 排出量取引

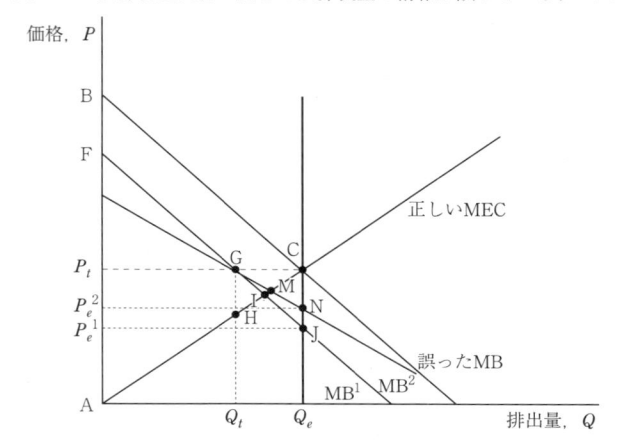

図7-5 限界便益曲線の傾きと限界便益の情報が誤っているケース

化され，死荷重損失が発生しない。第2に，限界外部費用曲線のみが誤っている場合，環境税と排出量取引による効率性は同値となる。しかし，情報が正しい場合とは異なり，社会的総余剰は最大化されず，死荷重損失が発生する。第3に，限界外部費用曲線の傾きが緩やかな場合は環境税が，限界外部費用曲線の傾きが急な場合は排出量取引が効率的となる。第四に，限界便益曲線の傾きが急な場合は環境税が，限界便益曲線の傾きが緩やかな場合は排出量取引が効率的となる。

7.3 排出権価格上限・下限（プライス・カラー）

情報の不確実性に対処する方法として，排出権価格の上限・下限（プライス・カラー，price collar またはセーフティー・バルブ，安全弁，safety valve）[4]の設定が提案されている。この手法は，排出権価格が上昇し，予め定めた価格に達すると，排出権を無限に市場に供給する。よって，ある価格からは，環境税として機能することになる。一方，排出権の下限値を設定した場合，排出権価格が下落し予め定めた価格に達すると，規制当局が市場から排出権を一定の価格（下限値の価格）で購入し，市場から排出権を吸い上げる。図7-6は，価格の

161

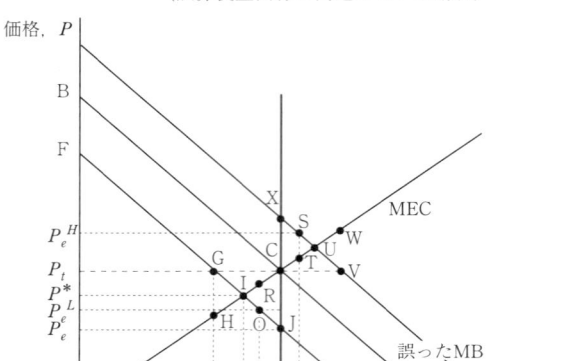

図7-6 排出権価格の上限・下限と死荷重損失
（限界便益曲線が間違っている場合）

上限値および下限値を設定したケースとしないケースの死荷重損失の大きさを比較している。

今，正しい限界便益曲線が MB^1 であるとする。排出権価格の上限・下限を設定しない場合，図7-3と同様に，排出量取引による死荷重損失は△IJCである。しかし，排出権価格の下限を P_e^l に設定した結果，排出量取引による死荷重損失は，△IORとなる。この死荷重損失は排出権価格に下限値を設定しないケースと比較して小さくなっている。

次に，正しい限界便益曲線が MB^2 であるとする。環境税を P_t に決定した場合の死荷重損失は△UVWである。排出権価格の上限を設定しない場合，死荷重損失は△CXUであり，環境税よりも大きくなっている。しかし，排出権価格の上限を P_e^H に設定した場合，死荷重損失は△STUまで小さくすることが可能であり，環境税よりも効率的となる。

図7-7は，限界外部費用曲線の情報が誤っている場合に，価格下限を設定したケースを図示している。排出権価格に下限値を設定しない場合，死荷重損失は△CDEになる。一方，排出権価格の下限値を P_e^l と設定した場合排出量は社会的に最適な量よりも多くなるが，死荷重損失は△EZYとなり，社会的

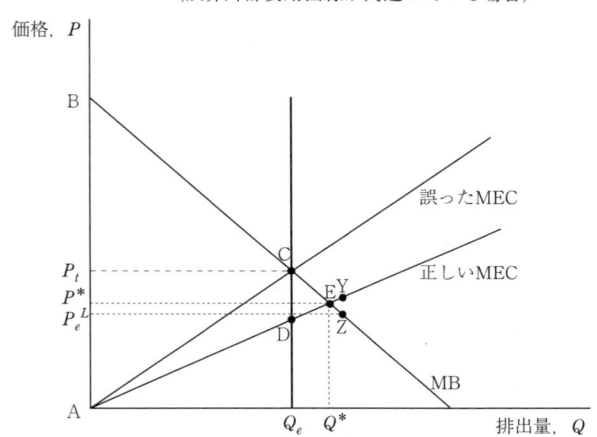

図7-7　排出権価格の上限・下限と死荷重損失
　　　　（限界外部費用曲線が間違っている場合）

総余剰は増加する。

7.4　実際の排出量取引制度導入における論点

　最初に本格導入されたキャップ・アンド・トレード型の排出量取引は，北米の酸性雨対策として導入された米国の二酸化硫黄の承認証市場である[5]。この制度の成功を受け，地球温暖化対策としても，世界各地で排出量取引制度が導入されるようになった。第1に，京都議定書における削減対象国の補完措置として，国際間の排出量取引制度が導入された。次いで，欧州域内で，米国の二酸化硫黄排出承認証取引制度を見本とし，欧州域内排出量取引制度（EU ETS）が導入された。そして，米国北東部では，発電所を対象とする地域温室効果イニシアティブ（RGGI）が導入された。

　日本でもいくつかの排出量取引の提案が示された[6]。そして，国に先駆けて東京都がキャップ・アンド・トレード型の排出量取引を導入した。

　排出量取引制度は完全情報の元では，理論的には効率性が証明されるが，実際に導入される場合には，様々な論点が出てくる。経済全体はもとより，各産

業や家計への経済的な影響の定量的な分析が重要になってくる。以下では，実際に導入された温暖化対策の排出量取引に言及しながら，論点を紹介する。

7.4.1　規制のポイント・カバー率

(1)　**上流 vs 下流**　温暖化対策としては，化石燃料の燃焼に伴って発生する二酸化炭素の排出抑制が主要な課題となる。従って，実際には，石炭，石油，天然ガスなどの化石燃料の消費をどのように規制するかが論点となってくる。

そこで，排出規制を，どの時点で行うかが重要な課題となる。たとえば，工場などにおける化石燃料の燃焼時点で規制を行うことを下流規制という。EU ETSでは，このような考え方が取り入れられている。

一方，原油の精製や輸入段階で，規制を実施することを上流規制と呼ぶ。米国で2009年6月に下院を通過したワクスマン・マーキー法案では，石油などの燃料に関して，この考えが取り入れられている。日本でも西條（2006）による提案は，このような形をとっている。

下流規制を実施すると，小規模の事業者はモニタリング費用の観点などから，規制から外れることが多い。これに対し，上流規制を実施すると，モニタリング対象の事業所が少なくなることから，カバー率が上昇し，多くの二酸化炭素の排出を規制できる。

(2)　**直接 vs 間接**　発電起源の二酸化炭素をどう扱うかも重要な要素である。電力の発電主体を規制する方法を直接規制方式という。EU ETSでは，この方法で規制されている。

これに対し，電力の消費者を規制対象として扱う方法を間接規制方式という。東京都のキャップ・アンド・トレード型の排出量取引はこの方式を用いている。

7.4.2　排出枠の配分方法

環境税と排出量取引の大きな違いは，後者においては排出枠の配分があることである。第2章に示されたように，市場の効率性は，初期配分に依存しない

ことが知られている（コースの定理）。しかし，現実には，排出枠の配分の仕方によって，規制対象者にとっての費用負担が大きく変わるため，分配上，大きな問題となる可能性がある。換言すれば，排出枠の配分法によって，企業の利益が大きく変動する可能性がある。従って，政策の実施に当たっては，排出枠をどのように配分するかが大きな問題となる。

(1) **無償配分方式**　排出枠の配分方法としては，大きく分けて無償配分と有償配分がある。無償配分方式では，排出者に無償で一定量の排出枠を付与する。無償配分にはいくつかの方法が考えられる。第一に考えられるのは，グランドファザリング方式であり，単純に過去の排出総量に基づく方式である。EU ETS のフェーズ I （2005年～2007年）では，そのような方法がとられた。

　第二の方法は，汚染者の活動量（生産量）に原単位を乗じた値で排出枠を付与する方法である。これは，ベンチマーク方式と呼ばれる。米国の二酸化硫黄排出承認証取引制度では，発電所の石炭使用量（熱量単位）に，原単位をかけるこの方式を利用している。EU ETS のフェーズ III （2013年～）では，後述するように一部業種でこの方式がとられる予定である。

　過去の排出量に基づくグランドファザリングの配分方法は，対象者の不公平感を招く可能性がある。基準年以前に削減努力を行った場合，排出枠は少なくなり，努力が反映されないからである。これに対し，ベンチマークは活動量に応じて配分されるため，効率の高い場合はその分余剰枠を獲得できるため，不公平感は解消しやすい利点がある。

(2) **有償配分方式**　これに対し，有償配分方式はオークション方式とも呼ばれ，規制当局が排出枠をオークション等で売りに出し，排出者がそれを購入するという方式である。7.1 節で示したように，オークションが完全に機能すると，排出者にとっては環境税と同様になる。

　有償配分を実施すれば，規制当局は収入を得ることになる。その収入が，法人税の税率減少や，所得税率の削減に用いられれば，前章に示された環境税の

ケース同様，二重の配当の効果が産み出されることになる。その効果については，定量的な分析が必要となる。

(3) **無償配分による棚ぼた利益** EU ETS のフェーズⅠでは，棚ぼた利益の問題が大きく取りあげられた。無償配分を受けた電力会社が，排出枠の機会費用を電力価格に上乗せした結果，巨額の棚ぼた利益を得たということが指摘されている。たとえば，イギリスだけで，2005年に10億ポンド以上の棚ぼた利益があったとも推定されている（朴，2007)[7]。

米国の RGGI でオークション方式が導入されたのは，EU ETS の棚ぼた利益に対する批判も一因であると考えられる。さらに，EU ETS でも，フェーズⅡでは，電力会社に対してはオークション方式が導入された。

7.4.3 価格変動・高騰

排出量取引と環境税の大きな違いの1つは，排出枠の価格が変動することである。排出枠の価格は，化石燃料同様，市場で価格が決まる。結果として，市場の諸要因を反映して，変動することになる[8]。

この価格変動への対策として，排出枠の繰り越しが許されている（バンキング)。削減に早めに取り組み余剰分をバンキングすれば，将来価格が高騰した際のリスクに対応することができる。また，逆に将来の割り当て分を，先に利用し，後で割り当て以上に削減することも可能である（ボローイング)[9]。

価格変動への対策として，価格を直接規制する考え方もある。たとえば，前節に示したように，上限価格をもうける安全弁価格[10]という考え方もある。米国で議論された法案には，この考え方がしばしば議論された[11]（Arimura et al., 2007)。

同時に，低炭素技術への投資を確実に促進するため，下限価格を設けるべきだという考え方もある。実際，排出枠の価格変動においては，SO_2 の市場でも，EU ETS でも，価格高騰より，急落の方が問題になるという指摘もある。Burtraw et al.（2010）は，上限と下限を設けた方が環境面でも，厚生面でも優れている可能性があることを示している。

価格変動に対応するもう1つの対策はオフセットである。オフセットとは，規制対象ではない主体での排出削減を，削減クレジット（排出枠）として認める方法である。京都議定書のクリーン開発メカニズム(12)も，削減義務の無い途上国での排出削減をクレジットとして認めるというものであり，オフセットの代表例である。後述するように東京都の排出量取引制度では，オフセットが採用されている。

7.4.4 国際競争力・リーケージ問題

先進各国で温室効果ガスの国内排出量取引制度導入が進んでいる。しかし，先進国での厳しい排出規制は，国内のエネルギー多消費産業の生産減少を招く一方，エネルギー効率の低い，中国やインド等の新興国への産業移転につながるのではないかと言われている。そして，規制導入国の国際競争力に影響するだけでなく，先進国から途上国への産業移転をもたらす危険性も指摘されている。規制を導入しない国での排出が増加し，先進国での削減努力が相殺される可能性がある。これは，リーケージ (Leakage) 問題と呼ばれている。このリーケージ問題に対しても，各国で対応策が提案されている。

(1) **排出枠の配分方法による対応** 2013年から開始される EU ETS のフェーズⅢでは，現行の無償配分中心の制度から原則有償配分に移行する予定である。オークション方式への移行は，実質的な生産費用の上昇を意味し，その結果として炭素リーケージが発生することが懸念されている。

EU ETS では，排出枠の配分方法によって，このような問題に対応しようとしている。EU の考え方は二段階からなる。第1に，国際競争上不利益を被り，炭素リーケージの可能性のある産業を特定する。第2に，特定された産業に，他の産業に比べて，排出枠の配分を多めに付与するのである。

産業の特定の方式には，2つの指標を用いている。1つは，エネルギー集約的な産業を特定するための指標である。具体的には，

$$CO_2集約度 = \frac{30ユーロ \times (二酸化炭素総量)}{粗付加価値}$$

という CO_2 集約度という基準を用いている。これは，その業種が1トン30ユーロで排出枠を購入した場合の負担を示している。

もう1つの指標は国際競争にさらされている業種を特定するための指標である。ここでは，貿易集約度は次のように計算している。

$$貿易集約度 = \frac{(輸入総額) + (輸出総額)}{(出荷額) + (輸入総額)}$$

この指標が大きければ，国際競争にさらされている度合いが強く，炭素リーケージのリスクが高まるというのである。

欧州委員会はこの2種類の指標を用いて3つの基準を設定しており，そのいずれかの基準を満たした場合に，軽減措置対象業種の候補として認定される。

① CO_2 集約度 ＞ 5％ かつ 貿易集約度 ＞ 10％
② CO_2 集約度 ＞ 30％
③ 貿易集約度 ＞ 30％

この条件①〜③を満たす業種は，欧州標準産業分類（NACE 4桁コード）258業種中146業種あった。ここで特定された業種は，軽減措置対象業種の候補に過ぎず，そこからさらに，真に危険性の高い業種を選び出す予定である。

確定した業種に属す企業に対して，ベンチマーク方式によって排出権の無償配分を配布する予定である。このベンチマーク方式は，排出原単位上位10％の平均値を算定する方式となっている。欧州委員会では各業種のベンチマークが算定された。

米国では，ワクスマン・マーキー法案にあるように，産出量に基づく排出枠の配分方法が提案されている。これらは Output Based Allocation (OBA)，または，リベート方式として知られている。

日本国内でも，排出量取引制度の試行実施が行われているが，今後，国レベルの制度が導入されるとなると，詳細な制度検討が必要となると予想される。

実際，中央環境審議会の国内排出量取引制度小委員会の中間報告では，日本の軽減措置対象業種の試算が紹介され，OBA の考え方も示された。

(2) **国境調整**　もう1つの考え方は，国境調整措置を行うことである。この方式は，炭素規制を実施する国と，そうでない国の差を，国境で調整しようという考え方である。たとえば，炭素規制を行わない国からの輸入に対しては，輸入業者にその製品製造で排出した二酸化炭素分だけ排出枠の購入を義務づけるなどである。これにより，炭素規制を行わない国の製品と，規制を行う国の製品が，規制実施国内では，公平な競争条件を持つことになると考えられる。

しかし関税だけでは，海外市場での競争条件は公平にならない。そのため，規制導入国が輸出品から排出枠の価格を還付し，海外市場での競争条件を均等化しようという考え方もある。

このような考え方は，温暖化対策に消極的なブッシュ政権に対して，排出削減に積極的な EU が議論したものである。その後，米国の議会で温暖化対策の法案が議論されるようになると，温暖化対策にそれほど積極的でない新興国に対して，国境調整を用いるべきだという論調が高まっていった。実際に，いくつもの法案で，このような条項が提案されている。

国境調整措置については，自由な国際貿易の障害になるという批判もされている。世界貿易機関（WTO）の違反になるのではないかという懸念も出されている。しかし，WTO には，状況によっては，環境保全のためには，自由貿易の制限もやむをえないという考え方もあり（GATT の20条），この点については，実際に WTO 違反になるかどうかは明らかではない。

国境調整の排出抑制効果や経済影響について，応用一般均衡分析などを用いた多くの定量的な研究が行われている。なお，現実に国境調整の実施には，輸入品の炭素含有量の特定等，実施上の問題も無視できない。

7.5 日本における排出量取引制度
——東京都キャップ・アンド・トレード制度

　日本でも，自主参加型国内排出量取引制度（JVETS）という自主的な参加による排出量取引が行われている。また，排出量取引の試行実施など，自主的な制度，試行的な取り組みが進んでいった。そして，日本では最初のキャップ・アンド・トレード型の排出量取引制度が，東京都によって導入された。

　東京都の排出量取引は，2010年から都内の事業所を対象に始まった。日本で初めての強制力を持つキャップ・アンド・トレード型の排出量取引である。対象となるのは，温室効果ガス排出量の大きい事業所であり，燃料，熱，電気などのエネルギーが年間で原油換算1500キロリットル以上の事業所である。現在，1000以上の事業所が対象となると予想されている。問題は，データである。

　2010年から2014年を削減対象期間としており，平均で8％の削減義務を負うことになっている。取引分も含めて削減義務が達成できない場合は，削減義務量に不足した分の1.3倍の量の削減義務を負うことになる。

　また，排出枠の配分方法に工夫が施されている。2002年から2007年度の連続する3カ年を事業者が選択できることになっている。早くから省エネに取り組む事業者の不公平感を減少させるようになっているのである。

　同制度はいくつかのオフセットの仕組みを用意している。第1に，中小規模事業者は，削減量クレジットの売り手として，取引に参加できる。第2に，再生可能エネルギーについても，電気等の環境価値を削減量に換算し，削減クレジットとして，取引が認められるようになっている。この制度により，地方の再生可能エネルギー発電事業の活性化につながっているという指摘もある。第三に，都外の事業所も一定の条件の下で削減を実施すれば，削減クレジットを売却することができる。

　また，マネーゲーム批判に対して，排出枠のうち売却できる量を基準排出量の1/2までに制限していることも特徴である。

東京都の排出量取引制度については，まだ始まったばかりである．今後，環境経済学の視点から，定量的な評価・分析が必要となるだろう．

謝辞

本章の作成には，住友財団の環境研究助成及び，国際交流基金・日米センターの団体助成の支援を受けている．ここに謝意を記す．

注

(1) 本節は日引聡氏（国立環境研究所，東京工業大学）の講義ノート「第8章 不確実性と政策手段の選択～価格コントロールか数量コントロールか？」http://www.soc.titech.ac.jp/~morita/jugyou/note.html を参考に執筆している．ここで，日引氏に謝意を記す．
(2) これに対し，一定の排出量を想定し，そこからの削減分をクレジットとして考えるベースライン・アンド・クレジット型の排出量取引もある．
(3) 本章では，排出による限界便益曲線は，1単位の追加的な排出による追加的な消費者余剰と生産者余剰の増分を表す．また，限界外部費用は，1単位の追加的な排出による社会的な費用を表す．よって，社会的総余剰は，総便益から外部費用総額を引いたものとなる．
(4) 詳しくは，Jacoby and Ellerman（2004）を参照．厳密には，プライス・カラーとセーフティー・バルブの概念は異なる．プライス・カラーは，排出権価格の上限と下限を設定する方法である．一方，セーフティー・バルブは上限価格のみを設定する方法である．
(5) 同市場の経済分析には，Ellerman et al.（2000），Arimura（2002）等の研究がある．
(6) 例えば，西條（2006），諸富・鮎川（2007）等がある．
(7) WWF は，EU の研究を紹介している．http://www.wwf.or.jp/activities/lib/pdf/090306euets.pdf（2010/8/31）
(8) この価格変動そのものは，排出権価格が化石燃料の価格や景気動向等，経済の諸条件を反映しているのであれば，経済学的には問題はない．
(9) 詳細は，Newell et al.（2005）を参照．
(10) 詳細は，Pizer（2002）を参照．
(11) Arimura et al.（2007）では，米国で議論された法案に含まれる安全弁価格に関してまとめている．
(12) これはベースライン・クレジット型の排出量取引である．

(13) EU ETS の第3フェーズでは，温室効果ガス全般を削減対象としているのに対して，算定基準は，CO_2 のみを対象としている。
(14) 欧州委員会は，炭素価格を導入している国・地域からの輸出入を輸入総額および輸出総額には含めないことを決定している。しかし，2010年8月末時点では，EU以外では国家レベルでの排出量取引制度が導入されていないため，輸出入は EU以外の地域の値が計算に用いられている。
(15) 理論的には，財に炭素価格を上乗せた際に，競争相手にどの程度市場を奪われるかを厳密に試算する必要があるだろう。しかし，実行における簡便性から上記の指標が用いられている。
(16) 上記の条件を満たさないがデータの信頼性などから特別な取扱いが必要とされた業種はほかに18業種あった。そのため，欧州委員会は164業種を費用緩和措置の候補としている。
(17) 日本でも，Takeda et al.（2010）や有村・武田（2011）による研究がある。
(18) 日本では，杉野他（2010）と有村・武田（2011）が日本の試算を行っている。
(19) たとえば，Hufbauer et al.（2009）は，米国で議論された法案に含まれる国境調整措置や軽減措置をまとめている。
(20) 環境と貿易に関する一般的な議論については，本書第11章を参照。
(21) GATT の20条は環境に関する例外規定を定めている。
(22) WTO・UNEP（2009）はこの問題に関して包括的に議論している。財務省・関税局（2010）は，法学的な側面から，この点について検討してあり，方式に留意すれば国境調整は WTO に抵触しないと結論付けている。
(23) 日本でも，武田他（2010）と有村・武田（2011）は，応用一般均衡分析を用いた定量分析を行っている。
(24) この制度は，キャップ・アンド・トレード方式ではない。
(25) 平成18年度では，報告対象事業所数は 1,049 となっている。

◉参考文献

Arimura, T., D. Burtraw, A. Krupnic, and K. Palmer, (2007) "U. S. Climate Policy Developments" *RFF Discussion Paper*, No. 07-45.

Arimura, T. (2002) "An Empirical Study of the SO_2 Allowance Market: Effects of PUC Regulations," *Journal of Environmental Economics and Management*. 44: 271-289.

Burtraw, D., K. Palmer, and D. Kahn, (2010) "A symmetric safety valve," *Energy Policy* 38 (9) September: 4921-4932.

Ellerman, A., F. Convery, and C. Perthuis (2010) *"Pricing Carbon: The European Union Emissions Trading Scheme"*, Cambridge University Press.

Ellerman, A., P. Joskow, R. Schmalensee, J. P. Montero, and E. M. Bailey (2000) *"Markets for Clean Air: The U. S. Acid Rain Program"*, Cambridge University Press.

Fischer C., and A. Fox, (2007) "Output-Based Allocation of Emission Permits for Mitigating Tax and Trade Interactions," *Land Economics* 83 (4): 575-599.

Hufbauer, Gary C., S. Charnovitz, and J. Kim (2009) *"Global Warming and the World Trading System"*, Peterson Institute for International Economics.

Jacoby H., and A. Ellerman (2004) "The safety valve and climate policy," *Energy Policy* 32: 481-491.

Newell, R., W. Pizer, and J. Zhang (2005) "Managing permit markets to stabilize prices," *Environmental and Resource Economics*, 31: 133-157.

Takeda, S., T. Arimura, H. Tamechika, A. Fox, and C. Fischer (2010) "Output Based Allocation of Emission Permits for Mitigating the Leakage Issue for Japanese Economy," Proceeding to the 4th World Congress of Environmental and Resource Economists.

Pizer, W. (2002) "Combining price and quantity controls to mitigate global climate change," *Journal of Public Economics*, 85: 409-434.

The United Nation Nations Environment Programme and the World Trade Organization (2009) *"Trade and Climate Change"*.

Weitzman M., (1974) "Prices vs. quantities", *Review of Economic Studies* XLI, 477-491.

有村俊秀・武田史朗 (2011)「国際競争力・炭素リーケージに配慮した国内排出量取引の制度設計」『Business & Economic Review』21 (7): 65-80.

西條辰義編著 (2006)「地球温暖化対策――排出権取引の制度設計」『日本経済新聞社』.

財務省・関税局 (2010)「環境と関税政策に関する研究会関係資料」.

杉野誠・有村俊秀・R, D, Morgenstern (2010)「国際競争力に配慮した炭素価格政策――産業連関基本分類による分析」『上智大学・環境と貿易研究センター・ディスカッション・ペーパー』.

武田史郎・堀江哲也・有村俊秀 (2010)「応用一般均衡モデルによる排出規制に伴う国境税調整の分析」『上智大学・環境と貿易研究センター・ディスカッション・

ペーパー』.

朴勝俊 (2007)「EU 排出権取引における電力業界のタナボタ利益に関する考察」『環境ガバナンスディスカッションペーパー』, No. J07-05.

諸富徹・鮎川ゆりか編著 (2007)『脱炭素社会と排出量取引――国内排出量取引を中心としたポリシー・ミックス提案』日本評論社.

第8章
企業の自主的取り組みと環境経営

岩田和之・馬奈木俊介・有村俊秀

　本章では，企業に注目した事例として企業の社会的責任（Corporate social responsibility：以下 CSR）についての経済学における考え方について紹介する。環境問題に対する社会的な関心の高まりを受け，企業はさまざまなステークホルダーから環境への取り組みを要請されるようになった。他方で，企業は製品やサービスを生産・販売することによって利潤を得る必要もある。従来，企業の環境対策はコストがかかる反面，直接的な利益に結びつかないと考えられていた。しかし，現在では環境保全の取り組みを自らの経済的利益にも合致したものとして CSR（たとえば「持続可能な経営」や「環境と両立した経営」）に取り組む企業が増えている。そのため，なぜ企業は CSR を行うのかということや，CSR と金融市場の関係を明確にすることは今後の CSR の在り方を考える上で重要となる。

　また，行政にとっては，企業に CSR，とりわけ環境に関する自主的な取り組みを促すことで環境を保全していくことは，従来の環境規制などの施策を補完する手段となる。そのため，CSR の中の自主的環境取り組みには新しい環境対策としての役割も期待されている。ただし，企業の自主的環境取り組みを促すことが環境対策として有効であるためには，それがその企業の環境パフォーマンスを向上させていることが前提となる。企業が環境報告書やサステナビリティ・レポートなどを通じて自社の環境パフォーマンスが向上していると主張したとしても，多くの人々はそれが本当のことであるかどうか判断できない。そのため，企業の自主的環境取り組みとその効果との関係についてはこれまでに多くの研究が行われてきた。そして，その大半の研究では企業の自主

的な環境取り組みは環境改善に繋がっていることが示されている。

本章では，企業の自主的環境取り組みに関するこれまでの研究について紹介するとともに，企業の CSR の中でも最も広く認知されている ISO14001 を取り上げ，どういった企業が ISO14001 を取得しているのか，ISO14001 を取得することで企業の環境パフォーマンスが向上しているのか，という疑問を検証するためのフレームワークを提供する。このフレームワークは今後の企業の自主的環境対策を促す枠組みを構築するためにも重要である。

8.1　企業の社会的責任（CSR）

近年，企業の責任を，従来からの経済的・法的責任に加えて，企業に対して利害関係のあるステークホルダーにまで広げた，CSR という考え方が大きく注目されている。実際の企業経営でも，従来の環境報告書に倫理・社会面の情報を加えた CSR レポートやサステナビリティ・レポートとして発行する例が急増している。たとえば，フォーチュングローバル企業500社のうちの上位250社においては，2002年には45％であったものが2005年には52％の企業が単独の CSR 報告書を発行しており，大幅な増加傾向にある。そして，CSR レポートの作成割合では日本がトップである[1]。

CSR が注目されている理由には，グローバル化，情報化といった時代背景などさまざまな要因が存在するが，企業への影響を全体的に見通した意思決定を行い，さまざまなステークホルダー（株主，従業員，消費者，環境，コミュニティなどの企業の影響対象）との関係を重視し，持続可能な社会へ向けて貢献することを追及する組織へと変化しているという見方がある。他方で，企業の立場から見ると，CSR が長期的な市場での競争優位の源泉となりうるという見方も存在する（Porter & Kramer 2006）。仮に後者のように，CSR 行動により企業の利益が上がる状況であれば，企業も問題なく取り組むことができる。

本章では企業は CSR についてどのように考えるべきか，また，企業が CSR に取り組む利点は何か，そして，CSR を行うべきなのかについて経済学の観

点から紹介する。また金融業界における CSR として社会的責任投資（Socially Responsible Investment：以下 SRI）についても簡単に触れる。さらに，企業が取り組む自主的な環境取り組みに関しても，その効果の分析方法と最近の研究動向を紹介するとともに，自主的な取り組みに対して政府が持つ役割を経済学的に論じる。

8.2 CSR の定義

企業とは財・サービスの生産・提供にとどまらず，そのプロセスにおいて雇用，家庭，教育，環境，健康，福祉など社会のあらゆる範囲での人間の活動に大きなかかわり合いを持つ存在である。企業と社会とは相互に影響しあうため，企業の存在意義や目的はその時代の価値観やニーズ，ステークホルダーの利害や意思などとの相関関係の中で導き出されるものである。

その複雑さから，CSR の定義に関しては従来から幅広い見解がみられる[2]。たとえば，欧州委員会が公表したグリーンペーパー[3]では「企業が社会および環境に関する配慮を企業活動およびステークホルダーとの相互作用の中に自発的に取り入れようとする概念」，OECD（経済協力開発機構）多国籍企業ガイドラインでは，「持続可能な発展を達成することを目的として，経済面，社会面および環境面の発展に貢献」，2002年版 GRI（Global Reporting Initiative）ガイドラインでは，「持続可能な発展への寄与に関する組織のビジョンと戦略に関する声明」，そして日本経済団体連合は，「企業活動において経済，環境，社会の側面を総合的に捉え，競争力の源泉とし，企業価値の向上につなげる」と定義している。

CSR の定義は収益の点から大きく2つに分けることができる。1つは法律・規則で設定された以上の規則を企業が自ら果たすというだけでなく，さらに進んで，利益に繋がるものを CSR とする定義である。2つ目は利益に繋がらないものを CSR とする定義である[4]。株主をステークホルダーの1つととらえて，金銭的収益以外の社会的責任を果たすことを企業の目的と考える場合は，

図 8-1　CSR 関係図

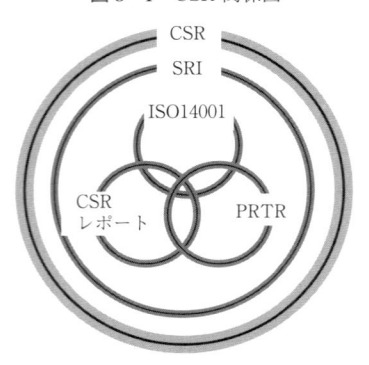

　　　　CSR
　　　　SRI
　　　ISO14001
　CSRレポート　　PRTR

　後者の利益減少の CSR に相当し得る。しかし，ここでは，企業は長期的利益，企業価値を高める主体であると考え，前者の定義に基づいて分析する。たとえば，短期では費用増加で利益減少となった場合であっても，長期的には収益に結びつく CSR はこの対象となる。

　最近では，「各企業や各産業での自主性を重んじる」，「将来の世代を考慮する持続可能な発展の理念を重要視する」，「CSR 行動による企業価値の向上をめざす」，「ステークホルダーとの関係を重視する」といった考え方にも収斂がみられるようになっている。今日，多くの企業は株式会社の形態をとっている。そのもとでは企業は株主（ストックホルダー）の利益を重視しなければならない。[5] そのため，企業経営に関して，株主の利益になるという建前がなければ，社会・環境問題への取り組みに追加的なコストを投じることができないという問題がある。つまり，当然業務として行う以上，CSR は長期的利益や企業価値の向上を追求する経営戦略の性格をもっていなければならない。具体的な CSR の定義は多様であり，対象として企業が環境・社会と関わるすべての場面で関係するが，本章では環境経営中心の CSR として Portney（2008）の，「求められている法律・規制で設定された以上の規則を企業が自ら守り，環境・社会的パフォーマンスの向上を行うこと」を CSR の定義とする。

8.3 CSRに取り組む利点

本節では「CSRに取り組むは利点があるのか？」という問いを取り上げる。この問いに関する先行研究は多数ある（Reinhardt et al. 2008, Portney 2008, Lyon & Maxwell 2008, 馬奈木 2010）。本章では主に4つの利点を紹介する。1つ目に、市場における競争優位を獲得できることが挙げられる。現在は環境にやさしい製品（たとえば無農薬野菜やハイブリッドカー、エタノール燃料など）の市場が盛んである。企業がこうした製品を製造、販売するのは、いわゆる「Pays-to-be-Green 仮説」や「Win-Win-Situation 仮説」と呼ばれているインセンティブのメカニズムで説明される。たとえば、上記のような環境にやさしい製品の販売、環境表彰受賞、環境プログラムへの自発的参加など自らの自主的な環境対応活動について、企業が積極的に情報公開することにより、グリーンな消費者や投資家にアピールし、その対価として財市場における売り上げの増大や資本市場における株価の上昇等による利益を得ようとするものである。

環境にやさしい商品の差別化を成功させるために、満たさなければならない条件として以下の3つを考慮する必要がある。1つ目に、消費者の環境品質に対する購買意欲をみつける、あるいは作ること、2つ目に、商品の環境的属性とほかの属性に関する確実な情報を確立すること、最後に競争者が真似できない革新をおこなうことである。

CSRに取り組む利点の2つ目に、労働者を引き付けやすいということが挙げられる。労働者の多くが居心地のいい環境で働きたいと考えているのは想像に難くない。たとえば自分の家族には、自分の勤めている会社が環境問題の改善に貢献していると思われたいのではないだろうか。そのため、企業は労働者の価値観に沿うCSRに取り組むことで労働者を引き付けやすくなる（または引き留めやすくなる）。実際に労働者と企業のCSRに関する先行研究にFrank (2003)がある。コーネル大学の卒業生を対象とした調査では、CSRに取り組んでいる企業に就職する学生ほど低い給料でも満足するという結果が得られて

いる。これは人件費を削減できるという意味でも企業の競争力となり得る。

　3つ目の利点として企業の環境リスクを軽減できることが挙げられる。企業はさまざまなリスクを抱えているが，その中には環境問題に関連するものがある。たとえば工場で事故が発生し，周辺地域に環境汚染を引き起こすと，工場の操業停止や周辺住民への損害賠償などの損失が発生する。また，こういった事故はNGOによるボイコットや消費者の不買運動に発展するケースもあり，経済的損失が莫大なものになる可能性もある。代表的なものに，シェルが北海油田のブレントスファー石油採掘基地プラットフォームを海底に廃棄しようとしたことに対する「グリーンピース」主導のボイコット，バーガーキング社が熱帯雨林を伐採した地域で育った牛肉を購入したことに対する「熱帯雨林行動ネットワーク」による消費者キャンペーン，遺伝子操作による食品を販売するモンサント社に対する多数のNGOによる世界的ボイコットなどがある（Johnston 2003）。環境問題に関連するこういったリスクは環境リスクと呼ばれている。こうしたケースは企業が積極的にCSRに取り組むことで最小限の損害に抑えることができる。そのためには事故がどれだけの確率で起こるのかを予測し，事故が起きたときはどれくらいの損失が発生するのかを見積もることが大切である。こういった取り組みとしてISO14001や環境会計の導入，CSRレポートの作成などがある。

　4つ目の利点として，規制方法の策定過程に影響を及ぼすことによる競争優位の獲得が挙げられる。たとえば，国が環境規制を新たに定めたり基準の強化を試みたりする場合，企業との間に情報の非対称性があるため，企業が実現不可能な水準（あるいは現在の技術水準では到達不能な水準）を基準とすることは困難である。というのも，もし規制が厳しすぎると企業の遵守費用が高くなりすぎてしまい，企業業績の悪化や国際競争力の低下を招くおそれがあるからである。しかしここで，もし現在よりもさらに優れた環境配慮型技術を開発した企業があれば，政府はその技術で満たすことのできる規制値を設定することが可能となる。この場合，開発に取り組んでいなかった企業からすれば強制された規制強化となってコストに跳ね返ることになる。一方，先に開発していた企業

からすれば規制への対応は他の企業と比べてはるかに容易である。加えて環境配慮型企業であるといった評判を得ることも可能となり，ブランド力にもつながる。また，Lyon & Maxwell（2002）は規制する側の視点から，「厳しい政府規制を先取りする行動」，「来るべき規制を骨抜きにする行動」，「実績を作り，規制当局から規制上又は遵守上の救済措置を得る行動」及び「ライバルに対する優位を得るべく反競争的規制を促す行動」などの規制戦略最適化行動が企業の自発的な環境対策を促すインセンティブになると指摘している。

8.4　CSR は望ましいのか？

　企業は CSR をすべきなのだろうか。「持続可能な発展を達成することを目的」と CSR を定義する場合もあるが，CSR 活動は社会的厚生を上昇させるのだろうか。もし，CSR によって社会的厚生を下げてしまうのであれば，企業が CSR をすべきとはそもそも言えないであろう。

　現在の国際企業の CEO（最高経営責任者）の約70％は，CSR が企業の収益向上にとって必要不可欠だと考えている。したがって，ここでは，企業は CSR が収益活動の1つであると考えて行動するものと想定する。しかし，CSR 活動を行うためには投資が必要であるため，企業は将来の規制レベルを緩くするために政府に対して戦略的に CSR 活動を行った結果，規制レベルが過小となった場合には，社会的厚生は逆に減少する可能性がある[8]。

　このように，社会的厚生が減少する可能性があるにせよ，現実には規制が不十分にしか実行されない，または実行すらされない場合があることから，CSR 活動によって社会的厚生が上がる可能性が高い。たとえば，日本国内は環境税導入による企業の税負担の問題や規制的手段の社会的費用，柔軟性の問題により，規制が十分に導入されていない。また，京都議定書では，2008年から2012年までの期間中に，先進国全体の温室効果ガス6種の合計排出量を1990年に比べて少なくとも5％削減することを目的としているが，アメリカは離脱したままである。

そこで政府に環境負荷レベルの管理を任せるのでなく，企業の自主的なCSR活動に任せる方法の重要性が指摘されるようになってきた。そこで，協定締結などを含む自主的プログラム，情報公開などの代替手段が注目されている。たとえば昨今，情報公開の重要性が叫ばれているが，アメリカでは「公衆の知る権利法」（Emergency Planning and Community Right to know Act：EPCRA）の第313条として有害化学物質排出目録（Toxic Release Inventory：TRI）制度が1986年より実施された。これにより，アメリカでは有害化学物質排出量の大幅な削減に成功した。これにともない，日本でもこの制度の導入が検討され，1999年7月に「化学物質排出把握管理促進法」（PRTR〔Pollutant Release and Transfer Register〕法）として公布され制度化された。このように化学物質リスク管理を，今まで行われてきた直接規制ではなく，企業の自主的な取り組みによって行う方向に変わってきている。

　また，別の例として，最近アメリカの大企業10社は地球温暖化を防止するため，今後10年間で二酸化炭素（CO_2）などの温室効果ガスを最大10％削減する目標の義務づけなどを求める勧告を発表している。その勧告では，気候変動のグローバルな次元に対して責任を持つこと，技術革新のインセンティブを創り出すこと，環境効率的になることなどの政策の原則を掲げている。

　規制が不十分にしか実行されない，または実行すらされない場合に比べれば，有害化学物質排出量を自主的に削減していく，CO_2排出削減を自主的に行うなど，CSR活動に依存した場合でも社会的厚生は増加するであろう。

8.5　エコファンド

　次に，金融を通した社会的責任に関する方法について紹介する。金融業界にとっては，製造業ではないのでCSRへの取り組みは，資金供給を通して，社会への責任を果たすSRIが中心となる。近年，企業への株式投資の際の評価基準としてCSRの活動状況を考慮するSRIも活発になってきている[9]。SRIとは従来の財務指標に加え，安定した配当を見込みつつ，社会への貢献度や環境

への配慮，法の遵守，雇用慣行，人権の尊重，消費者の問題などの社会的・倫理的な基準を基に評価，精選した企業に投資することである。また，SRIには社会正義や地域貢献，株主の権利行使を目的とした資金供給という意味もある。投資対象は，株式であることが多いが，海外では，社債などの株式以外のものに投資することもある。

　CSR が企業利益の源泉となるのかといった疑問があるように，SRI ファンドは通常のファンドより高い投資リターンを期待できるのか否かに金融業界は興味をもっている。SRI ファンドは，長期的な視点に立った収益の変動性を含めた企業リスクの軽減や不連続な下方ショックを回避する手段であり，その目的は費用をかけてもなすべき下方リスク（株価を押し下げる要因）の縮小にあると考えられる。つまり，SRI はある程度の収益をあげることができ，かつ収益の変動性が小さいという特徴をもつ可能性がある。これまで，SRI のパフォーマンスが他の一般のファンドのパフォーマンスより優れているかについて多くの分析が行われており，SRI の投資成果を評価する結果もあるが，必ずしも明確な評価が得られていない。[10]しかし，企業側からすれば，CSR 優良企業と認定され，SRI や CSR の視点を取り入れた投資基準を持つ投資家の運用対象に組み入れられることは，資金調達における優位性に繋がると考えられる。

　また，この他に金融業が行うビジネスとして，環境配慮型融資（エコファンド）がある。CO_2 を排出していない風力発電事業，資源循環型の廃棄物処理施設，リサイクル発電事業など，環境配慮型のプロジェクトに対する融資を行うものである。環境配慮型融資においては，金融機関が負担するリスクの範囲が問題となる。本来，金融機関は，金利優遇や貸し出し条件の緩和により追加的なリスクを負担する。あるいはリターンを犠牲にするのではなく，情報生産機能の発揮を通じて収益事業を成り立たせる必要がある。金利などの優遇措置を使うのであれば，費用便益分析を通じて，中長期的には企業価値の向上につながることを，株主や預金者にきちんと説明できるようにすることが必要となる。

今後,企業の環境への配慮や CSR への取り組みに関する情報開示が一層進み,それが SRI の評価につながるとともに,その存在が企業のさらなる取り組みを促すという好循環を生むことが期待される。

8.6 自主的アプローチ

企業は先に述べた CSR 活動の利点を享受するためにも,環境に配慮した企業行動を取り,環境パフォーマンスを向上させようとする。そして,実際に CSR 活動を積極的に行う企業ほど,その環境パフォーマンスが優れているのであれば,行政がその活動をより多くの企業に積極的に推進することで,社会全体の環境負荷を低減させることができる。こうした企業の自主的な活動を促進するような制度は自主的アプローチと呼ばれている[11]。たとえば,2006年4月に閣議決定された「第三次環境基本計画[12]」には,規制や経済的手段を補完あるいは代替する政策手段として,自主的アプローチの必要性が盛り込まれている。

効率性の観点からは,環境税や排出権取引等の経済的手段は,望ましい環境対策であること知られている。しかし,これらの手段の導入は,合意形成と実現まで長い時間を要する場合が多い。この機動性という点において,自主的アプローチは経済的手段に比べて大きなアドバンテージを持っている。そして,日本を含め,さまざまな国で自主的アプローチは大きな関心を集め,実際に導入されている。

自主的アプローチにはいくつかの種類がある。第1に,行政と一部の企業が交渉によって環境目標を設定するものがある。たとえば,日本では,公害防止協定が例として挙げられる (Welch & Hibiki 2002)。地方自治体が,そこに立地する企業に,規制よりも厳しい水準にまで排水濃度や排ガス濃度などを抑制してもらいたい場合に,このような協定は締結される。協定の効力は,締結した企業に及ぶだけであり,締結しない企業には及ばない。このため,規制とは異なり,自主的な取り組みの側面を持っている。

第2に,政府や公的機関が環境負荷を低減させるプログラムを実施し,企業

が自主的に参加・不参加を決めるものがある。この種の自主的アプローチはアメリカで多くみられ，たとえば，有害化学物質の自主的削減プログラム（33/50プログラム），企業のエネルギー消費を自主的に削減するプログラム（グリーン・ライトプログラム）などが導入された。これらのプログラムの下では，プログラムに参加する企業は，あらかじめ設定された削減目標を達成することを約束しなければならない。参加企業は，その名前が公表されるため，自分が環境によい企業であることをステークホルダーにアピールできるというメリットがある。ただし，削減目標を達成することができなかったからといって，その企業に対して罰則規定があるわけではない。また，広く知られている国際標準化機構（International Organization for Standardization：以下 ISO）が発行している環境マネジメントシステムに関する国際認証制度（ISO14001）の普及を促すことなども，この種類の自主的アプローチに該当する。[13]

　自主的アプローチについての既存研究は大きく分けて2つに分類できる。1つはどのような企業が積極的に CSR 活動を行うのかという，CSR 活動の要因分析である。たとえば，どのような特徴を持つ企業が ISO14001 を取得しやすいのかという分析などが行われている。このような分析を行うことで，行政が CSR 活動を促進する際に，より効率的な促進の仕方を模索することができるようになる。

　もう1つは，企業が CSR 活動を行うことで，実際にその環境負荷が減少しているのかどうかという CSR 活動の効果分析である。CSR 活動に熱心な企業の環境パフォーマンスが優れているという確証はないのである。仮に，企業が環境負荷を減少させるという社会貢献を目的として CSR を行うのではなく，環境保全に対して積極的な企業であることをアピールすることに主眼をおいている場合や，競合他社が CSR 活動を行っているからという理由で，自社も実施しなければならないという横並び意識によって CSR 活動が行われている場合には，CSR 活動自体に積極的であったとしても，積極的に環境負荷の削減に努めるとは限らない。したがって，このような場合には，ある CSR 活動を促す誘因が明らかになったとしても，環境という観点からは，その活動に伴う

費用が発生するだけで，その活動は社会的に望ましいものとは言えない。さらに，自主的アプローチとして行政がその活動を促進することは，効率性の観点から不適切な環境政策となる。

　前者の要因分析は，1990年代半ばから見られるようになっている。これは，アメリカを中心としたさまざまな政府主導の自主的なプログラムが実施されるようになったことがその大きな理由となっている。多くの実証研究（Arora & Cason 1995, 1996, Khanna & Damon 1999, Videras & Alberini 2000, Welch et al. 2000 など）がそれらのプログラムの参加誘因を分析している。近年では，ISO14001を対象とする実証研究も行われている。Nakamura et al. (2001) は，製造業に属する東証一部上場企業のクロスセクションデータを用いて，企業規模，従業員の平均年齢，輸出比率，負債，広告費（製品の顧客が消費者かどうか）がISO14001取得の誘因となっていることを明らかにしている。また，Hibiki et al. (2003) は，個人投資家の割合が高く，R＆D投資が多い企業ほど，ISO14001を取得する傾向にあることを明らかにしている。

　一方で，後者の企業の自主的プログラムや環境マネジメントを含めたCSR活動が環境負荷低減に有効かどうかを検証する実証研究は，要因分析と比べると数が少ない。アメリカ企業のデータを用いて，Khanna & Damon (1999) は33/50プログラムへの参加は化学物質の排出量を削減する効果を持ち，自主的アプローチが有効に機能していることを明らかにしている。また，Potoski & Prakash (2005) は，ISO14001が化学物質の排出量削減に繋がることを，Anton et al. (2004) は，より多くの環境マネジメント手法を実施している企業ほど，有害化学物質の排出量が低くなることを明らかにし，アメリカでは環境マネジメントが有害化学物質の排出抑制に有効であることが示されている。さらに，日本の製造業事業所を対象としている Arimura et al. (2008) は，ISO14001は事業所内の資源の利用量の節約や，固形廃棄物の排出量削減に有効であることを，岩田他 (2010) はISO14001がトルエンの削減に効果があることを示している。

　このように，これまでの日本，アメリカでの研究の蓄積により，CSR活動，

とりわけ環境に関する企業の自主的な取り組みは，その環境負荷の低減につながることが示されている。したがって，企業の環境取り組みを促進することで，その外部経済を抑制し，社会厚生を改善することができると考えられる。

ただし，当然ながら，行政がこうした自主的取り組みを促進することにも費用が発生する。そのため，自主的取り組みによる環境改善と，それを実施・促進するための費用とを考慮した社会厚生変化の分析を行う必要がある。

8.7 ISO14001の取得要因とその環境負荷削減効果

8.7.1 ISO14001とは

本節では，自主的アプローチの事例のうち，ISO14001を事例とし，その取得要因と環境負荷の削減効果の定量的に把握するための方法を，先行研究を交えながら紹介する。

ISO14001は，ISOが1996年に発行した環境マネジメントに関する国際認証規格であり，企業内あるいは事業所内の環境負荷低減のためのマネジメントシステムの構築を目的としている。ISO14001を取得するかどうかの意思決定は，各企業あるいは事業所の自主的な判断に任されていることから，自主的取り組みの一形態と考えられている。ISO14001制度の下では，企業や事業所は認証を取得するために，環境パフォーマンス改善（汚染物質排出削減）につながる計画を立て（Plan），それを実行（Do）した後に，環境パフォーマンスが改善したかどうかを確認（Check）し，計画の見直し（Action）を行う，というPDCAのマネジメントサイクルを確立しなければならない（図8-2）。一旦認証を取得すると，3年間は登録が有効となるが，定期的に外部監査を受ける必要がある。また，3年後認証を更新したい場合には，更新の審査を受ける必要がある。外部監査や更新時の審査において，PDCAの実行に問題があると判断された場合，ISO14001の登録が抹消，あるいは更新取得が不可能となる。

ISO（2009）によると，ISO14001は，2008年12月時点，全世界で，155か国，計188,815件取得されている。国別では，アメリカ4,974件，イギリス9,455件，

図 8‐2　PDCA サイクル

- 計画 PLAN
- 実行 DO
- 確認 Check
- 見直し Action

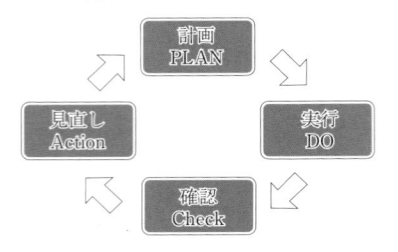

図 8‐3　2008年12月時点での ISO14001 取得件数上位10か国

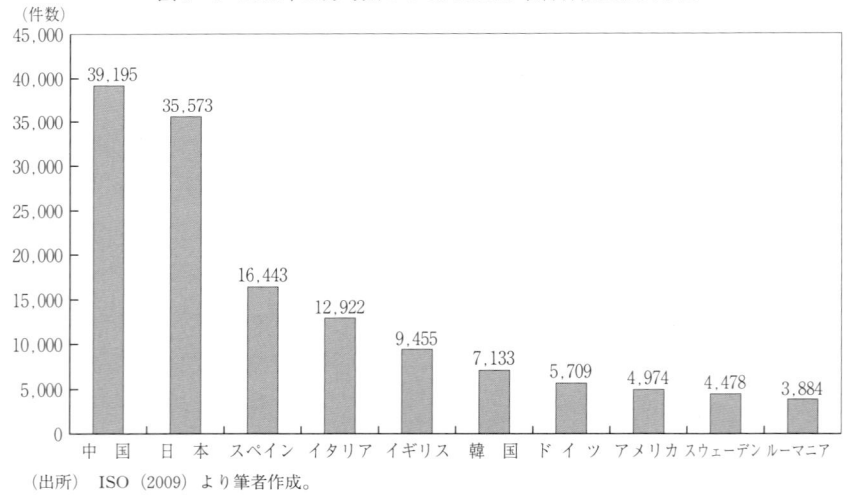

(件数)

国	件数
中 国	39,195
日 本	35,573
スペイン	16,443
イタリア	12,922
イギリス	9,455
韓 国	7,133
ドイツ	5,709
アメリカ	4,974
スウェーデン	4,478
ルーマニア	3,884

(出所)　ISO（2009）より筆者作成。

　ドイツ5,709件に対し，日本は35,573件と圧倒的に取得件数が多くなっている。したがって，日本企業の ISO14001 への関心は高い。日本は2006年まで最多取得国であったが，2007年より中国が最多取得国となっており，2008年12月時点では中国での取得件数は39,195件となっている。ただし，各国の ISO14001 の認可機関間で認可基準が実質的には統一されていないため，中国での ISO14001 の質は他国に比べて低いものとなっている（図8‐3）。

　日本国内の ISO14001 取得件数を産業別に見ると，2009年12月現在においてサービス産業は全体に占める割合が32.3％，金属産業は12.3％，電気産業

9.9%，ゴム・プラスチック産業6.2%，機械産業5.9%，化学産業3.6%となっている。第三次産業比率の高い日本において，製造業全体では約38%になっている。したがって，ISO14001は比較的製造業の企業で取得される傾向が高いと言える。

そこで，次にどのような事業所がISO14001を取得する傾向にあるのかという要因分析のための実証モデルを紹介する。さらに，ISO14001が制度の期待通りに環境負荷を低減させているのかどうか，つまりISO14001を取得している事業所ではそうでない事業所に比べ，環境負荷が少なくなっているのかどうかという影響分析のフレームワークを紹介する。

8.7.2 要因分析のフレームワーク

事業所（あるいは企業でもよい）は自らの利潤最大化行動に基づき，ISO14001を取得するかどうかの意思決定をする。もし，ISO14001取得に伴う費用が取得によって得られるさまざまな利益を上回っているのであれば，事業所はISO14001を取得しない。逆に，費用が利益を下回っている場合には，事業所は自社の利潤を拡大するためにISO14001を取得しようとする。

そこで，ISO^*_{ij}を企業iに属する事業所jがISO14001取得によって得る純便益の増分（つまり，ISO14001の取得によって得られる利益からそれに伴う費用を引いたもの）とする。この増分が，（1）式のように1次線形の関数として表されるものとする。

$$ISO^*_{ij} = Z_{ij}\alpha + \varepsilon 1_{ij} \qquad (1)$$

ここで，Zは定数項を含む事業所及びその所属する企業の特徴を表す説明変数ベクトルであり，αは推定すべきパラメータベクトルである。また，$\varepsilon 1$はZベクトルで説明しきれない部分，つまり誤差項を示している。

しかし，多くの場合，このISO14001を取得することによる純便益の増分ISO^*_{ij}の情報を事業所毎に入手することは困難である。一方，事業所がISO14001を取得しているかどうかという情報は日本適合性認定協会などの

データベースより入手可能である。そこで，企業 i に属する事業所 j が ISO14001 を取得しているかどうかを示すダミー変数を ISO_{ij} とし，取得している場合には $ISO_{ij}=1$，そうでない場合には $ISO_{ij}=0$ とすると，ISO^*_{ij} と ISO^*_{ij} の関係は（2）式のように表すことができる。

$$ISO_{ij} = \begin{cases} 1, & \text{if } ISO^*_{ij} \geq 0 \\ 0, & \text{if } ISO^*_{ij} < 0 \end{cases} \quad (2)$$

したがって，（1）式，（2）式より，ISO14001 を取得する確率 $P(ISO_{ij}=1)$ は（3）式のように書き表すことができる。

$$\begin{aligned} P(ISO_{ij}=1) &= P(ISO^*_{ij} \geq 0) \\ &= P(Z_{ij}\alpha + \varepsilon1_{ij} \geq 0) \\ &= P(-Z_{ij}\alpha \leq \varepsilon1_{ij}) \end{aligned} \quad (3)$$

ここで，誤差項 $\varepsilon1$ が標準正規分布に従うと仮定すると，（3）式の $P(-Z_{ij}\alpha \leq \varepsilon1_{ij})$ は $\Phi(Z_{ij}\alpha)$ となる。ただし，Φ は標準正規分布の累積密度関数である。ISO_{ij} は 0 か 1 かの二項変数であるため，（4）式の尤度 L を最大化するようにパラメータベクトル α を推定する。

$$L = \prod_{i,j} [\Phi(Z_{ij}\alpha)]^{ISO_{ij}} [1-\Phi(Z_{ij}\alpha)]^{1-ISO_{ij}} \quad (4)$$

この最尤法による推定方法はプロビットモデルという。プロビットモデルは，「買う・買わない」，「する・しない」，「行く・行かない」など，二項変数となる事象に適用できるため，ISO14001 の取得の要因分析に限らず，幅広い分野で活用されている。

8.7.3 環境負荷への影響分析のフレームワーク

ISO14001 の環境負荷への影響を定量的に把握するためには，どのように計算すればよいだろうか。最も単純な方法は，事業所の環境負荷が ISO14001 を含めた変数ベクトルの1次関数の式として考えることである。したがって，企

業 i に属する事業所 j の環境負荷を E_{ij}, 事業所及び企業の特徴を捉える変数ベクトルを X すると, それは(5)式として表される。

$$E_{ij}=X_{ij}\beta+\delta ISO_{ij}+\varepsilon 2_{ij} \qquad (5)$$

ただし, β, δ は推定すべきパラメータであり, $\varepsilon 2$ は誤差項を示している。

本来ならば,(5)式を最小二乗法によって推定し, パラメータ δ が有意にマイナスの値となっているかどうかを確認すればよい。しかし, このケースでは, 最小二乗法で推定すると一致推定量が得られない。なぜなら,(1)式にあるように, ISO14001 を取得するかどうかは事業所の内生的な意思決定によってもたらされた行動であるからである。たとえば, 環境配慮を重要視する経営者は, ISO14001 を取得する可能性が高いと同時に, 環境パフォーマンス改善にも意欲的である可能性が高い (Khanna et al. 1999, Anton et al. 2004)。しかし, この「環境配慮への熱心さ」を観測可能な外生変数ベクトル Z, X でとらえることは難しい。そのため, この観測できない要因は, 誤差項によって表される。つまり,(5)式の説明変数である ISO_{ij} と誤差項 $\varepsilon 2$ の間に相関が生じるのである。このことは, 内生問題と呼ばれている。

これまでの先行研究の多くがこの内生問題を指摘・考慮し, 二段階推定法を用いて推定を行っている。二段階推定法では,(5)式を(6)式のように書き変え, 最小二乗法によりパラメータ推定を行う。

$$E_{ij}=X_{ij}\beta+\delta PISO_{ij}+\varepsilon 2_{ij} \qquad (6)$$

ここで, $PISO_{ij}$ は先の ISO14001 の取得要因分析で用いたプロビットモデルから得られた予測された値 $\Phi(Z_{ij}\hat{\alpha})$ である。つまり, ISO14001 の環境負荷への影響分析を行うためには, ISO14001 の取得要因分析も同時に行う必要がある。

ただし,(1)式の外生的な説明変数ベクトル Z とここで用いているベクトルと X は異なるものでなければならない。具体的には, ISO14001 の取得意思決定 (ISO^{*}_{ij}) には影響を与えるが, 環境負荷をどれだけ出すかという意思

決定（E_{ij}）には影響を与えない変数がベクトル Z に必要となる。この変数は操作変数と呼ばれており，内生問題をクリアするための二段階推定法において必要不可欠である。

多くの先行研究では，この操作変数としてISO9001の取得状況を捉える変数（ISO9001ダミー）を採用している。ISO9001はISO14001と同じく，ISOが発行する国際規格であるが，ISO14001は企業の環境管理に関しての規格であり，ISO9001は企業の品質管理についての規格である。したがって，ISO9001とISO14001は別の目的のもとで規格化されている。しかし，ISO9001は経営システムを改善する上で，ISO14001と似通った過程や考え方に基づいている。このため，企業や事業所は事前にISO9001を取得していることで，ISO14001を取得する際のラーニングコストを減少させることができる。そして，このことがISO14001の取得を容易にするのである（Nakamura et al. 2001）。一方で，ISO9001は品質管理を規定するものであるので，取得したからといって，環境負荷が減少することはない。そのため，ISO9001を取得しているかどうかという変数は操作変数としての機能を果たせるのである。これ以外の操作変数として，Arimura et al. (2008) や岩田他 (2010) では行政によるISO14001の取得支援をあげている。

操作変数を適切に選定した上で，二段階推定法を用いてISO14001の取得意思決定にかかわる内生問題を回避する。その結果，ISO_{ij} のパラメータである $δ$ が統計的に有意にマイナスの値となるのであれば，ISO14001は環境負荷削減に貢献していると判断するのである。

CSR活動の環境への影響分析を行っているこれまでの既存研究の大半は，このアプローチを用いて分析している。したがって，ISO14001以外の環境視点のシグナルであるCSRレポートに関しても，「CSRレポートを出している企業ほど環境負荷が少なくなっているのか？」というような問いに対して，ここで紹介したアプローチを用いて検証することになる。これまでの研究は，ISO14001を初めとする自主的な取り組みが，さまざまな環境負荷削減に有効なことが示されているが，効果の程度については，結果は一致していない。同

時に，どの環境負荷物質に対して，自主的な取り組みの効果が高いのかも，必ずしも明らかにされていない。今後の研究は，これらの課題に答えていく必要があるだろう。

また，ISO14001を初めとする自主的な環境取り組みの効果については，これまで，取り組みを行う企業のみに注目した研究が多かった。これに対し，自主的な取り組みを行う企業が，他の企業の環境取り組みを促進する効果についても研究が始まっている（Arimura et al. forthcoming）。したがって，これまでの研究は，企業の自主的な取り組みを過小評価している可能性があることに留意する必要がある。

8.7.4　自治体によるCSR促進施策

これまでの実証研究により，ISO14001や環境マネジメントは企業の環境パフォーマンスを押し上げることが確認されている。これらは，自主的な取り組みではあるが，行政府がこれらの取り組みを促進できることも指摘されている。

それでは，行政はどのような手段を用いてCSR活動を推進しているのだろうか。よく用いられるのは，これらのCSR活動に対して補助金を与え，企業のCSR活動の実施に伴う金銭的負担を軽減することである。それ以外にも，行政は以下に示すようなさまざまな施策を行っている。日引・有村（2004）によると，以下のような施策が行われている。

- 立入検査の頻度の削減
- 環境に関する許認可手続きの簡素化
- 複数の環境に関する許認可の一本化
- 規制の適用からの除外
- 規制の柔軟な適用
- 技術支援の提供
- 特別な表彰あるいは賞の授与
- 行政におけるグリーン購入の条件化

- 環境マネジメントについての情報提供

　Arimura et al.（2008）は，これらの企業に CSR 活動を促す施策によって，日本での ISO14001 取得が13.5％増加していることを明らかにしている。このように，行政が CSR 活動を促進させることができるのである。今後は，これらの施策のうち，どの施策が効果的か，その費用も含めて検討していくことが必要だろう。

　また，これらの支援策の効果については，その費用と，環境負荷削減効果の便益とを評価する必要がある。前節に示したように，ISO14001 取得企業が，他の企業の環境取り組みを促進する効果についても分析する必要がある。

8.8　今後の CSR の在り方

　本章では CSR の中でもとくに「環境経営中心の CSR」について紹介した。まとめとして，CSR に取り組む企業は，社会・環境問題などの改善につながるよう事業活動のプロセスを意思決定の段階から見直すことが重要である。そして，社会・環境問題などの改善につながるような商品・サービスを提供する必要があるといえる。CSR は経営戦略の性格を持つものであり，その実践にあたっては，長期的な企業価値最大化と生み出された付加価値の適正な配分を目的とするコーポレート・ガバナンスの枠組みで捕らえる必要がある。

　また，政府の視点からも，CSR は重要な取り組みである。CSR の一形態である ISO14001 に代表される自主的な環境取り組みが，どのような環境負荷物質に対して，どの程度，有効なのかを明らかにしていく必要がある。その上で，どのような行政の施策が，自主的な取り組みの促進策として有効かを明らかにしていくのも重要な課題である。

　最後に市場競争に直面している企業が，社会・環境問題に関する自主的な規制を行う際には，少なくとも次の問いに対して答えなければならない。Does it pay for green？（企業が環境規制の水準を超えて対応し，環境パフォーマンスをあげ

ることで収益が上がるのか？）。

　環境経済学にはこうした関係を明らかすると同時に，企業の CSR をより促すシステムを構築することが求められている。

謝辞
　本稿の作成にあたり，有村は，文部科学省科学研究費補助金特定領域研究『持続可能な発展の重層的ガバナンス』の研究助成を受けている。また，日引聡氏から貴重なコメントを頂いた。ここに謝意を記す。

注
(1) 他に，日本経済団体連合会が2005年に行ったアンケートによると，75.2％の企業がCSR を意識して活動していると報告している。また，CSR の開始時期は，2003年以前から取り組んでいる企業が52.7％，2004年から取り組んでいる企業が37.7％，2005年から取り組んでいる企業が9.1％と，ここ数年で急速に拡大していることが分かる。また経済同友会が2006年に行ったアンケートによると，59.6％の企業がCSR 推進体制を構築しており，2003年の31.9％から2年ではぼ倍増している。
(2) CSR の定義や具体的な範囲に関しては，未だ統一的見解が見られない（McWilliams et al. 2006）。また，CSR の解釈の違いは国や地域ごとに見られ，実際 CSR 関連の企業報告書の内容も国ごとに異なる傾向がある（Welford 2005）。
(3) "GREEN PAPER Promoting a European framework for Corporate Social Responsibility" COM (2001) 366　通称「グリーンペーパー366」。
(4) たとえば Baron (2001) は利益につながる CSR を戦略的 CSR と呼び，利益につながらない CSR と分けて定義している。
(5) この原則に基づいた議論で代表な研究に Friedman (1970) がある。彼は "The social responsibility of business is to increase its profits."「企業にとっての社会的責任とは利潤を拡大させることである」と述べ，株主主権の重要性を主張した。
(6) 環境にやさしい製品に対する消費者の選好を分析した代表的な研究に Arora & Gangopadhyay (1995) がある。
(7) King & Lenox (2001) によれば，米国の製造業企業652社を対象に，トービンの q を財務諸表とし，トータルの排出量・同産業部門内での相対排出量・産業部門毎の従業員あたり排出量を環境指標として回帰分析を行ったところ，すべてについて有意な相関が観察されたが，因果関係の方向は不明であったと報告している。Hibiki & Managi (2010) では，日本の金融市場は有害物質のリスクを評価していない一方で，上場企業は有害物質削減の投資を行っていることを指摘している。ま

た，CSR と企業の財務パフォーマンスの関係について，167の研究を対象にメタ分析を行ったものに Margolis et al. (2007) がある。
(8) たとえば Lutz et al. (2000) がある。
(9) 米国の NGO（非政府組織）「ソーシャル・インベストメント・フォーラム (SIF)」は，米国内の SRI の総資産額が2005年から2007年の2年間で18%増えたとの調査結果を発表している。2005年の総資産額2兆2900億ドル（約235兆円）から，2007年は2兆7100億ドル（約279兆円）に増えた。米国内投資全体の総資産額は2007年には25兆1000億円で，2005年からの伸び率は3%に満たない。こうしたなかで，SRI の伸び率は突出しており，投資額全体の11%が SRI に回っている。
(10) たとえば Cohen et al. (1995) は S&P 500Index を汚染物質排出レベルの高さによって分類されたポートフォリオと S&P500Index のパフォーマンスを比較しているが統計的に有意な違いは見られないと報告している。他に，Gottsman & Kessler (1998) や Guerard (1997) なども同様の報告をしている。
(11) たとえば，Morgenstern and Pizer (2007) は，各国の自主的プログラムについて，その効果を検証している。
(12) 詳しくは環境省 WEB サイト，http://www.env.go.jp/policy/kihon_keikaku/thirdplan01.html を参照されたい。
(13) この他にも，産業界などが主導して排出削減目標を設定し，企業がそれを遵守する形態がある。経団連が推進している環境自主行動計画などがあり，Wakabayashi & Sugiyama (2007) に詳細が書かれている。
(14) トルエンは製造業における工業原料全般から排出されるもので，シックハウス症候群や化学物質過敏症の原因物質である。
(15) 公益財団法人日本適合性認定協会のホームページ内の ISO14001 適合組織統計データより。
(16) このような取り組みは，Green Supply Chain Management として，世界的に注目されている。

●参考文献

Anton, W. R. Q., G. Deltas and M. Khanna (2004) "Incentives for Environmental Self-regulation and Implications for Environmental Performance", *Journal of Environmental Economics and Management*, 48 (1).

Arimura, Toshi H., A. Hibiki and H. Katayama (2008) "Is a Voluntary Approach an

第 8 章　企業の自主的取り組みと環境経営

Effective Environmental Policy Instrument? A Case of Environmental Management System", *Journal of Environmental Economics and Management*, Vol. 55 (3).

Arimura, Toshi H., N. Darnall and H. Katayama, "Is ISO 14001 a gateway to more advanced voluntary action? The case of green supply chain management", *Journal of Environmental Economics and Management*, forthcoming.

Arora, S. and S. Gangopadhyay (1995) "Toward a theoretical model of voluntary over compliance", *Journal of Economic Behavior and Organization*, 28 (3).

Arora, S. and T. N. Cason (1995) "An Experiment in Voluntary Environmental Regulation: Participation in EPA's 33/50 Program", *Journal of Environmental Economics and Management*, 28 (3).

Arora, S. and T. N. Cason (1996) "Why Do Firms Volunteer to Exceed Environmental Regulations? Understanding Participation in EPA's 33/50 Program", *Land Economics*, 72 (4).

Baron, D. P. (2001) "Private Politics, Corporate Social Responsibility, and Integrated Strategy", Journal of Economics and Management Strategy, 10 (1).

Cohen, M. A., S. A. Fenn and J. S. Naimon (1995) *Environmental and Financial Performance: Are They Related?*, Investment Responsibility.

Frank, R. H. (2003) *What Price the Moral High Ground? Ethical Dilemmas in Competitive Environments*, Princeton University Press.

Friedman, M. (1970) "The social responsibility of business is to increase its profits", *New York Times Magazine*, September 13.

Gottsman, L. and J. Kessler (1998) "Smart screened investments: Environmentally Screened equity funds that Perform like conventional funds", Journal of Investing, 7 (4).

Guerard, J. B. Jr. (1997) "Additional evidence on the cost of being socially responsible in investing", *Journal of Investing*, 6 (4).

Hibiki, A. M. Higashi and A. Matsuda (2003) "Determinants of the Firm to Acquire ISO14001 Certificate and Market Valuation of the Certified Firm," Department of Social Engineering Discussion Paper, Tokyo Institute of Technology, ID. 03-06.

Hibiki, A. and S. Managi (2010) "Environmental Information Provision, Market Valuation and Firm Incentives: An Empirical Study of Japanese PRTR System", Land Economics, 86 (2).

ISO (International Organization for Standardization) (2009) *The ISO Survey 2008*, ISO Central Secretariat.

Johnston, J. S. (2003) "Signaling Social Responsibility : An Economic Analysis of the Role of Disclosure and Liability Rules in Influencing Market Incentives for Corporate Environmental Performance", Conference Paper for Faculty of Law, University of Tokyo.

Khanna, M. and L. A. Damon (1999) "EPA's Voluntary 33/50 Program : Impact on Toxic Releases and Economic Performance of Firms", *Journal of Environmental Economics and Management*, 37 (1).

King, A. A. and M. J. Lenox (2001) "Does It Really Pay to Be Green ? An Empirical Study of Firm Environmental and Financial Performance : An Empirical Study of Firm Environmental and Financial Performance", *Journal of Industrial Ecology*, 5 (1).

Lutz, S. T. P. Lyon and J. W. Maxwell (2000) "Quality Leadership when Regulatory Standards are Forthcoming", *Journal of Industrial Economics*, 48 (3).

Lyon, T. P. and J. W. Maxwell (2002) ""Voluntary" Approaches to Environmental Regulation : A Survey", Maurizio Franzini and Antonio Nicita, *Economic Institutions and Environmental Policy*, Ashgate Publishing Ltd.

Lyon, T. P. and J. W. Maxwell (2008) "Corporate Social Responsibility and the Environment : A Theoretical Perspective" *Review of Environmental Economics and Policy*, 2 (2).

Margolis, J. D., H. A. Elfenbein and J. P. Walsh (2007) "Does it pay to be good ? A meta-analysis and redirection of research on the relationship between corporate social and financial performance", Working Paper, Harvard Business School.

McWilliams, A., D. S. Siegel and P. M. Wright (2006) "Corporate Social Responsibility : Strategic Implications", *Journal of Management Studies*, 43 (1).

Morgenstern, R. D. and W. A. Pizer (2007) *Reality Check : the nature and performance of voluntary environmental programs in the United States, Europe, and Japan*, Resources for the Future.

Nakamura, M., T. Takahashi and I. Vertinsky (2001) "Why Japanese Firms Choose to Certify : A Study of Managerial Responses to Environmental Issues," *Journal of Environmental Economics and Management*, 42 (1).

Porter, M. E. and M. R. Kramer (2006) "Strategy and society : The link between competitive advantage and corporate social responsibility", *Harvard Business Review*.

Portney, P. R. (2008) "The (Not So) New Corporate Social Responsibility : An Empirical Perspective", *Review of Environmental Economics and Policy*, 2 (2).

Potoski, M. and A. Prakash (2005) "Covenants with Weak Swords: ISO 14001 and Facilities' Environmental Performance", *Journal of Policy Analysis and Management*, 24 (4).

Reinhardt, F. L., R. N. Stavins and R. H. K. Vietor (2008) "Corporate Social Responsibility Through an Economic Lens", *Review of Environmental Economics and Policy*, 2 (2).

Videras, J. and A. Alberini (2000) "The appeal of voluntary environmental programs: which firms participate and why?", *Contemporary Economic Policy*, 18 (4).

Wakabayashi, M. and T. Sugiyama (2007) "Japan's Keidanren Voluntary Action Plan on the Environment", Richard D. Morgenstern and William A. Pizer, Reality Check: the nature and performance of voluntary environmental programs in the United States, Europe, and Japan, Resources for the Future.

Welch, E. W. and A. Hibiki (2002) "Japanese Voluntary Environmental Agreements: Bargaining Power and Reciprocity as Contributors to Effectiveness", *Policy Science*, 35 (4).

Welch, E. W., A. Mazur and S. Bretschneider (2000) "Voluntary behavior by electric utilities: Levels of adoption and contribution of the climate challenge program to the reduction of carbon dioxide", *Journal of Policy Analysis and Management*, 19 (3).

Welford, R. (2005) "Corporate Social Responsibility in Europe, North America and Asia: 2004 Survey Results", *Journal of Corporate Citizenship*, 17.

岩田和之・有村俊秀・日引聡 (2010)「ISO14001 認証取得の決定要因とトルエン排出量削減効果に関する実証研究」『日本経済研究』Vol. 62.

日引聡・有村俊秀 (2004)「環境保全のインセンティブと環境政策・ステークホルダーの影響——環境管理に関する OECD 事業所サーベイから」東京工業大学社会工学専攻ディスカッションペーパー 04-05.

馬奈木俊介 (2010)『環境経営の経済分析』中央経済社.

第9章
廃棄物とリサイクル

斉藤　崇

　第9章では，廃棄物とリサイクルについて取り上げる。廃棄物・リサイクルの問題を考える際には，不要なモノの発生だけでなく，排出されたあとの処理まで考慮する必要がある。この点において，大気汚染などの他の環境問題とは異なる性質がみられる。このことについて，9.1節で，まず外部性という観点から整理していく。

　廃棄物・リサイクルに関する問題はさまざまなものがあるが，本章では3つの個別テーマに関する代表的な経済モデルを取り上げていく。まず9.2節では，家計部門の廃棄物排出行動について考える。このテーマに関連して，ごみの有料化についても触れていく。9.3節では，産業廃棄物の不法投棄など，廃棄物の不適正処理に関するものを取り上げる。そして9.4節において，財の生産から消費，そして排出されたあとの処理・リサイクルまでを考慮した経済モデルを取り上げる。1990年代後半以降，こうしたタイプのモデルによる研究も多く出てきている。

　近年では，現実の廃棄物・リサイクルの問題の中で，拡大生産者責任（EPR），環境配慮設計（DfE），国際資源循環などの重要な概念やテーマが出てきている。9.5節では，そうした廃棄物・リサイクルに関するさまざまな動きについて，経済学的な側面から捉えていく。

9.1 廃棄物問題と外部性

9.1.1 廃棄物の発生，排出，および処理

　廃棄物・リサイクルの問題は，生産活動や消費活動において生じたごみに関するものである。この問題は大気汚染などの他の環境問題と比べて，いくつか異なる特徴をもっている。その1つが，経済活動にともなって発生した固形状の不要物を排出したあと，それを処理ないし再生利用するという点である。

　たとえば大気汚染の場合は，経済活動にともなって発生する不要物（大気汚染物質）が排出され，環境中に拡散していくことによって，さまざまな影響をもたらしている。そして，大気汚染物質の発生・排出をどのように抑えていくかが議論の中心となる。

　これに対して廃棄物の場合は，排出した不要物を回収して処理をする。そしてその処理の段階においても影響が生じうる。あとで取り上げる不法投棄・不適正処理の問題がこれにあたる。したがって不要となったものの発生・排出を抑制するだけでなく，回収したものを適正に処理することをあわせて考える必要がある。

　このように廃棄物の問題は，その発生・排出・処理という流れのなかで，環境への影響が生じないようにしていくことを考えていかなければならない。その際，財・サービスの流れのどの段階で起こっているものかを整理しておくことが重要である。

　図9-1は財・サービスの生産から，消費，処理，リサイクルの流れを簡略化して描いたものである。この図から廃棄物の問題を考えるうえで有用な示唆を得ることができる。たとえば日本では埋め立て処分場の容量不足の問題に直面しており，最終処分量を減少させていくことが求められている。そのためにはリサイクルを進めていくことも重要であるが，それより前の時点である生産・消費段階での発生抑制を進めていくことも重要である。

　またごみの排出や処理において，不法投棄や不適正処理が起こる可能性があ

第 9 章　廃棄物とリサイクル

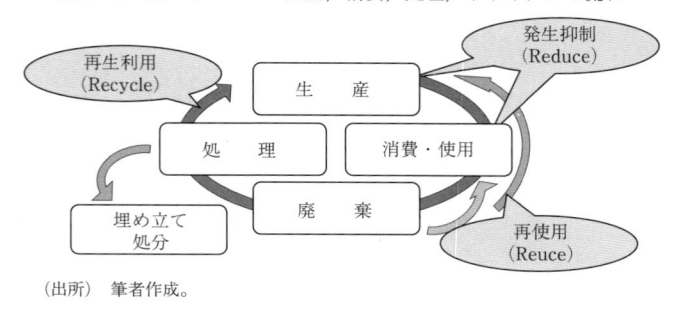

図 9-1　財・サービスの生産，消費，処理，リサイクルの流れ

（出所）筆者作成。

り，それを防止していくことも大きな課題の1つである。廃棄物の発生を抑えることは，不法投棄・不適正処理の潜在的な可能性を低めることにつながる。このように財・サービスの流れを全体的に捉えることで，廃棄物・リサイクルの問題をより広く理解することができる。

9.1.2　廃棄物・リサイクルと外部性との関わり

　廃棄物・リサイクルと外部性の関わりについて考えていくにあたって，不要となったモノの資源としての側面と，潜在的な汚染可能性の側面に注目する[1]。まず資源としての側面についてみてみよう。経済活動において不要になったモノを大量に集め，リサイクルすることによって，ふたたび素材等を得ることができ，原材料などに利用することができる。たとえば電気電子機器には金，銀，レアメタルなどの金属が利用されている。**表 9-1**は，携帯電話やPCに含まれている金，銀，銅，パラジウムなどの非鉄金属の含有量を示している。製品1台あたりでみると，これらの含有量はわずかであるが，製品重量あたりの含有比率でみると，天然の鉱石に比べても高い水準となっている。そうした使用済み製品を大量に集めることができれば，それらは資源として高い価値を持つ。

　こうした資源性の程度は経済条件によって変化しうる。リサイクルされたものに対する需要が高くなれば，その資源価値は高くなるし，逆の状況では価値が低くなる。リサイクルされたものが国際的に取引されていれば，国際市場の

表 9-1 携帯電話および PC 1 台に含まれる非鉄金属量

	金	銀	銅	パラジウム
携帯電話	0.028 g	0.189 g	13.71 g	0.014 g
デスクトップ PC	0.42 g	0.84 g	170 g	0.04 g
ノート PC	0.28 g	0.56 g	110 g	0.03 g

（出所）　細田（2008）および谷口（2005）をもとに筆者作成。

相場の影響を受けることになる。

　次に潜在的な汚染可能性についてみてみよう。不要となったモノの中には，鉛などの有害な物質が用いられている場合がある。これらが不適正に処理されてしまうと，周辺環境を汚染してしまう可能性がある。また非鉄金属のリサイクル過程で用いられる薬品等の扱いが不適切な場合にも，環境汚染を生じる可能性がある。たとえば金の回収には，水銀やシアンを用いる方法がある。金そのものは有害なものではないが，これらの処置を誤ることで周辺環境が汚染されてしまう可能性がある。[2] このように不要なモノの適正な処理ができなければ，環境汚染といった問題につながってしまう。

　こうした資源性と汚染可能性は，使用済み電気電子機器（E-waste）の問題において顕著になっている。E-waste の資源性は非常に高いため，そこに着目して安易な処理が行われると，それにともなって新たな環境汚染が生じてしまう。実際，E-waste が国外に流出し，それが流出先での環境汚染につながっている状況もみられている。ただ，ここで注意が必要なのは，こうした汚染可能性は潜在的なものであるということである。適正な処理・リサイクル技術を用いることで，E-waste の汚染性を顕在化させずに，資源性だけを享受することも可能である。E-waste の国外での環境汚染の問題は，適正な技術が確保できないことによって起こっている問題なのである。

　このように考えると，廃棄物は適正な処理によって，環境への影響を最小限に抑えることができる。つまり廃棄物そのものが外部不経済を生じさせているというよりも，不適正処理のように，排出したあとの扱われ方によって問題が生じていると捉えるべきである。不要となったモノは，異なる経済主体のもと

で取り扱われることが多いため，排出，中間処理，最終処分，リサイクルなど，どの時点でどのような外部性が生じているかを捉え，不要なモノの流れ全体のなかで外部性を制御していくことが重要である。第9.4節では，この点について経済モデルをもちいて考えていく。

9.2 家計のごみ排出行動とごみ有料化

9.2.1 家計部門のごみ排出行動のモデル

9.2節から9.5節までは，廃棄物・リサイクルに関するいくつかの経済モデルを紹介する。まず本節では，家計部門のごみの排出行動について考えよう。この分野の代表的な文献としては，Wertz（1976）やDobbs（1991），およびMorris and Holthauzen（1994）などがある。このうちのWertz（1976）は，廃棄物の理論モデルの先駆的なものである。以下では，このモデルの概要について簡単に説明し，それを踏まえて，ごみ有料化政策について触れていく。

Wertz（1976）のモデルでは，財の消費による効用とそれがごみとなったときの不効用を考慮している。具体的には次のような効用関数を想定している。

$$U = U(x_1, \ldots, x_n, A) \tag{1}$$

ここで $x_i (i=1, \ldots, n)$ は財の消費量，A はごみが家の敷地内にたまることによる不都合さをあらわす変数である。各消費財はその一部がごみとなり，ごみの排出の際には処理料金がかかる。このときの予算制約式は次のようにあらわされる。

$$\sum p_i x_i + tw - y = 0 \tag{2}$$

ここで p_i は第 i 財の価格，t はごみ処理料金，w はごみ排出量，y は所得である。こうした想定のもとで，効用最大化問題を解き，比較静学分析を行っている。

このモデルから，ごみの有料化による排出抑制効果について考察することが

できる。具体的には，次のようなスルツキー分解を考える。

$$\frac{\partial w}{\partial t} = \left(\frac{\partial w}{\partial t}\right)_{dU=0} - w\left(\frac{\partial w}{\partial y}\right) \quad (3)$$

ここで右辺第1項は代替効果，第2項は所得効果をあらわしている。

このモデルでは，各消費財の一定割合がごみとなるが，その割合は財によって異なると想定している。消費者は財の価格とごみ処理料金を考慮して効用を最大化しており，処理料金が上昇すると，ごみになりやすい財からなりにくい財へと代替が起こり，ごみ排出量を変化させる。これが(3)式の右辺第1項の代替効果にあたる。一方，ごみ処理料金が上昇すると実質的な所得が減少するため，ごみ処理サービスの需要量も変化する。ごみ処理サービスが上級財であれば，実質的な所得の減少は，処理サービスの需要量を減少させる。この効果が右辺第2項の所得効果にあたる。

Wertz (1976) は，所得水準とごみの排出量は正の関係にあるが，その程度は小さいという結果を実証分析から明らかにし，ごみ処理料金の徴収によって，ごみの減量が可能であるという結論を導き出した。

9.2.2 ごみ有料化政策

では前項での分析を参考に，日本におけるごみ有料化について，整理してみることにしよう。環境省の調査によれば，粗大ごみを除く生活系ごみについて有料制を実施している自治体数は，2009年度時点で1,367となっている。これは全市区町村の78％にあたる水準である[4]。

有料制を導入する目的は，自治体によってさまざまである。山谷 (2007) は，有料制を実施している全国の都市へのアンケート調査を行っており，その結果によると，有料制の目的として，(i)ごみの減量化の推進，(ii)ごみに関する住民の負担の公平化，(iii)ごみに対する住民意識の向上，などが上位に挙がっている[5]。

有料制を導入することによって，多くの自治体でごみの減量を達成している。先に紹介した山谷 (2007) によれば，アンケート調査で有効回答の得られた都市のうち75％が，ごみを5％以上減量させることに成功している[6]。一方で，有

料制の導入後もごみ量がほとんど変化しない，あるいはかえって増加する状況もみられている。また有料制導入後にいったん減量したものの，その効果が維持できず増加に転じる状況（リバウンド現象）も観察されている。

有料制の導入によるごみの減量効果は，発生段階と排出段階に分けて捉えることができる。発生段階での取り組みは，財・サービスの消費後に不要となるもの自体を減少させることである。具体的には，過剰な包装を控えるなど，財・サービスの購入時点において将来のごみの発生を回避することや，食材の無駄が出ないように献立や調理方法に工夫をするなど，購入したものが不要にならないように消費行動のなかでごみの発生を抑えようとするものである。一方，排出段階での取り組みは，不要になったものを資源として回収し，リサイクル等を行うことにより，ごみとして処理される量を減らすことである。

こうしたごみ減量のための取り組みを考えるうえで，ごみ処理手数料の水準が重要な要素となる。この水準の設定にあたっては，ごみの収集・処理費用の一定の割合や，近隣自治体の手数料に見合う水準，住民が受け入れられる水準，などが考慮されている。手数料の水準を高くすると，不法投棄などの不適正処理につながってしまう可能性もあるため，住民の受容性を重視した水準に設定されている。

有料制を実施している自治体の中には，可燃ごみを有料にし，資源ごみを無料で回収するなど，手数料に差をつけているところもある。こうした仕組みのもとでは，不要となったものを分別し，可燃ごみを減らそうとする経済的誘因が働く。また有料制の実施にあわせて，資源物を新たに収集品目に追加するなど，さまざまな併用策が行われている。

分別排出を促すために，各家庭が正しく分別するような仕組みが検討されることもある。たとえば東京都の多摩地域では，有料化とともに戸別収集に切り替えることで，各家庭が分別に積極的に取り組み，結果的にごみの減量につながったケースもある。ステーション方式とは異なり，戸別収集では誰がどのような排出をするかが明らかになる。排出者責任を明確にすることで，分別排出の促進が期待できる。もちろん戸別収集にすることで収集にともなう費用は増

大してしまうので，その点については費用対効果で考えるべきである．地域の条件によっては検討の余地もあるだろう．

　発生抑制を進めるためには，財・サービスの購入あるいは消費で，不要となったあとまで考慮した行動をとることが重要になる．有料制の導入は，家計部門のごみ排出行動に変化をもたらすため，ごみ問題に対する意識や行動の変化につながりやすい．そうした変化を維持していくためには，継続的な情報提供や啓発活動などをおこなっていく必要があるだろう．

9.3　不適正処理の抑制

9.3.1　有害廃棄物の不適正処理のモデル

　9.3.1 項では，不法投棄や野焼きなど廃棄物の不適正な処理に関する経済モデルについて取り上げていく．この分野のおもな文献として，Sullivan（1987）や Copeland（1991），Sigman（1998）などがある．本項では，Sullivan（1987）を参考にして，不適正処理について考えていくことにしよう．

　このモデルでは有害廃棄物を排出する多数の企業を想定し，各企業が適正処理／不適正処理のどちらかを行う状況を考えている．また政府は適正な処理に対しては補助金を付与し，不適正な処理に対しては，それが発覚した場合に罰金を課している．以下にその概要を整理していくことにしよう．

　まず企業の直面する 2 つの処理方法についてみていこう．適正処理の場合の費用 C_L は次のようにあらわされる．

$$C_L = mc(L) \cdot (1-s) \tag{4}$$

ここで $mc(L)$ は適正処理の限界費用，L は適正処理量，s は補助金をあらわしている．一方，不適正処理の場合の費用 C_I は次のようになる．

$$C_I(j,R) = p(j,R) \cdot f \tag{5}$$

ここで $p(\cdot)$ は不適正処理が発覚する確率，f は罰金である．（5）式の右辺は，

第 9 章　廃棄物とリサイクル

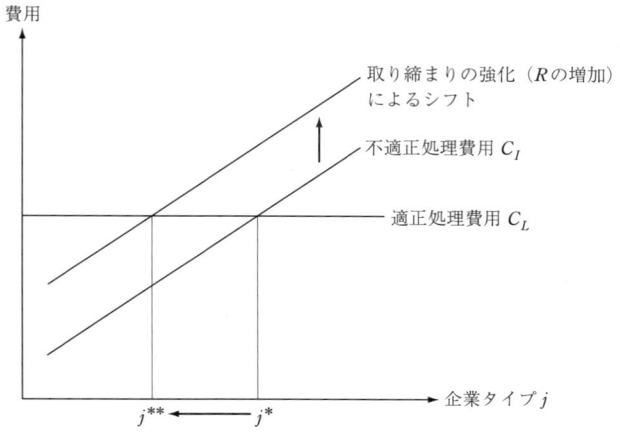

図 9 - 2　適正処理と不適正処理の費用

(出所)　Sullivan (1987), p. 60, FIG. 1 をもとに筆者作成。

不適正処理の発覚によって課せられる罰金の期待値となっている。この式において，j は発覚を免れる能力をあらわす変数であり，各企業でその大きさが異なっている。モデルでは，j が高いほど発覚確率が高くなるように各企業が能力 j の順にならんでいる。また R は不適正処理を取り締まるための政府の資源投入をあらわしており，取り締まりが強化されれば，つまり R が大きくなれば，発覚の確率も高まる。

各企業は C_L および C_I を比較して，2つの処理方法のうち費用の安い方を選択する。企業は j の順にならんでいるので，$C_L=C_I$ となるようなタイプ j^* を境として，$j^*<j$ であるようなタイプ j の企業は適正処理を，$j^*>j$ であるような企業は不適正処理を選択する（図 9 - 2）。また政府によって，補助金の水準が上昇したり，不適正処理の取り締まりが強化されることで，不適正処理を行う企業の数は減少する。適正処理／不適正処理をする企業の数が変化することによって，社会全体での廃棄物の排出量や社会的純便益も変化する。

こうしたモデルのもとで，Sullivan (1987) では，不適正処理の取り締まりを強化する場合と適正処理への補助金の水準を上昇させる場合とで，政策の効果を比較している。2つの政策プログラムは，$C_I=C_L$ となるようなタイプ j^*

の企業を変化させるという点では同じ効果を持つが，(5)式から明らかなように，取り締まりの強化は不適正処理を行う企業すべての期待罰金を変化させる。同文献では，政策プログラムの予算の水準や取り締まりの強化が発覚確率 p に与える影響の大きさにをもとに，2つのプログラムの効果を比較している。

9.3.2　産業廃棄物の不法投棄

では日本の産業廃棄物の不法投棄の状況について整理してみることにしよう。図9‐3は，産業廃棄物の不法投棄量および不法投棄件数を示したものである。2008年度に新たに判明した不法投棄量は20.3万トン，投棄件数は208件であった。2000年ごろと比べると，不法投棄量および投棄件数ともに減少してきている。不法投棄・不適正処理は，環境に悪影響をもたらし，経済的な損失を生じさせる。原状回復には時間がかかるため，その影響は長期にわたってしまう。たとえば2008年度末における不法投棄等の残存量は1,726万トンであり，同年度の投棄量と比べてもはるかに大きな水準であることがわかる。

　廃棄物を排出する主体が，処理を委託して行う場合，廃棄物を引き渡す側には，それがどのように処理・リサイクルされているかが見えにくい。つまり廃棄物を引き渡す側とそれを受け入れて処理する側とのあいだに処理に関する情報量の差が生じる。これは情報の非対称性の問題とよばれるものである。

　処理・リサイクルにともなう環境への影響を小さくするためには，適正に処理する必要があるが，そのためにかかる費用は大きなものとなる。排出する主体にとって，どのような処理が行われるかがわからない状況にあるとき，処理主体は引き取った廃棄物に必ずしも費用をかけて適正処理するとは限らない。むしろ費用のかからない方法を選んでしまう可能性がある。

　このように考えると，不法投棄・不適正処理の抑制のためには，情報の非対称性の問題を解消することが必要になる。つまり，引き渡したものがどのように処理されているか，という情報を明らかにすることである。そのために考えられたのがマニフェスト制度である。これは廃棄物がどのように運搬され，処理されたのかという情報を排出者に知らせるもので，廃棄物の流れとは逆方向

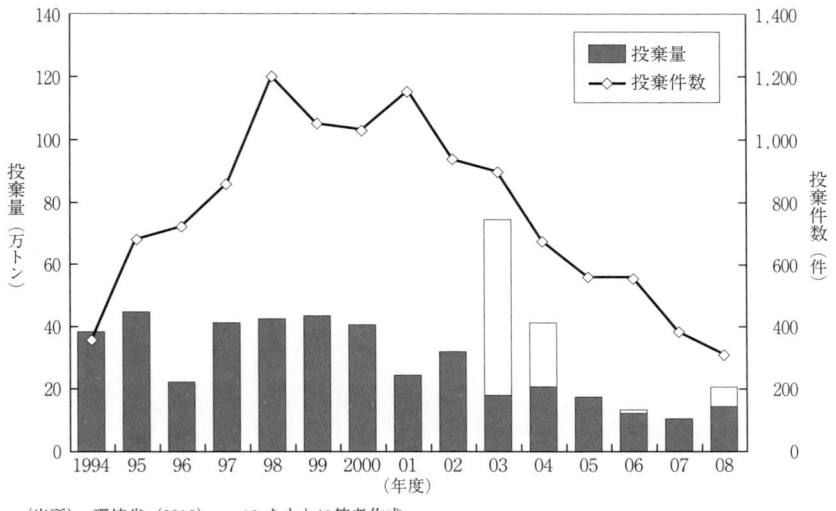

図 9-3 産業廃棄物の不法投棄量および件数

(出所) 環境省 (2010), p.10 をもとに筆者作成。

にその情報を記載した管理票（マニフェスト）が送付される。

　また不法投棄・不適正処理をすることが，費用の安い方法とならないような仕組みをつくることも重要である。前項の分析でみたように，不法投棄が発覚した場合の罰則が大きければ，処理主体にとって不法投棄をおこなう経済的誘因は小さくなる。このような不法投棄の罰則の強化のほか，マニフェストの強化，排出者責任の強化などが，廃棄物処理法（廃棄物の処理及び清掃に関する法律）の改正によって進められてきた。

9.4 生産, 消費, および処理・リサイクルのモデル

9.4.1 Fullerton and Kinnaman (1995) のモデル

　これまで取り上げてきたモデルは，家計部門のごみ排出行動や廃棄物の不適正処理に関するものであった。9.1節で述べたように，廃棄物・リサイクルの問題を考えるうえで，財・サービスの生産から消費，排出，処理，リサイクル

にいたるプロセス全体を考慮することも重要である。

　こうしたアプローチにもとづく分析は，1990年代後半から盛んに行われるようになってきた。その代表的なものが，Fullerton and Kinnaman (1995), Fullerton and Wu (1998), および Choe and Fraser (1999) などである。本節では，Fullerton and Kinnaman (1995) のモデルを簡単化したものを紹介し，こうした生産，消費，処理を考慮することによってどのようなことが明らかになるかを整理する。

　このモデルでは，財・サービスの生産部門，家計部門，ごみ処理部門の3部門を想定している。家計部門の効用関数は次のようにあらわされる。

$$u=u(c, h, G, B, V) \qquad (6)$$

ここで c は財の消費量，h は余暇，$G(=ng)$ はごみの総量，$B(=nb)$ は不適正処理の総量，$V(=nv)$ は天然資源の利用量をあらわしている（n は消費者の数）。消費財および余暇はプラスの効用をもたらすのに対し，ごみ量，不適正処理，および天然資源の利用は不効用をもたらすとしている。財を消費したあとの選択肢は3つあり，ごみ処理 (g) のほか，リサイクル (r)，不適正処理 (b) がある。このあいだには次の関係式が成り立っている。

$$c=c(g, r, b) \qquad (7)$$

　一方，消費財は次のようにリサイクル資源 (r)，天然資源 (v) のほか，生産要素 (k_c) を投入して生産される。

$$c=f(k_c, r, v) \qquad (8)$$

このほか，天然資源の供給，ごみの処理，余暇，不適正処理にはそれぞれ資源投入が必要となる。

$$v=\alpha k_v, \quad g=\gamma k_g, \quad h=k_h, \quad k_b=\beta(b) \qquad (9)$$

また次のような資源制約を考慮する。

$$k = k_c + k_g + k_h + k_v + k_b \qquad (10)$$

以上がこのモデルの方程式となる。

では社会的最適な状態を実現する政策を考えよう。まず上述のモデルにおいて，(7)式から(10)式を制約条件として，効用関数(6)を最大にする条件を導出する。次に主体的均衡条件を求め，そこから最適条件を実現するための課税ないし補助金の水準を求めていく。このときファーストベストを実現するための仕組みは**表9-2**のようになる。

ここでケース1に注目してみよう。不適正処理はそれが発覚するとは限らない。Fullerton and Kinnaman (1995) のモデルでは，そうした状況は考慮されていないが，不適正処理に対する課税ができない場合を考慮している。このときの政策として，消費財の購入時に課税を行い，ごみとなったあとのリサイクルに対して補助金を付与するというものが含まれている。これはデポジット制度（deposit-refund system）と同じものである。

なおデポジット制度は，不法投棄などの不適正処理を抑制するためだけの手段ではなく，不要となったモノを回収するための政策手段の1つである。近年は，有害廃棄物の回収や不法投棄の抑制などの観点からデポジット制度に関心が集まっているが，不要となったモノを回収することが，市場経済において何らかの便益をもたらすのであれば，そうした仕組みが自発的につくられることもある。

9.4.2 税と補助金の組み合わせ政策

前項で紹介したFullerton and Konnaman (1995) のような財・サービスの生産から，消費，排出，処理・リサイクルを考慮したモデル分析によって，どのような示唆が得られるだろうか。この点について考えてみることにしよう。

Fullerton and Kinnaman (1995) では，外部性をもたらす行動（不適正処理）に課税ができない場合，課税と補助金を組み合わせることで，最適な状態を実現できることが示されている（表9-2のケース1）。このモデルでは，税金を支

表9-2 ファーストベスト実現のための仕組み

	ケース1: 不適正処理に 課税が不可能	ケース2: 不適正処理に 課税可能	ケース3: リサイクル 補助金なし
消　　費 (c)	課税	――	課税
リサイクル (r)	補助金	――	――
ごみ処理 (g)	補助金	課税	補助金
天然資源 (v)	課税	課税	課税
不適正処理 (b)	――	課税	――
生産要素 (f_{kc})	――	――	課税

(出所)　Fullerton and Kinnaman (1995), p. 86, TABLE I をもとに筆者作成。

払う経済主体と補助金を受け取る主体が同じとなっており，それをデポジット制度として捉えている。一般的には，この税と補助金の組み合わせはもう少しいろいろなケースに当てはめて考えることができる。

　財の購入に対して課せられる税金の水準は，不適正処理による限界不効用の大きさによって決まる。つまり，この課税は消費されたあとにごみとなり，外部費用を発生させる可能性のある消費財の水準を抑えるためのものであり，その意味でピグー税的なものとみなすことができる。一方で，補助金は適正な処理を促すためのものである。たとえば不適正な処理が消費者ではなく，処理業者によっておこなわれる場合には，税金を支払う主体と補助金を受け取る主体も別になる。

　このように，財・サービスの生産から消費，排出，処理までを考慮することによって，外部性の水準をどの段階でどのように制御すべきかを考えていくことができる。生産から処理までの流れ全体を考えることで，社会的に最適な状態を実現するためのさまざまな政策手段をみることが可能である。そうした選択肢を比較検討することで，より実現可能な政策手段について議論していくことができる。

9.5 廃棄物処理・リサイクルをめぐるさまざまな動き

9.5.1 拡大生産者責任と環境配慮設計

　これまでは，ごみの排出行動のモデル，不適正処理のモデル，そして財の生産から処理・リサイクルまでを描いた経済モデルについて取り上げてきた。近年では，現実の廃棄物・リサイクルの問題の中で，拡大生産者責任や環境配慮設計，国際資源循環などのテーマに関心が集まっている。本章の最後で，そうした新たな動きについて取り上げていくことにしよう。

　拡大生産者責任（extended producer responsibility：EPR）とは，生産者が，自己の生産した製品が使用されて捨てられたあとにおいても，物理的または財政的責任を負うという考え方である。この具体的な手法として，使用済み製品の回収や，前払い処理料金，再生利用に関する基準などがある。拡大生産者責任の考え方は，容器包装リサイクル法（容器包装に係る分別収集及び再商品化の促進等に関する法律）や家電リサイクル法（特定家庭用機器再商品化法）など，近年の個別リサイクル法にも反映されている。

　たとえば使用済み製品の回収は，生産者に製品の処理・リサイクルの負担感を与えることになる。それによって，製品の長寿命化や省エネ化，軽量化など，環境配慮型の製品設計（design for environment：DfE）への取り組みが進むことも期待されている。

　近年の研究では，環境配慮設計に関する経済分析も出てきている。たとえばFullerton and Wu（1998）では，9.4節で紹介したような生産から消費，処理・リサイクルを含んだ経済モデルの中で，リサイクルのしやすさを変数として分析を行っている。また Calcott and Walls（2000）では，動脈経済と静脈経済の関連の中で，静脈経済での情報をより上流にいかに伝えるかについて考察している。さらに Eichner and Pethig（2001）では，マテリアルフローの観点を考慮し，製品にどのぐらいの素材が含まれているかを経済モデルで分析している。

廃棄物の適正な処理・リサイクルを進めていくためには，財・サービスの生産から処理・リサイクルまでの流れ全体の中で，外部性の最適な制御を考えていかなければならない。そのための方法はいくつか考えられるが，細田(1999b)によれば，生産者のイニシアティブのもとで処理を行っていくことが，社会的最適状態を実現するために必要な情報量が最も少なくて済む。もちろん生産者だけでなく，消費者，処理業者といった各主体の役割分担を明確にし，そのもとで取り組みを進めていくことが必要であるが，生産者に期待される役割が非常に大きくなっている。

9.5.2　国際資源循環

近年，再生資源や中古品といった循環資源の貿易が活発になり，廃棄物処理・リサイクルに関する状況が大きく変化している[13]。これまで国内を中心に考えていたリサイクルの枠組みが国際的なものへと拡大してきている。こうした状況の変化は，国内外に影響をもたらしており，それに関するさまざまな意見も出てきている。この項では，この話題について取り上げていくことにしよう。

循環資源貿易の拡大の要因は，循環資源に対する需要面と供給面から捉えていくことができる。まず需要面からみていくことにしよう。再生資源や中古品に対する需要の増大の背景の1つとして，アジア地域の急速な経済発展を挙げることができる。たとえば経済発展にともなってインフラの整備等が進んでいけば，それに必要な鉄などの金属資源への需要が高まっていく。かつての日本も鉄鋼生産に必要な鉄スクラップを輸入していたが，同じような状況が東アジアの地域でみられている。また所得水準が上昇し，消費財への需要が増大することも資源需要の急増につながっている。

一方，供給面の要因としては，再生資源の回収量が増大してきたことを挙げることができる。これは廃棄物・リサイクルの制度が整ってきたことを背景としている。日本は1990年代半ばから2000年代前半にかけて，容器包装リサイクル法をはじめとして，廃棄物の適正処理・リサイクルに関連するさまざまな法律を制定してきた。不要となったものを回収する仕組みが整備されてきたこと

によって，循環資源の供給に関する状況が大きく変化したのである。

　こうした需要面および供給面の状況変化は，再生資源の価格にも影響をおよぼす。再生資源の回収が進み，それに対する需要が少なければ，価格は下がる。反対に，再生資源に対する需要が増大すれば，価格は上昇する。近年の循環資源の貿易拡大の中で，かつて逆有償で取引されていたものが，有償で取引されるような状況がみられているが，これは需要と供給という側面から理解することができる[14]。

　日本では，再生資源の輸出の急増によって，国内の廃棄物・リサイクル制度にも影響がおよんでおり，そのことを懸念する声もあがっている。

　かつては逆有償で取引されている不要なモノをいかに適正に処理・リサイクルするかが重要な課題であった。しかし，経済的な条件が変化すれば，資源としての価値も変わってくる。そうした状況の変化に対して，現在の制度では柔軟な対応がむずかしくなってきている。

　一方，E-waste の問題については，9.1.2項で取り上げた資源性と潜在的な汚染可能性，また9.3節で取り上げた不適正処理という観点から整理することができる。この点についてみていくことにしよう。

　電気電子機器にはさまざまな形でレアメタルが利用されており，資源性が高い。レアメタルには，資源としての量が少なく，産出国に偏りがあるといった特徴があり，安定的な確保が重要な課題となっている。E-waste のリサイクルは，このような供給に関するリスクの軽減につながる。

　また E-waste が，適正な処理経路から外れて，国外に流出してしまうと，流出先での安易な処理による環境汚染につながってしまう。この問題を抑えていくためには，情報の非対称性を解消し，処理経路の透明性を高めていくとともに，日本の適正処理・リサイクル技術を生かしていくことも重要である。日本は他の国々に比べて高い技術をもっているため，そうした形でこの問題に貢献できる部分は非常に大きいだろう。

　また前項で紹介した環境配慮型設計（DfE）を進め，製品に含まれる有害物質の量を減らすことは，潜在的な汚染可能性を低めることにつながる。こうし

た取り組みによって，中古品として輸出された製品についても，将来起こりうる環境汚染の影響を軽減することができる。

繰り返しになるが，廃棄物の問題は，製品の生産から，消費，排出，そして処理・リサイクルまでの流れを考慮し，そのなかでどのように外部性を制御していくかを考えることが重要である。潜在的な汚染性の問題が顕在化しうるのは，処理・リサイクルの時点であるが，そのための対策を製品設計の段階で進めていくことも有効な手段である。

9.5.3　理論と実証・制度の接合

本章では，廃棄物・リサイクルに関する代表的な経済理論モデルを紹介しつつ，考察を行ってきた。廃棄物の問題の場合，生産・消費などの経済活動によって発生した不要なモノの発生・排出を抑制するだけでなく，回収したものの処理についても考えていく必要がある。また不要となったモノには資源性と潜在的な汚染可能性の2つの側面があり，適正な処理・リサイクルのもとでは資源性のみを享受することができるが，安易な処理が行われると汚染の顕在化につながってしまう。したがって，財・サービスの生産，消費，排出，処理，リサイクルという全体的な流れのなかで，環境への影響を小さくしていくことが重要である。9.4節で紹介した理論モデルは，廃棄物・リサイクルに関する政策を考えていくための1つの視点を提供してくれるだろう。

日本では，1990年代後半以降，廃棄物・リサイクルに関する法制度も整備されてきた。また近年は，循環資源貿易が活発になるなど，国際的な側面も無視できないものとなっている。現実の廃棄物・リサイクル政策について考えていくためには，本章で取り上げた理論的な視点だけでなく，実証的な視点や制度に関する考察も必要である。この点については今後の課題としたい。

注
(1) 不要物のこうした2つの側面については，細田（2008）や仲（2009）などで詳しく取り上げられている。

第9章　廃棄物とリサイクル

(2) 仲 (2009), pp. 142-145 より。
(3) この変数はごみの排出量のほか，収集場所までの距離や収集頻度などによって変化する。同文献ではこれらの影響について考察を行っている。なお(1)式において，$\partial U/\partial x_i > 0$, $\partial^2 U/\partial x_i^2 < 0$, $\partial U/\partial A < 0$, および $\partial^2 U/\partial A^2 \leq 0$ が成り立っている。
(4) 環境省 (2011), p. 19 より。この数値には収集区分の一部で有料制を実施している自治体も含まれている。
(5) 山谷 (2007), pp. 48-49 より。このほかの目的として，資源物の回収を促進すること，ごみ処理にかかる市の財政負担の軽減などが挙げられている。
(6) 山谷 (2007), p. 64 より。なお同文献の調査結果によると，約半数の都市が10％以上のごみの減量を達成している。
(7) 山谷 (2007), pp. 57-60 より。同文献によれば，処理手数料が排出量に比例する方式を採用している自治体では，大型のごみ袋（40〜45リットル）1枚の最多価格帯は40円台となっている。指定袋を一定枚数無料配布し，超過した分について手数料を徴収する方式では，この水準よりも高く，100〜150円／枚が最多価格帯となっている（山谷 (2007), pp. 26-37）。
(8) ただし，自治体関係者の話によれば，このように手数料に差を付けることで，無料回収のごみ袋に有料で回収すべき品目を混ぜて排出するケースもあるという。
(9) 東京都多摩地域の有料制の事例については，東京市町村自治調査会 (2007) が詳しい。
(10) 2003年度の不法投棄量74.5万トンのうち，56.7万トン分は岐阜市で当該年度に発覚したもので，不法投棄は2003年度以前から行われていたものである。また2004年度の41.1万トンのうち20.4万トンは，沼津市において発覚した大規模事案で，同じようにそれ以前から行われていたものである。
(11) 詳細については原論文を参照されたい。
(12) なおデポジット制度についての先駆的な研究として，Bohm (1981) を挙げることができる。
(13) 近年のアジアの資源循環貿易の状況については，たとえば小島編 (2005, 2008) を参照されたい。
(14) なお逆有償取引の経済的側面については，細田 (1999a) に詳細な説明がある。

参考文献

Baumol, W. J. and W. E. Oates (1988) *The Theory of Environmental Policy*, second edition, Cambridge University Press.

Bohm, P. (1981) *Deposit-Refund Systems: Theory and Applications to Environmental, Conservation, and Consumer Policy*, Johns Hopkins University Press.

Calcott, P. and M. Walls (2000) "Can Down Stream Waste Disposal Policies Encourage Upstream 'Design for Environment'?," *American Economic Review*, 99 (2).

Choe, C. and I. Fraser (1999) "An Economic Analysis of Household Waste Management," *Journal of Environmental Economics and Management*, 38 (2).

Copeland, B. R. (1991) "Intrenational Trade in Waste Products in the Presence of Illegal Disposal," *Journal of Environmental Economics and Management*, 20 (2).

Dinan, T. M. (1993) "Economic Efficiency Effects of Alternative Policies for Reducing Waste Disposal," *Journal of Environmental Economics and Management*, 25 (3).

Dobbs, I. M. (1991) "Litter and Waste Management: Disposal Taxes versus User Charges," *Canadian Journal of Economics*, 24 (1).

Eichner, T. and R. Pethig (2001) "Product Design and Efficient Management of Recycling and Waste Treatment," *Journal of Environmental Economics and Management*, 41 (1).

Fullerton, D. and T. C. Kinnaman (1995) "Garbage, Recycling, and Illicit Burning or Dumping," *Journal of Environmental Economics and Management*, 29 (1).

Fullerton, D. and W. Wu (1998) "Policies for Green Design," *Journal of Environmental Economics and Management*, 36 (2).

Morris, G. E. and D. M. Holthausen, Jr. (1994) "The Economics of Household Solid Waste Generation and Disposal," *Journal of Environmental Economics and Management*, 26 (3).

Onuma, A. and T. Saito (2003) "Some Effects of Deposit-Refund System on Producers and Consumers," *Keio Economic Society Discussion Paper Series*, KESDP No. 03-05, Keio University.

Palmer, K., H. A. Sigman, and M. Walls (1997) "The Cost of Reducing Municipal Solid Waste," *Journal of Environmental Economics and Management*, 33 (2).

Palmer, K. and M. Walls (1997) "Optimal Policies for Solid Waste Disposal: Taxes, Subsidies, and Standards," *Journal of Public Economics*, 65 (2).

Porter, R. C. (2002) *The Economics of Waste*, Resources for the Future.

Sigman, H. A. (1998) "Midnight Dumping: Public Policies and Illegal Disposal of Used Oil," *RAND Journal of Economics*, 29 (1).

Sullivan, A. M. (1987) "Policy Options for Toxics Disposal: Laissez-Faire, Subsidization, and Enforcement," *Journal of Environmental Economics and Management*, 14 (1).

Wertz, K. L. (1976) "Economic Factors Influencing Households' Production of Refuse," *Journal of Environmental Economics and Management*, 2 (4).

植田和弘（1997）「ごみ有料化」植田和弘・岡敏弘・新澤秀則編著『環境政策の経済学』日本評論社.

環境省（2011）「一般廃棄物の排出及び処理状況等（平成21年度）について」2011年3月4日，http://www.env.go.jp/recycle/waste_tech/ippan/h21/index.html（アクセス2011年7月20日）.

環境省（2010）「産業廃棄物の不法投棄等の状況（平成20年度）について」環境省報道発表資料2010年2月15日，http://www.env.go.jp/press.php?serial=12126（アクセス日2010年5月31日）.

小島道一編（2005）『アジアにおける循環資源貿易』アジア経済研究所.

小島道一編（2008）『アジアにおけるリサイクル』アジア経済研究所.

斉藤崇（2007）「廃棄物における外部性と政策に関する一考察」『三田学会雑誌』100 (3).

谷口正次（2005）『入門・資源危機』新評論.

寺園淳（2006）「アジアにおける E-waste 問題」『廃棄物学会誌』17 (2).

東京市町村自治調査会（2007）『多摩地域ごみ白書』東京市町村自治調査会，http://www.tama-100.or.jp/pdf/18gomihakusyo.pdf（アクセス2011年7月20日）.

仲雅之（2009）「希少金属リサイクルのリスクとプレミアム」細田衛士編著『資源循環型社会のリスクとプレミアム』慶應義塾大学出版会.

林誠一（2001）『転換期に立つ日本の鉄リサイクル』日鉄技術情報センター.

細田衛士（1999a）『グッズとバッズの経済学』東洋経済新報社.

細田衛士（1999b）「廃棄物処理費用の支払いルールと廃棄物処理政策」『三田学会雑誌』99 (2).

細田衛士（2008）『資源循環型社会』慶應義塾大学出版会.

山川肇「循環型社会研究室」http://www2.kpu.ac.jp/life_environ/mat-cycle-soc/index.html（アクセス2009年8月20日）.

山川肇・植田和弘（2001）「ごみ有料化研究の成果と課題——文献レビュー」『廃棄物学会誌』12（4）．
山谷修作（2007）『ごみ有料化』丸善．

第10章
経済成長と環境

鶴見哲也・馬奈木俊介

　本章では経済発展が環境に及ぼす影響を実証分析の観点から考察したい。先行研究では経済発展の代理変数として所得が主として用いられてきている。しかし，経済発展に伴い変化をするのは所得のみではないことは明らかである。本章では所得以外に経済発展に伴い変化をする重要な要因を考慮に入れたうえで分析を行い，この分野の研究を総括したい。また，経済のグローバル化が進む今，その変化は各国の経済発展に影響を与えている。この変化が環境にどのような影響を与えるのかについても考察を行いたい。

10.1　経済発展と環境

10.1.1　経済発展と環境の関係性

　経済発展は環境に良い影響を与えるのであろうか，それとも悪い影響を与えるのであろうか。図10-1〜3に1人当たりGDPと環境指標の散布図を示す。図10-1は1人当たり二酸化硫黄排出量（kg），図10-2は1人当たり二酸化炭素排出量（t），そして図10-3は1人当たりエネルギー使用量（kt of oil equivalent）である。本章ではこれら3つの環境指標を対象として議論を進めていくこととする。なお，この散布図は入手可能なすべての国について国レベルの経年データを集約しているものである。当然のことながら国別でこの散布図を作れば各国の特徴が見出されることになる。しかしその形状には各国固有の要因が影響しているはずであり，単純にその形状から経済発展と環境の一般的関係性を見出すことは難しい。また，経年で十分なサンプル数のデータを入手

図 10-1　1人当たり GDP と 1人当たり二酸化硫黄排出量の関係

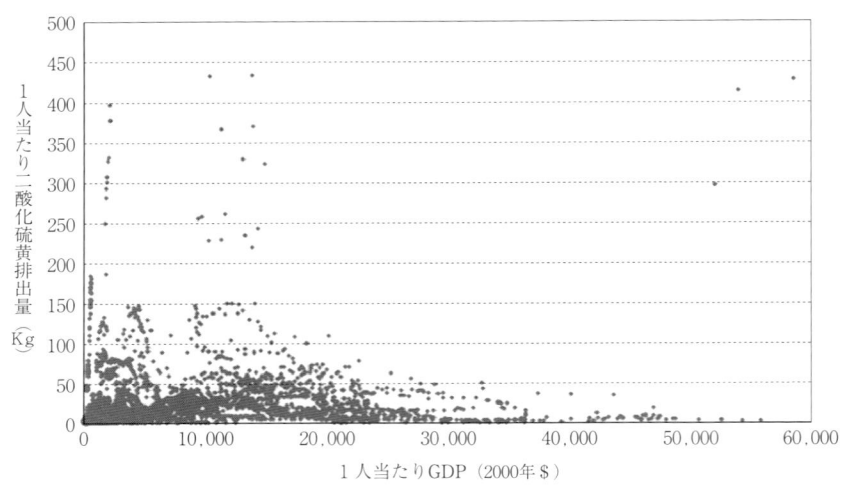

(注)　1960-2003年，162か国。1人当たり二酸化硫黄排出量は The Center for Air Pollution Impact and Trend Analysis (CAPITA) および Stern (2005)，1人当たり GDP は World development indicators より入手した。

図 10-2　1人当たり GDP と 1人当たり二酸化炭素排出量の関係

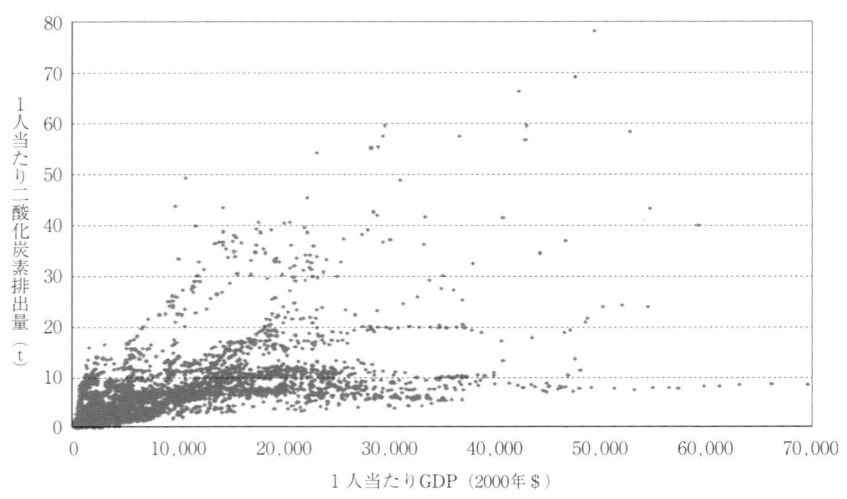

(注)　1960-2006年，203か国。1人当たり二酸化炭素排出量および1人当たり GDP は World development indicators より入手した。

第10章 経済成長と環境

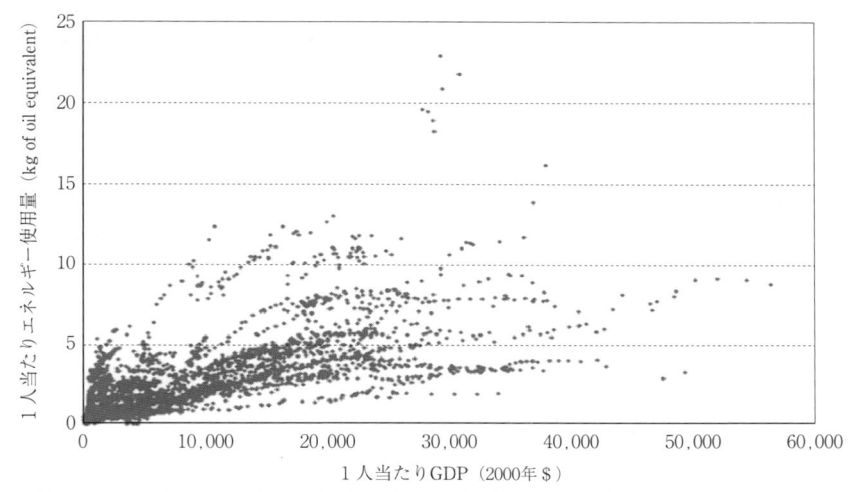

図10-3 1人当たりGDPと1人当たりエネルギー使用量の関係

(注) 1960-2007年、150か国。1人当たりエネルギー使用量および一人当たりGDPはWorld development indicatorsより入手した。

することができる国は限られてくる。ここに世界平均での関係性を見出す必要性が生じてくる。

10.1.2 環境クズネッツ曲線仮説

経済発展と環境の関係性に関する仮説に、環境クズネッツ曲線（environmental Kuznets curve、以下 EKC）仮説というものがある。この仮説は経済発展と環境汚染の間に逆U字型の関係性が見出されるというものである。すなわち、図10-4に示すように、経済発展の初期の段階では汚染が増大するものの、所得がある水準（転換点）を超えた段階で環境の改善が始まるというものである。

ただ、ここで注意すべきは汚染物質それぞれに当然のことながら固有の特徴があるという点である。たとえば二酸化硫黄、二酸化炭素およびエネルギー使用量には次のような違いがある。まず、二酸化硫黄は主として化石燃料の燃焼によって生じる大気汚染物質である。大気中に1～10日とどまるため、地域的な汚染物質であるだけでなく国境を越えた越境汚染物質としても認識がなされ

図 10 - 4　環境クズネッツ曲線の概念図

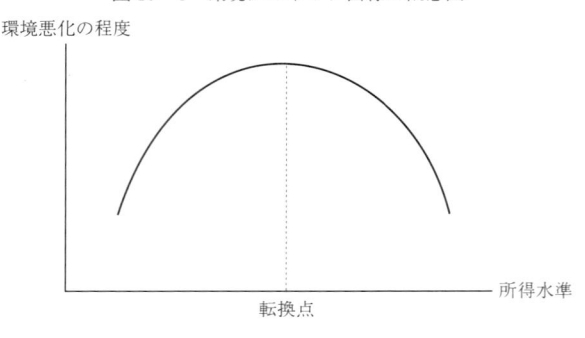

環境悪化の程度／転換点／所得水準

ている。また，酸性雨の原因物質であるとともに呼吸器系への健康被害を及ぼす物質としても認識がなされている。一方で，二酸化炭素も主として化石燃料の燃焼から発生をする物質である。地球温暖化の原因物質とされているが，大気中に50～200年とどまるため，地域的な物質というよりはグローバルに影響を与える物質と言える。また，大気にとどまる期間が長いため，二酸化炭素濃度は将来にわたって蓄積がなされていく。したがって，その影響は現代世代よりは将来世代により強く及ぶことになる。

　他方，エネルギー使用量に関してはその定義に注意が必要である。この指標は石炭・石油・天然ガス・原子力・水力・バイオマス・その他クリーンエネルギーといった種々のエネルギーを石油換算（kg of oil equivalent）したものである。したがって，より炭素含有量の少ないエネルギーを利用すればするほど，二酸化炭素排出へのインパクトは少ないという点に注意が必要である。また，こうしたエネルギー構成比はエネルギー安全保障の問題にも関係する点にも注意が必要であろう。さらに，当然ながら資源枯渇の問題にもエネルギー使用量は関係している。以上のように環境指標それぞれに固有の特徴が存在するため，環境負荷を低減させようとするインセンティブはそれぞれの指標で異なることが予想されよう。

　では，実際の EKC 仮説の成立に関する実証的な先行研究ではどのような結果が得られてきているのであろうか。結論から先に述べると，より地域的で身

第10章　経済成長と環境

近な環境指標であるほど仮説は成立しやすいという傾向が見出されてきている（詳細なレビューは Tsurumi and Managi（2010a）を参照のこと）。たとえば，二酸化硫黄については多くの研究で EKC 仮説の成立が実証されてきている。また，同様に地域的に影響を及ぼす浮遊粒子状物質（Particular Matter, PM）および水質汚染（生物化学的酸素要求量，Biochemical Oxygen Demand, BOD）に関しても仮説の成立が確かめられてきている。一方で，グローバルかつ将来世代に影響が及ぶ環境指標である二酸化炭素については仮説の成立を実証した研究は少数である（たとえば Schmalensee et al, 1998）。また，エネルギー使用量に関しては仮説の成立は見出されない傾向にある。

10.1.3　先行研究の頑健性

　ここで，二酸化炭素の実証研究においては仮説が成立するという研究と成立しないという研究が混在している点に注目をしたい。一致した結果が得られていない理由として，最近の研究は推計手法および使用するサンプルの違いを指摘している。通常，EKC 仮説の実証研究では回帰モデルの説明変数に所得の1乗項，2乗項，あるいはより柔軟な関数形を仮定して3乗項以上までを含めることで仮説成立の判断を行う。この関数形の仮定さらには推計手法の違いが結果に大きな影響を及ぼすことが示唆されてきている（たとえば Halkos（2003））。また，たとえば Stern and Common（2001）は二酸化硫黄に関して発展途上国のデータがサンプルに含まれる場合には，そうでない場合に比べて汚染の減少が始まる所得（転換点）が高くなることを指摘している。他方，Cole（2005）は二酸化炭素に関して特定の国のグループで転換点がきわめて高くなることを指摘している。

　最近になって，上記の関数形の仮定の問題を考慮するために，より柔軟な関数形を用いた手法であるセミパラメトリック回帰あるいはノンパラメトリック回帰を用いた研究がなされ始めている。たとえば，Millimet et al.（2003）はアメリカの州別データを用いて二酸化硫黄に関してセミパラメトリック回帰を用いて分析を行い，EKC 仮説の成立を確認している。一方で Bertinelli and

Strobl（2005）もセミパラメトリック回帰を用いているが，二酸化硫黄と二酸化炭素について別の推計結果を得ている。すなわち，両物質共に経済発展の初期段階では増大の傾向が見出されるが，その後，水平の段階を経たのち，高所得水準で再度増大がみられるという結果を得ている。また，Azomahou et al.（2006）は二酸化炭素に関してノンパラメトリック回帰を用いることで単調増加の傾向を見出している。エネルギー使用量に関してはLuzzati and Orsini（2009）がセミパラメトリックな手法として一般化加法モデルを用いており，単調増加の傾向を見出している。以上をまとめると，関数形の柔軟性を高める努力がなされてきているが，実証的には一致した結果が得られているという段階までは未だ達していないということになろう。

10.2　環境クズネッツ曲線仮説の再検討

10.2.1　3つの効果——規模効果・技術効果・構造効果

　経済発展の代理指標である所得変数は環境に影響を与える様々な要素を総合した変数と考えられる。したがって，それらの要素を分離してそれぞれの効果を明らかにすることはこれまで先行研究で一致した見解が得られてきていない環境指標について新たな示唆を与えることにつながるかもしれない。

　所得の増大（あるいは経済発展）が環境に及ぼす影響は3つの効果に分離することができる（Brock and Taylor, 2006）。1つ目は規模効果である。仮に一国の汚染削減に関係する技術水準および国全体の産業構造が変化しない場合，当該国の経済発展に伴う生産量増大（国内総生産の増大）は比例的に汚染量増大に帰結すると考えられる。この生産量増大に起因する汚染増大の効果は規模効果と呼ばれている。

　2つ目は技術効果である。仮に一国の産業構造と生産量が変化しない場合，当該国の汚染削減技術水準の変化（単位生産量あたりの汚染物質排出量の変化）は汚染量に影響を及ぼす。この効果は技術効果と呼ばれている。通常，所得の上昇はよりよい環境に対する需要を増加させ，その結果，より厳しい環境政策が

導入される，あるいは汚染削減技術が導入される，などのプロセスに結びつく。このことを通して技術効果は環境負荷低減の効果を有すると考えられる。ただし，ある新技術の導入がある物質の負荷低減に結びついたとしても，その技術が想定していない別の物質の排出量増につながることも考えられる。たとえば，ある種の脱硫装置の設置は二酸化硫黄の排出削減にはつながるがエネルギー使用量の増大に結びつくかもしれない。この意味で所得上昇は常に環境負荷低減の方向に働くとは限らない点に注意が必要であろう。

3つ目は構造効果である。仮に一国の生産量及び技術水準が変化しない場合，当該国の産業構造の変化（汚染を排出する産業の割合の変化）は汚染量に影響を及ぼすと考えられる。通常の経済発展のプロセスでは，労働集約的な産業（農業などの第1次産業）から資本集約的な産業（製造業，重化学工業など第2次産業）へのシフトがまず起こると考えられる。最終的には知識産業およびサービス産業などの第3次産業へのシフトが起こると考えられる。ただし，環境指標によってどの段階で負荷が高まるかということは異なる点に注意が必要であろう。

以上3つの効果を式で表現すると以下のようになる。

$$emission = technique \times composition \times scale \qquad (1)$$

ここで $emission$ は1人当たり汚染排出量であり，$technique$ は排出係数すなわち単位生産量に占める1人当たり汚染排出量，$composition$ は国内総生産に占める汚染産業によって生産される割合，そして $scale$ は国内総生産を意味しており，それぞれが技術効果，構造効果そして規模効果に該当する。composition×scale は汚染産業の総生産量を意味するため，この値に排出係数を乗ずることで左辺の1人当たり汚染排出量を得る。そして，以上3つの効果の正味の効果が環境クズネッツ曲線を形成すると考えられる。言い換えると，通常のEKC仮説に関する研究ではこれらの正味の効果を所得変数を代理変数とすることでとらえていると言えよう。

所得のみで回帰を行う通常のEKC仮説の分析と異なり，産業構造の変化や生産規模の増大という経済発展に伴って変化する2つの要因を考慮に入れるこ

とで，経済発展に伴って生じる技術効果の大きさが浮き彫りになる。この技術効果は，環境意識の高さ，あるいは汚染削減技術の進展・普及度合いを反映するものと考えられる。仮に，ある所得水準において，所得が増大しても技術効果が汚染を減らす方向に増大しないことがわかれば，その所得水準において，より環境意識を高める政策や汚染削減技術を促す追加の政策が汚染削減のためには必要ということになろう。

　なお，所得変数を規模・技術・構造の3つの効果へ分離する試みを通常の回帰分析（パラメトリック回帰）の枠組みで試みている先行研究はわれわれの知る限り Panayotou (1997) のみである。この研究は二酸化硫黄濃度を対象とし，単位面積当たりの国内総生産を規模効果の代理変数，1人当たり国内総生産を技術効果の代理変数，そして製造業が国内総生産に占める割合を構造効果の代理変数としている。分析の結果，規模効果は二酸化硫黄濃度を増大させる傾向を持つこと，技術効果は濃度を低下させる効果を持つこと，そして構造効果は全体としては濃度を増大させる効果を持つが特有の3次関数の形状を有すことが見出されている[4]。ただし，すでに触れたように最近の研究で関数形の仮定が結果に影響を及ぼす点が指摘されており，結果の解釈には注意が必要と考えられる。本節では，以下，二酸化硫黄，二酸化炭素，エネルギー使用量を対象として，柔軟な関数形を実現するセミパラメトリック回帰を用いてすでに述べた3つの効果を考えていく。

　なお，セミパラメトリック回帰あるいはノンパラメトリック回帰では複数の説明変数について柔軟な関数を仮定することで以下の障害が起きると言われている。すなわち，推計結果の分散が大きくなってしまい，結果の解釈が難しくなるという問題である（これは the curse of dimensionality と呼ばれている。詳しくは Hastie and Tibshirani (1990) を参照）。そこで本節ではこの問題を回避するために，一般化加法モデルを採用することとする[5]。この手法を用いることで，複数の説明変数を柔軟な関数形で解釈することが可能となる。

10.2.2 環境クズネッツ曲線仮説の検証

まず,所得変数のみの効果を考える。以下のような一般化加法モデルを考えよう。

$$\ln E_{it} = \alpha_1 + f_1(I_{it}) + \mu_{1i} + \nu_{1t} + \varepsilon_{1it} \qquad (2)$$

ここで i は国,t は年,E_{it} は1人あたり排出量あるいは1人当たりエネルギー使用量,I_{it} は1人当たり GDP,α_1 は定数項,μ_{1i} は国の固定効果,ν_{1t} は年の固定効果,そして ε_{1it} は誤差項である。[6] $f_1(\cdot)$ は非線形の柔軟な関数を許すノンパラメトリックな関数である。ここではスプライン関数を用いている。なお,二酸化硫黄は The Center for Air Pollution Impact and Trend Analysis (CAPITA) および Stern (2005),その他のデータは World development indicators より入手を行った。[7]

推計結果を図10-5に示す。中央の実線が推計結果であり,破線で挟まれた範囲は95%の信頼区間を意味している。3つの環境指標のうち,二酸化硫黄については高所得の範囲で汚染の減少が大きく起こっており,明確に EKC 仮説が成立していることが確認できよう。一方で二酸化炭素の場合にも,高所得の範囲でわずかに汚染の減少が始まっていると判断ができ,EKC 仮説の成立が確認される。一方,エネルギー使用量の場合には高所得の範囲で傾きはなだらかになっているものの,全体としては単調増加の傾向を持つと言えよう。

これらの結果はおおむね先行研究と一致するものである。しかし,二酸化炭素において程度は小さいものの排出量減少の傾向が見出されたことは先行研究では得られていない結果と言える。すなわちセミパラメトリック回帰あるいはノンパラメトリック回帰を用いた先行研究ではこれまで単調増加の傾向が見出されてきているのである。なお,我々は頑健性チェックとして先行研究と同様のサンプル期間で分析を行い単調増加の傾向を得た。したがって,本分析が先行研究に比べてより新しい年のデータをサンプルに含めていることが先行研究と違う結果を生じさせていると考えられよう。

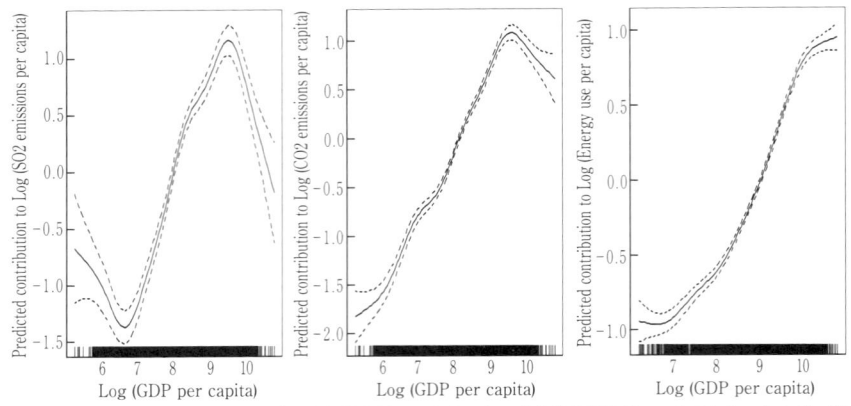

図10-5 1人当たりGDPと環境指標の関係

(注) 左から順に1人当たり二酸化硫黄排出量，1人当たり二酸化炭素排出量，1人当たりエネルギー使用量の推計結果である．実線は推定値を破線は95％信頼区間を示す．

10.2.3 所得変数の効果の分離

次に，所得変数の効果の規模・技術・構造という3効果への分離を行うために以下のモデルを考えよう．

$$\ln E_{it} = \alpha_2 + g_1(I_{it}) + g_2(S_{it}) + g_3(k_{it}) + \mu_{2t} + \nu_{2t} + \varepsilon_{2it} \qquad (3)$$

ここで，I_{it} は技術効果の代理変数である1人当たりGDP，S_{it} は規模効果の代理変数であるGDP，そして k_{it} は構造効果の代理変数である資本労働比率である[8]．$g(\cdot)$ は非線形の柔軟な関数を許すノンパラメトリックな関数である．ここでもスプライン関数を用いている．そのほかはすでに定義したとおりである．なお，GDP は World development indicators から，資本労働比率は Extended penn world table（http://homepage.newschool.edu/~foleyd/epwt/）から入手している．

図10-6に二酸化硫黄の推計結果を，図10-7に二酸化炭素の推計結果を，そして図10-8にエネルギー使用量の推計結果を示す．予想される傾きの符号は以下の通りである．まず，規模効果については正の傾きが得られることが予想される．これは同じ生産方法および汚染削減技術を用いた場合には単位生産

第 10 章　経済成長と環境

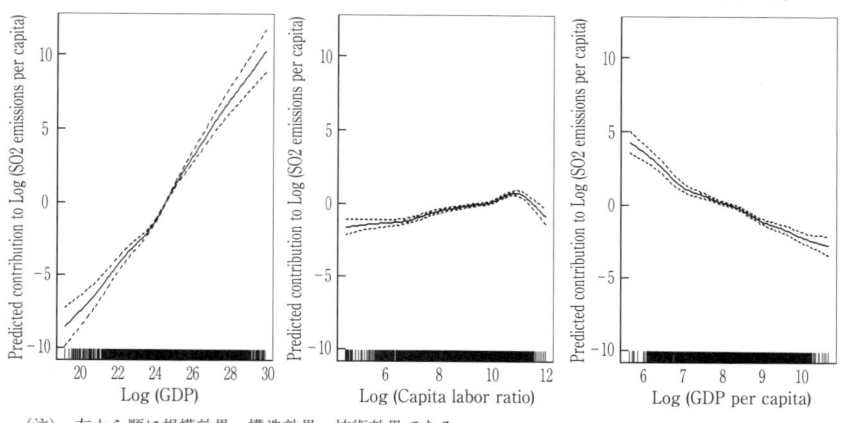

図 10-6　規模効果，構造効果，技術効果への分離（1人当たり二酸化硫黄排出量）

（注）左から順に規模効果，構造効果，技術効果である。

量あたりの環境負荷は一定であると考えられ，生産量の増大は比例的に環境負荷増大に結びつくことが予想されるためである。つぎに，構造効果についてであるが，規模効果と同様に正の傾きが得られることが予想される。これは，構造効果を捉える代理変数の資本労働比率は労働集約度あるいは資本集約度を捉える変数であり，通常，資本集約産業ほど環境負荷が増大する傾向にあると言われているからである（Cole and Elliott, 2003）。ただし，資本集約度が増すことは大型機械の導入を意味する可能性があり，この導入によって単位生産量あたりの環境負荷が低下することも考えられる。この効果が大きい場合には負の傾きが得られる可能性もあることに注意が必要と言えよう。最後に技術効果についてであるが，環境負荷を低減させる生産方法の導入等によって環境負荷を低下させる効果を有していると考えられる。したがって，すべての所得水準で負の傾きが予想される。ただし，環境意識の向上によって新たに導入される技術の採用目的が分析対象としている環境指標とは別の環境指標の負荷低減を目的としたものである場合にはその限りではない。すなわち，この場合，逆に所得の上昇が分析対象としている環境指標の負荷増大に結びつくことも考えられる。したがってこの影響が大きい場合には正の傾きが得られる可能性もあることに

図10-7 規模効果，構造効果，技術効果への分離（1人当たり二酸化炭素排出量）

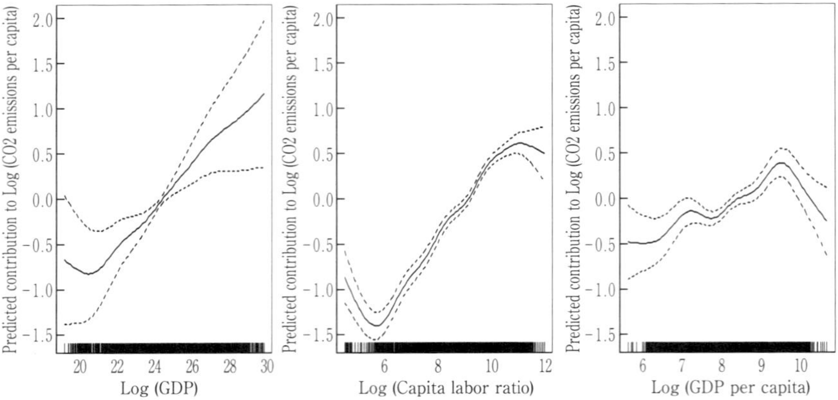

(注) 左から順に規模効果，構造効果，技術効果である。

注意が必要である。

以下推計結果について触れていこう。まず，規模効果についてであるが，予想通りすべての環境指標について正の傾きが得られている。このことから構造効果および技術効果を分離した場合，規模効果すなわち生産量の増大は環境負荷を高める効果を持つことが確認される。

次に構造効果についてであるが，すべての環境指標についておおむね予想通り正の傾きが得られている。ただし，二酸化硫黄と二酸化炭素に関しては高い資本労働比率の範囲において環境負荷が低下し始める傾向を見出すことができよう。また，エネルギー使用量に関しても傾きがなだらかになる傾向を見出すことができる。この原因の1つと考えられるのは，資本集約度があるレベルを超える，すなわちたとえば大型機械等が導入されるようになる，などの変化がエネルギー効率の上昇に結びつき，そのエネルギー効率改善が二酸化硫黄，二酸化炭素，およびエネルギー使用量の環境負荷低減に結びついているというシナリオである[9]。

最後に技術効果についてであるが，興味深いことに環境指標ごとに異なる結果が得られている。二酸化硫黄に関しては他の環境指標と比較すると顕著に負

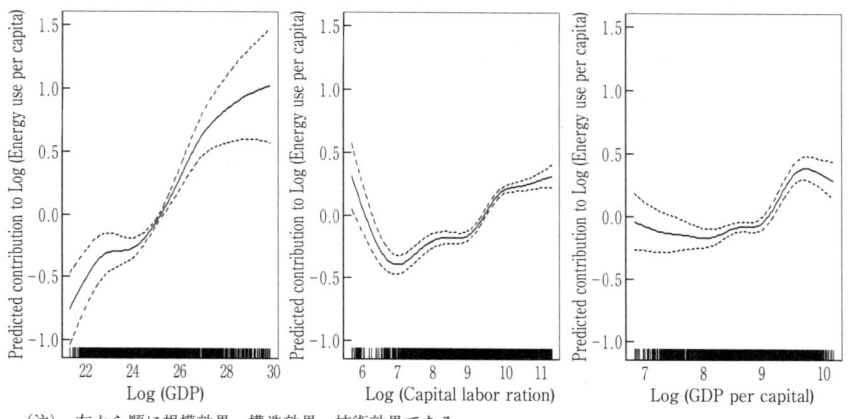

図10-8　規模効果，構造効果，技術効果への分離（1人当たりエネルギー使用量）

（注）　左から順に規模効果，構造効果，技術効果である。

の傾きが得られている。二酸化硫黄は地域的な汚染物質であり，被害を認識しやすいという特徴を持つ。このことが他の環境指標に比べて大きな汚染削減の効果を有している理由と考えられる。実際には以下の2つの要素が汚染削減に影響を与えていると考えられる。1つは硫黄含有量の低い石油や石炭の採用，もう1つは脱硫装置の導入である。なお，高所得の範囲と比較して中所得の範囲の傾きが緩やかであることに注意が必要である。このことは以下の指摘に関係している可能性がある。すなわち，途上国は先進国からの汚染削減技術の導入を高いコストを理由に避ける傾向にあるという指摘である（Cheremisinoff, 2001）。中所得の範囲では十分に技術移転が行われていない可能性を本分析は示唆しているのではないだろうか。

　次に，二酸化炭素についてであるが，負の傾きは高所得の範囲にしか見出すことができない。この負の傾きの要因としては以下の2点が考えられる。1つはエネルギー源のシフトによる炭素集約度の減少，もう1つは省エネ技術の導入である。後者はエネルギー使用量の技術効果にも影響すると考えられる[10]。しかし，図10-8を見るとわかるように二酸化炭素と異なり，エネルギー使用量の推計結果では高所得の範囲で負の傾きを見出すことはできない。このことよ

り，高所得の範囲の傾きが二酸化炭素とエネルギー使用量とで異なる理由は，もう一方の削減要因であるエネルギー源のシフトにある可能性が高いと考えられよう。次節ではこの可能性を検証するために，エネルギー源のシフトが二酸化炭素のEKCに及ぼす影響を考えることとする。

10.3 エネルギーシフトが二酸化炭素排出量に及ぼす影響

10.3.1 国別の「所得と二酸化炭素排出量の関係性」

10.2.2項の分析では二酸化炭素においてもEKC仮説が成立し，この成立の主要因として10.2.3項においてエネルギー源の転換が大きなインパクトを持つ可能性が示唆された。ただし，10.2.3項の分析ではエネルギー源のシフトを直接的に説明変数として含めているわけではなく，図10-7および図10-8における二酸化炭素とエネルギー使用量の傾きの比較によって考察していることに注意が必要である。したがって，本節ではエネルギー源の転換を直接的に説明変数に含めることで前節での議論が正しいかどうかを検証することとする。

なお，10.1.1項で触れたように，そもそも経済発展と環境の関係性は国によって異なる可能性がある。そして，この各国固有の特徴を取り除いたうえで所得と環境負荷にどのような関係が見出されるかを考えるのがEKC仮説を検証する研究が目指してきたところと言えよう。前節の分析では規模効果と構造効果を所得変数から分離することで環境指標に特有の技術効果を見出した。本節でも同様の考え方，すなわちエネルギーシフトの効果を所得変数から分離することで「所得と二酸化炭素排出量の関係性」にどのような影響が生じるかを考えていきたい。

なお，先行研究においても所得と環境指標の関係性は国固有のものであり，全世界のデータを用いて一意の関係性を見出すことはバイアスを生じさせ得るということが指摘されてきている（たとえばDeacon and Norman 2006; Coondoo and Dinda 2008）。実際，Deacon and Norman (2006)は二酸化硫黄，煤煙，そして浮遊粒子状物質について，様々な「所得と汚染の関係性」が存在すること

を示している．また，EKC 仮説の研究はサンプリングに敏感であるという指摘も「所得と汚染の関係性」が一意ではないことを意味していると言えよう．本項では国によって経済発展と二酸化炭素排出量の関係性が異なるかどうかを考えるために，一般化加法モデルを用いて国別の「所得と二酸化炭素排出量の関係性」を考察していく．モデルは以下の通りである．

$$\ln E_t = \alpha_3 + s_1(I_t) + \varepsilon_{3t} \tag{4}$$

ここで t は年，E_t は二酸化炭素排出量，α_3 は定数項，I_t は1人当たり GDP，ε_{3t} は誤差項，$s(\cdot)$ はスプライン関数である．二酸化炭素排出量は World development indicators，一人当たり GDP は Penn World Table 6.2 から入手している．サンプル期間は1960年から2003年である．なお，分析対象の国はエネルギーシフトのデータの信頼性から OECD に加盟をしている30か国に限定している．

推計の結果，OECD の30か国の「所得と二酸化炭素排出量の関係性」は3つのグループに大きく分類できることがわかった．図10-9の(a)から(c)に各グループから代表的な推計結果を3つずつ示す．1つ目のグループ（以下グループ1と呼ぶ）(図10-9(a))は負の傾きを高所得の範囲に有している国々，2つ目のグループ（以下グループ2と呼ぶ）(図10-9(b))は単調増加の傾向を有している国々，そして3つ目のグループ（以下グループ3と呼ぶ）(図10-9(c))はその他の特徴を持つあるいは信頼区間が広すぎるため解釈が困難な国々である．ここでは中央の線が推定値，上下の2本の線に挟まれた区間が95％の信頼区間である．

さて，仮にエネルギーシフトの影響が二酸化炭素排出量の減少に大きく寄与しているのであれば，負の傾きを有しているグループ1の国々は他のグループと比較して炭素含有量の多いエネルギーの割合を減少させてきていると考えられる．この点を確かめるために，最も炭素集約度なエネルギーとされる石炭が1次エネルギー全体に占める割合をグループ別および国別に**表10-1**にまとめた．表10-1より，一部例外はあるものの，予想通りグループ1の国々は他の

図 10-9 国別の二酸化炭素排出量と 1 人当たり GDP の関係

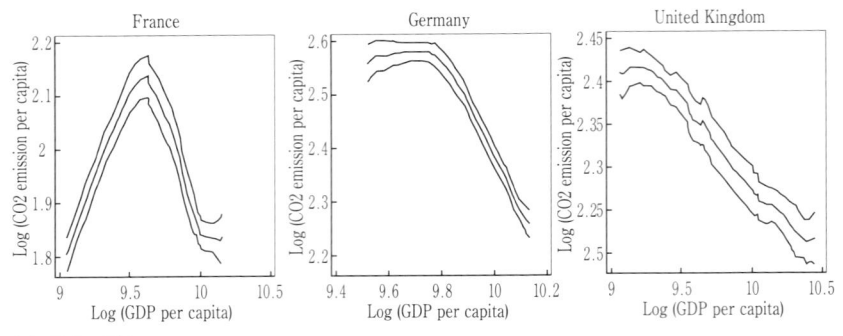

(a) グループ 1

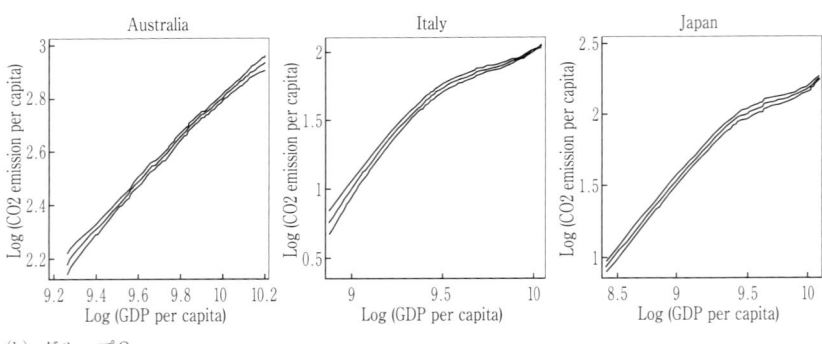

(b) グループ 2

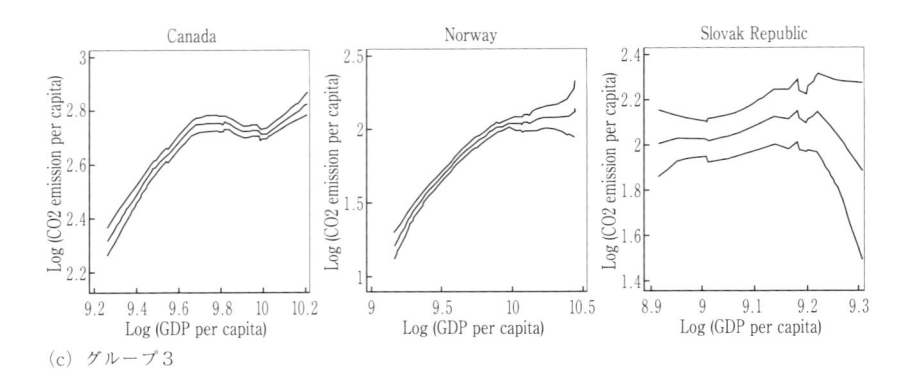

(c) グループ 3

第 10 章　経済成長と環境

表 10-1　1次エネルギーに占める石炭の割合

Group1	Belgium	Denmark	France	Germany	Hungary	Luxembourg	Poland	Sweden	Switzerland	United Kingdom	Average
1960-1969	0.540	0.299	0.437	0.586	0.549	0.776	0.899	0.092	0.122	0.596	0.490
1970-1979	0.243	0.123	0.177	0.411	0.348	0.533	0.796	0.043	0.017	0.350	0.304
1980-1989	0.230	0.327	0.125	0.397	0.272	0.425	0.780	0.053	0.019	0.316	0.294
1990-1999	0.166	0.341	0.070	0.282	0.187	0.181	0.713	0.056	0.007	0.222	0.223
2000-2005	0.110	0.219	0.052	0.244	0.138	0.023	0.607	0.053	0.005	0.162	0.161

Group2	Australia	Greece	Ireland	Italy	Japan	Korea, Rep.	New Zealand	Portugal	Spain	Turkey	Average
1960-1969	0.468	0.164	0.498	0.139	0.410	-	0.255	0.171	0.397	0.265	0.308
1970-1979	0.387	0.202	0.253	0.071	0.181	0.345	0.138	0.062	0.176	0.216	0.203
1980-1989	0.398	0.310	0.303	0.102	0.184	0.366	0.096	0.081	0.237	0.272	0.235
1990-1999	0.416	0.348	0.269	0.077	0.172	0.206	0.073	0.160	0.186	0.297	0.220
2000-2005	0.435	0.308	0.168	0.081	0.202	0.226	0.089	0.131	0.153	0.275	0.207

Group3	Austria	Canada	Czech	Finland	Iceland	Mexico	Netherlands	Norway	Slovak	United States	Average
1960-1969	0.365	0.145	-	0.151	0.014	-	0.308	0.091	-	0.208	0.183
1970-1979	0.184	0.103	0.756	0.138	0.001	0.033	0.051	0.063	0.483	0.185	0.200
1980-1989	0.168	0.127	0.685	0.163	0.027	0.025	0.097	0.052	0.390	0.228	0.196
1990-1999	0.129	0.117	0.566	0.191	0.026	0.037	0.120	0.040	0.313	0.234	0.177
2000-2005	0.121	0.113	0.487	0.179	0.028	0.046	0.106	0.033	0.242	0.236	0.159

グループと比較して過去50年間で石炭の割合を顕著に減らしてきていることが見て取れる。このことから，エネルギーシェアが二酸化炭素排出量減少に寄与していることが推測される。実際にこの点を統計的に裏づけるために，（4）式に石炭の割合に関する変数（以下石炭シェアと呼ぶ）を追加の説明変数として含めてみよう。すなわち，所得変数の効果から石炭シェアの部分を分離することによって「所得と二酸化炭素排出量の関係性」にどのような変化が生じるかに関して以下では考えていきたい。モデルは以下の通りである。

$$\ln E_t = \alpha_4 + s_2(I_t) + s_3(C_t) + \varepsilon_{4t} \tag{5}$$

ここで C_t は石炭シェアであり，他はすでに定義した通りである。

推計の結果，図10-10に一例を示しているが，グループ3の一部の国々を除いてほとんどの国で「所得と二酸化炭素排出量の関係性」は単調増加となった。[12]したがって，グループ1において負の傾きを形成していた主要因はこのエネル

図 10-10 国別の二酸化炭素排出量と 1 人当たり GDP の関係
（石炭シェアをモデルに含めた場合）

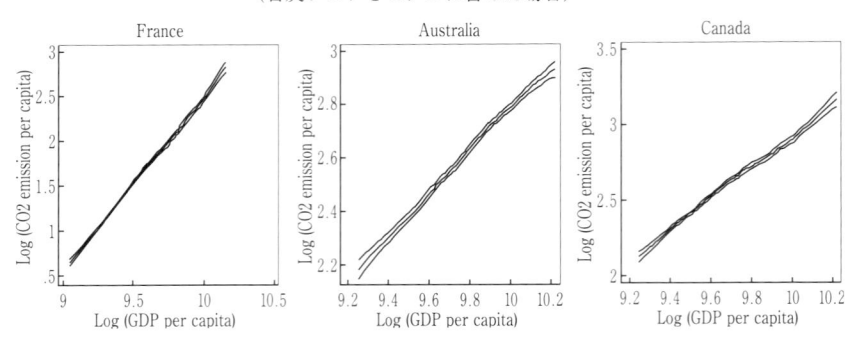

ギーシフトであった可能性が高いと言えよう。

10.3.2 OECD 諸国における平均的な「所得と二酸化炭素排出量の関係性」

前項では国別に推計を行った。それでは，サンプル全体で推計を行った場合，どのような「所得と二酸化炭素排出量の関係性」が見出されるだろうか。本節の最初で触れたように，通常の EKC 仮説の検証を行う研究では全世界のデータを用いて各国に共通する「所得と二酸化炭素排出量の関係性」を抽出することを目指している。しかし，前項で明らかにしたように，国別の「所得と二酸化炭素排出量の関係性」は異なることに注意が必要である。（5）式で所得変数から石炭シェアの影響を取り除いた結果，大部分の国で共通の傾向（単調増加の傾向）が見出されているため，この石炭シェアの影響は重要な「国固有の影響」と言える。このような重要な「国固有の影響」をできる限り所得変数から分離することで全世界での共通の傾向を見出すことができると考えられる。そこで本項ではまず OECD 30 か国のデータを用いて，一般化加法モデルに所得変数のみを含めたモデルを考える。次に，次項において別のモデルとして石炭シェアを追加の説明変数として含めたモデルを推計する。最終的に両モデルの推計結果を比較することで OECD 30 か国に共通した「所得と二酸化炭素排出量の関係性」を見出していくことにしたい。

まず，所得変数のみを含めたモデルは以下の通りである。

第 10 章　経済成長と環境

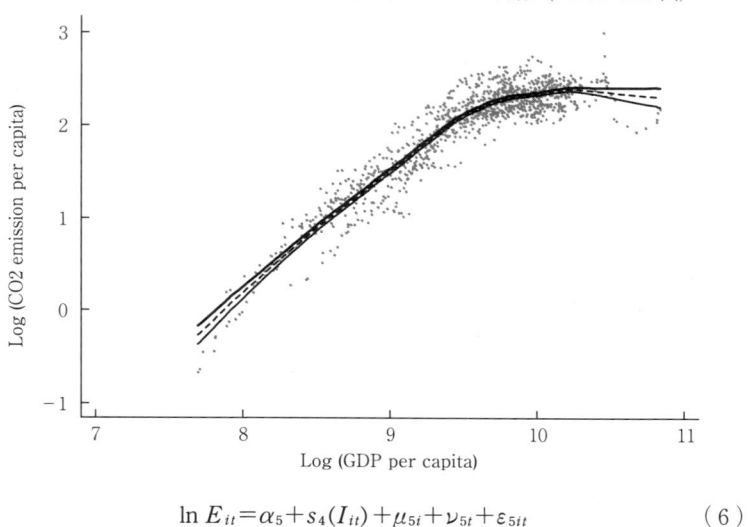

図 10-11　二酸化炭素排出量と 1 人当たり NGDP の関係（OECD 30か国）

$$\ln E_{it} = \alpha_5 + s_4(I_{it}) + \mu_{5i} + \nu_{5t} + \varepsilon_{5it} \qquad (6)$$

用いている記号はすでに定義した通りである。

　推計結果を図10-11に示す。特筆すべきは高所得の範囲で水平の傾向が見出されていることである。国別の推計で得られたように，グループ1の国々では負の傾きが，グループ2の国々では正の傾きが高所得の範囲では得られている。この水平のラインは両グループが相殺された平均の傾きと考えられる。なお，この結果は Azomahou (2006) の単調増加の結果と異なるものであり，また（2）式で得られた結果とも異なることに注意が必要であろう。このことから，用いるサンプルによって結果が異なることが示唆されよう。

10.3.3　OECD 諸国における平均的な「所得と二酸化炭素排出量の関係性」
　　　――石炭シェアの影響を取り除いた場合

　次に，（6）式の所得変数から石炭シェアの変化の影響を取り除いた場合の「所得と二酸化炭素排出量の関係性」を考えよう。モデルは以下の通りである。

$$\ln E_{it} = \alpha_6 + s_5(I_{it}) + s_6(C_{it}) + \mu_{6i} + \nu_{6t} + \varepsilon_{6it} \qquad (7)$$

図10-12 二酸化炭素排出量と1人当たり GDP の関係
（OECD 30か国，石炭シェアをモデルに含めた場合）

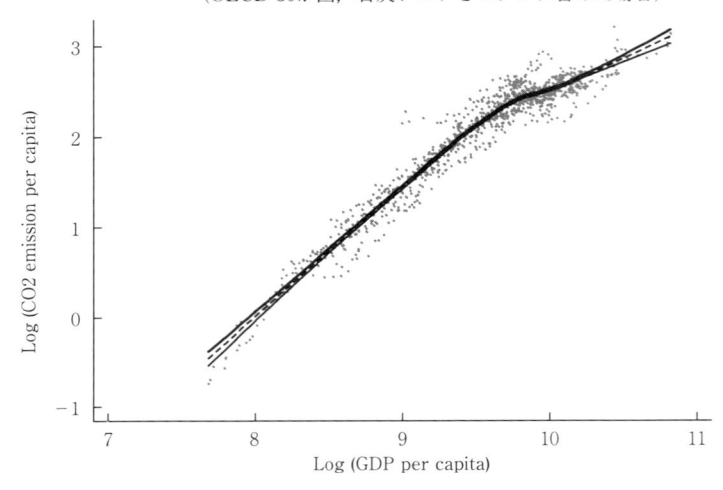

図10-13 二酸化炭素排出量と石炭シェアの関係

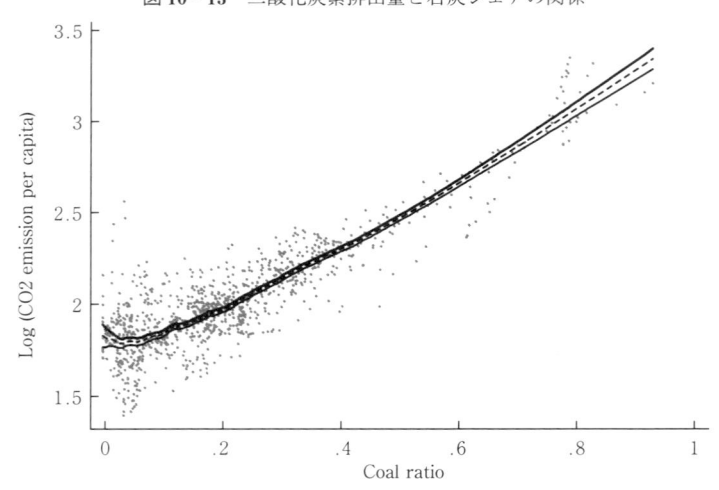

推計結果を図10-12に示す。まず，高所得の範囲においても単調増加の傾向が見出されていることが特筆されるであろう。また，図10-11と図10-12を比較することで，エネルギーシェアの変化が高所得の範囲で二酸化炭素排出量を減少させる大きなインパクトを持っていることが示唆される。また，**図10-13**から，石炭シェアの削減は二酸化炭素排出量削減に結びつくことが確認できよう。

以上より，エネルギーシェアという重要な国固有の特徴が存在すること，そして，その効果を分離すると，OECD諸国における平均的な「所得と二酸化炭素排出量の関係性」は単調増加の傾向を示すこと，以上の2点が明らかになった。このことが示唆することは，エネルギー源の転換が二酸化炭素排出量減少に大いに貢献してきていること，そしてこの転換が起こらない場合，経済発展は二酸化炭素を増大させてしまう可能性が高いということ，以上の2点と言えよう。

10.4 経済のグローバル化が環境に及ぼす影響

10.4.1 貿易が環境に及ぼす影響

経済のグローバル化の進展著しい現在，この波が経済発展に及ぼす影響も大きくなっていると考えられる。本節では次章のテーマとも関連してくるが，経済のグローバル化（特に貿易）が環境に及ぼす影響を考えていきたい。ここでも二酸化硫黄，二酸化炭素，エネルギー使用量を対象としたい。

10.2.1項で説明を行ったように経済発展が環境に及ぼす影響は規模効果，技術効果および構造効果の3つに分類できる。仮に経済のグローバル化（ここでは貿易依存度の上昇と考えよう）が経済発展に結びつくのであれば，経済のグローバル化は経済規模の増大あるいは所得の増大に結びつくこととなり，貿易誘因的な規模効果および貿易誘因的な技術効果がみられることとなるであろう。また，貿易は産業構造にも影響を及ぼすであろう。以上の議論を実証可能な形でモデル化した研究として Antweiler et al. (2001) がある。

彼らは産業構造を決定する主要因を比較優位，環境政策の強度，および貿易

自由化で説明している。まず，相対的に資本の賦存度の高い（資本労働比率の高い）国は資本集約財（汚染財）の生産に比較優位があり，相対的に労働賦存度の高い（資本労働比率の低い）国は労働集約財（非汚染財）の生産に比較優位がある。貿易の自由化は比較優位を持つ産業のシェアをより高めるため，資本集約産業に比較優位のある国では汚染材の生産が増大し排出量が増大する。一方で労働集約産業に比較優位のある国では非汚染材の生産が増大し排出量が減少すると考えられる。この効果は資本労働効果（Capital-labor effect）とよばれている。しかし，一方で，この比較優位は環境政策の厳しい国では弱められることに注意が必要である（この効果は環境規制効果（Environmental regulation effect）とよばれる[13]）。すなわち，資本労働比率の高い国は一般に環境規制も厳しくなるため，資本労働効果と環境規制効果の正味の効果を考える必要が生じるのである。これら2つの効果の正味は貿易誘発的な構造効果と呼ばれ，排出量に対して正の効果も負の効果もとり得るものである（Managi et al, 2009）。

10.4.2 モデル

モデルは以下の通りである。

$$\ln E_{it} = c_1 + \alpha_1 \ln E_{it-1} + \alpha_2 S_{it} + \alpha_3 [S_{it}]^2$$
$$+ \alpha_4 (K/L)_{it} + \alpha_5 [(K/L)_{it}]^2 + \alpha_6 (K/L)_{it} \cdot S_{it}$$
$$+ \alpha_7 T_{it} + \alpha_8 (RK/L)_{it} \cdot T_{it} + \alpha_9 [(RK/L)_{it}]^2 \cdot T_{it}$$
$$+ \alpha_{10} RS_{it} \cdot T_{it} + \alpha_{11} [RS_{it}]^2 T_{it} + \alpha_{12} (RK/L)_{it} \cdot S_{it} \cdot T_{it} + \varepsilon_{1it}$$
$$\varepsilon_{1it} = \eta_{1i} + \nu_{1it} \tag{8}$$

ここで i は国，t は年を示す。c_1 は定数項である。また，誤差項 ε_{1it} は個別効果 η_{1i} とその他の要因 ν_{1it} からなる。E は1人当たり排出量あるいはエネルギー消費量，K/L は資本労働比率，S は1人当たり GDP[14]，T は貿易依存度（(輸出＋輸入)／GDP），RS は当該国の1人当たり GDP を世界平均のそれで割ったもの，RK/L は当該国の資本労働比率を世界平均のそれで割ったものを表わしている[15]。なお，このモデルでは非線形の関係性を捉えるために2乗項を

含めている。また，交差項を含めることにより，貿易自由化が環境負荷に及ぼす影響が，所得水準や資本集約度によって異なる点を考慮に入れている。

上式の，第3項と第4項は，規模・技術効果の正味の効果を表わす項であり，第5項以降は構造効果を表わす項である。とくに，第8項以降は，貿易の自由化の進展が構造効果に及ぼす影響，すなわち貿易誘発的な構造効果を表わす項となっている。なお，第8項以降において貿易誘発的な構造効果が，RK/L や RS によって決定されるのは，(1)比較優位は国の間の相対的な要素賦存度によって決定される，(2)各国の環境・エネルギー政策の相対的な差が比較優位に影響を及ぼす，ことに起因している。

σ^S_{ST}, σ^S_C, σ^S_T をそれぞれ，短期の貿易誘発的規模・技術効果弾力性，貿易誘発的構造効果弾力性，全効果弾力性，そして σ^L_{ST}, σ^L_C, σ^L_T をそれぞれ，長期の貿易誘発的規模・技術効果弾力性，貿易誘発的構造効果弾力性，全効果弾力性と定義すると，(8)式より，貿易の自由化によって生じる短期の弾力性((9)式)および長期の弾力性((10)式)は以下のように計算される。

$$\sigma^S_T = \frac{\partial \ln E_{it}}{\partial T_{it}} T_{it} = \left(\frac{\partial ST_{it}}{\partial S_{it}} \frac{\partial S_{it}}{\partial T_{it}} + \frac{\partial C_{it}}{\partial S_{it}} \frac{\partial S_{it}}{\partial T_{it}} + \frac{\partial C_{it}}{\partial T_{it}} \right) T_{it}$$
$$= \sigma^S_{ST} + \sigma^S_{C1} + \sigma^S_{C2} = \sigma^S_{ST} + \sigma^S_C \tag{9}$$

$$\sigma^S_T = \frac{\partial \ln E_{it}}{\partial T_{it}} T_{it} = \left(\frac{\partial ST_{it}}{\partial S_{it}} \frac{\partial S_{it}}{\partial T_{it}} + \frac{\partial C_{it}}{\partial S_{it}} \frac{\partial S_{it}}{\partial T_{it}} + \frac{\partial C_{it}}{\partial T_{it}} \right) \frac{T_{it}}{1-\alpha_1}$$
$$= \sigma^L_{ST} + \sigma^L_{C1} + \sigma^L_{C2} = \sigma^L_{ST} + \sigma^L_C \tag{10}$$

ここで，ST は(8)式の第3項及び第4項，C は(8)式の第5項以降である。(9)式および(10)式の計算では $\frac{\partial S_{it}}{\partial T_{it}}$ の値が必要となるが，この値は以下の(11)式から得る。

$$\ln S_{it} = c_2 + \beta_1 \ln S_{it-1} + \beta_2 \ln T_{it} + \beta_3 \ln(K/L)_{it} + \beta_4 \ln P_{it} + \beta_5 \ln Sch_{it} + \varepsilon_{2it}$$
$$\varepsilon_{2it} = \eta_{2i} + \nu_{2t} \tag{11}$$

この式は，所得水準の決定要因に教育等の人的資本が影響すると考える内生的経済成長論(Barro, 1998)を基にしている。P は人口(人)，Sch は就学年数(年)である。他の変数はすでに定義したとおりである。

10.4.3 分析結果

（8）式および(11)式の推計によって得られたパラメータおよびサンプル平均を用いて，（9）式および(10)式の弾力性を計算した結果を**表10‒2**および**表10‒3**に示す。なお，先進国と途上国とで効果に違いがみられるかを考えるために，OECD加盟国のサンプル平均および非OECD加盟国のサンプル平均を用いて計算を行っている。

まずσ_{ST}から見ていこう。[21]　σ_{ST}は短期，長期，共に同じ符号が得られている。[22] 二酸化硫黄と二酸化炭素についてはOECDでは負の弾力性が得られているが，非OECDでは正の弾力性が得られている。したがって，先進国においてのみ技術効果が規模効果を上回っていると言えよう。エネルギー使用量についてはOECDおよび非OECDの両方で正の弾力性が得られており，規模効果が技術効果を途上国においても先進国においても上回っていることがわかる。これらの結果は10.2節で得られた2つの結果，すなわち，二酸化硫黄と二酸化炭素は高所得の範囲で負の技術効果が得られていること（図10‒6，図10‒7），そしてエネルギー使用量では負の技術効果は得られていないこと（図10‒8），と矛盾しない結果であると言えよう。なお，OECDにおける二酸化硫黄と二酸化炭素の絶対値を比べると二酸化硫黄のσ_{ST}ほうが大きいことがわかる。このことも二酸化硫黄の技術効果の大きさが相対的に大きいことを示していると言えよう。

次に，σ_Cについて見ていこう。σ_Cも短期，長期，ともに同じ符号が得られている。二酸化硫黄および二酸化炭素については構造効果は正の弾力性が得られている。このことは資本労働効果が環境規制効果を上回っていることを意味している。一方でエネルギー使用量は負の弾力性が得られており，逆に後者の効果が前者を上回っていることを意味している。

最後に，以上の規模・技術効果と構造効果の和である貿易自由化に起因する全効果σ_Tを見よう。まず，二酸化硫黄および二酸化炭素については短期と長期で同じ符号が得られている。具体的にはOECDでは負であるが，非OECDでは正となっている。すなわち，貿易自由化は先進国にのみ環境負荷低減の効

表 10-2 短期の弾力性

		二酸化硫黄	二酸化炭素	エネルギー使用量
OECD	σ_{ST}^S	-0.176***	-0.058***	0.013**
	σ_C^S	0.029*	0.003*	-0.017*
	σ_T^S	-0.147**	-0.054*	-0.003*
Non-OECD	σ_{ST}^S	0.006***	0.012***	0.007*
	σ_C^S	0.023*	0.111*	0.023*
	σ_T^S	0.030**	0.113*	0.031*

注) ***は1%, **は5%, *は10%の水準で有意であることを示す.

表 10-3 長期の弾力性

		二酸化硫黄	二酸化炭素	エネルギー使用量
OECD	σ_{ST}^L	-10.908***	-2.388***	2.290**
	σ_C^L	8.679**	2.202*	-0.068*
	σ_T^L	-2.228**	-0.186*	2.221*
Non-OECD	σ_{ST}^L	0.378***	0.513***	1.213**
	σ_C^L	0.543*	0.369*	0.121*
	σ_T^L	0.920***	0.883*	1.334*

注) ***は1%, **は5%, *は10%の水準で有意であることを示す.

果を持つと言えよう。一方，エネルギー使用量については OECD については短期と長期で符号が異なっていることに注意が必要である。ただし，短期の効果は小さいため，長期の効果にのみ注目をすると，エネルギー使用量の長期の σ_T は OECD および非 OECD ともに正であり，貿易自由化は先進国においても途上国においてもエネルギー使用量を増大させる効果も持つと言えよう。

10.5 経済成長と環境——実証的観点から

本章では，経済発展が環境に及ぼす影響を実際のデータを用いた実証分析により考察している。具体的には，先行研究で経済発展の代理変数として主とし

て用いられてきている所得に加えて，他の重要と考えられる要素を追加の説明変数としてモデルに追加し，分析している。対象とした環境指標は二酸化硫黄，二酸化炭素，そしてエネルギー使用量である。

まず10.2節では，所得（すなわち経済発展）が環境に及ぼす効果を3つの効果，すなわち規模効果，技術効果，構造効果に分解したうえで分析を行った。その結果，規模効果と構造効果についてはすべての環境指標でおおよそ共通の傾向が見出されたが，技術効果については環境指標それぞれに特有の傾向が見出されている。なかでも，二酸化炭素およびエネルギー使用量について，経済発展が進んだ段階においても環境負荷低減に寄与するだけの十分な技術効果を見出すことができなかった点は特筆に値するであろう。技術効果は環境政策が十分であるかどうかを示すものとも言え，これらの環境指標については，経済発展による自発的な環境対策だけでは不十分で，何らかの追加の対策・政策を意識して行う必要があることが示唆される。

また，この10.2節の分析の結果から，炭素集約的なエネルギー源からの脱却が二酸化炭素排出量削減に顕著に影響を与える可能性も示唆された。この点を裏付けるために，10.3節では，二酸化炭素排出量について，通常の所得のみを含めたモデルに，追加の説明変数として石炭シェア変数を加えて分析を行った。その結果，予期した通り，エネルギーシフトが二酸化炭素削減に大きな影響を与えている点が明らかになった。すなわち，一部の国が行ってきたような炭素集約的なエネルギー源からの脱却を行わない限り（あるいはこの脱却と同レベルの二酸化炭素削減につながる技術が開発あるいは普及されない限り），経済発展と環境負荷低減の両立は難しいということが示唆されよう。

以上2つの分析から，二酸化炭素とエネルギー使用量については，経済発展に伴って高まると考えられる環境意識，そしてその意識向上により行われる技術導入や政策に期待をするだけでは，環境負荷を低減させることは難しいという点が示唆される。この意味で，経済発展による自発的な対策に過度に期待をせず，何らかの環境負荷低減へのインセンティブを生み出す追加の政策を意識的に行うことが，経済発展の進んだ国においても必要と言えるのではないだろ

第 10 章 経済成長と環境

うか。

　さて，本章では最後に，10.4 節において，経済のグローバル化（ここでは貿易の自由化）が及ぼす影響についても分析を行っている。分析の結果，貿易自由化の進展は所得および経済規模を増大させ，その結果，規模効果と技術効果を生じさせること，そして規模・技術効果は先進国の二酸化硫黄と二酸化炭素のみで環境負荷低減の効果を持つこと，が明らかになった。また，貿易に起因する構造効果も含めた全効果においても，先進国の二酸化硫黄と二酸化炭素のみで環境負荷低減の効果が見出された。

　以上本章の 3 つの分析により，経済発展の進んだ段階でも環境負荷低減につながらないケースが見受けられることが明らかになった。経済発展と環境保護の両立の実現のためには，環境指標ごとの特徴を実際のデータを用いて本章のように細かく把握することが大事と言えよう。

謝辞

　未定稿の段階では東北大学の柳瀬明彦准教授に大変貴重なコメントをいただいた。ここに記して感謝申し上げたい。

注

(1) これらの指標に絞る理由は，他の環境指標に比べて長期間にわたって多くの国のデータが入手できるため，研究の蓄積が十分という点にある。

(2) 汚染レベル＝定数項＋α_1(所得)＋α_2(所得)^2＋α_3(所得)^3＋誤差項といったモデルである。

(3) 通常の回帰分析（パラメトリック回帰）では各説明変数の傾き（回帰係数）を 1 つの定数として得る（この場合関数形としては線形を仮定）。一方，ノンパラメトリック回帰では，各説明変数の傾き（回帰係数）を 1 つに限定しない。たとえば，ある説明変数はその水準によって傾きが異なるかもしれない。この傾きの違いを柔軟な関数（非線形な関数，たとえばスプライン関数・Loess 関数など）を用いることで考慮する手法がノンパラメトリック回帰である。なお，重回帰モデルの一部の説明変数は線形を仮定し，残りの説明変数のみ柔軟な関数を用いる場合をセミパラメトリック回帰と呼ぶ。

(4) 規模効果の濃度増大効果は経済規模が大きくなるにつれて小さくなる傾向を持

つこと，そして，技術効果の濃度低下効果は1人当たり国内総生産が大きくなるにつれて大きくなる傾向を持つこと，も見出されている。

(5) われわれはこの手法においてモデルの他の説明変数の影響を取り除いた後に生じる部分的な残差を最小にするために3次のスプライン関数を繰り返し用いている。この繰り返し計算における推計のループはモデルのフィットが改善しなくなったときに終了するが，この判定基準としては GCV（Generalized Cross Validation）基準を用いている。なお，スプライン関数の代わりに Loess 関数を用いた場合も結果はほぼ同様であった。

(6) 国及び年の固定効果を取り除くために，国ダミーおよび年ダミーをモデルに含めている。

(7) 二酸化硫黄は1963年から2000年，105か国，二酸化炭素は1963年から2000年，112か国，そしてエネルギー使用量は1970年から2000年，75か国である。

(8) 技術効果は過去の所得に影響を受ける可能性がある（Managi et al., 2009）。そこでわれわれは頑健性チェックとして過去5年平均の一人当たり GDP を技術効果の代理変数にしたスペシフィケーションでも分析を行っている。その結果，式（3）と同様の結果を得ている。また，パラメトリックな関数形を用いた多くの先行研究では貿易変数あるいは制度変数など追加の説明変数を加えたモデルで分析を行っている。そこで我々も頑健性チェックのため貿易開放度および民主化指標を含めたモデルでも分析を行っている。ここで貿易開放度は経済成長論の分野でしばしば用いられる GDP に占める輸出と輸入の総和（Managi et al.（2009）を参照のこと）であり World development indicators より入手したものである。また，民主化指標は Freedom House が発表している Political right 指標を用いている。分析の結果，これらの追加の説明変数を加えたとしても規模・技術・構造の3つの効果の推計結果は式（3）とほぼ同様であった。

(9) 低い資本労働比率の範囲において環境負荷低減の傾向が見出される。しかし，この範囲はサンプル数が少なく，信頼区間も広いため，ここでは解釈を行わないことにする。

(10) エネルギー源のシフトはエネルギー使用量には影響をほとんど与えないことに注意が必要である。たとえば石炭から水力にエネルギー源のシフトが起こった場合，二酸化炭素排出量には影響があるが，単位が石油換算であるエネルギー使用量には大きな影響はない。

(11) 1次エネルギーに占める石炭の割合は International Energy Agency の Energy Balance of OECD countries から入手している。

(12) 「石炭シェアと二酸化炭素排出量の関係性」は予想通り，石炭シェアが小さくなるほど二酸化炭素排出量が減少するという関係性であった。

(13) 所得の高い国ほどよりよい環境（大気汚染，地球温暖化）に対する需要が高く，より厳しい環境政策が実施されるため，資本集約的な産業（汚染（エネルギー多消費）産業）においては，汚染物質を削減するために高い費用を負担しなければならなくなる。このため，相対的に比較優位の程度が低下する結果，貿易を通して，そのような国での資本集約財の生産が減少し，汚染およびエネルギー消費量が減少するかもしれない。

(14) 10.2節および10.3節で示したように，排出量及びエネルギー使用量においては，規模効果の代理変数としてGDPを使用することになる。しかし，GDPは技術効果の代理変数である一人当たりGDPと相関が高いため，多重共線性の問題が発生しやすい。本モデルでもその問題が発生した。そこで，Cole (2003, 2006) と同様に，一人当たりGDPを規模効果と技術効果の正味の効果を捉える変数として本モデルでは用いている。なお，Antweiler et al. (2001) では規模効果と技術効果の分離を行っているが，これは濃度のデータを用いることで可能となっている。すなわち，彼らの研究では規模効果を捉える代理変数として GDP/km^2 を用いることができるため多重共線性の問題が回避できているのである。

(15) 環境指標はすべて10.2節と同様のデータソースから入手している。資本労働比率はExtended penn world table，その他の指標はすべてPenn world table 6.1 から入手している。データの期間は1973年から2000年，国数は二酸化硫黄および二酸化炭素が88か国，エネルギー使用量が75か国である。

(16) 本節では10.2節および10.3節で用いた一般化加法モデルを用いていない。これは，式(8)における交差項の考慮が10.2.1項で説明を行った "the curse of dimensionality" の問題により難しいということによる。

(17) 1人当たり所得水準は環境・エネルギー政策の強度と相関していると考えられるため，1人当たり所得水準を一国の生産規模を表わす変数とともに，これらの政策を表わす変数として扱っている。

(18) *World Development Indicators* より入手した．

(19) 25歳以上人口における平均就学年数であり，Education dataset in Barro and Lee (2000) より入手した．

(20) (8)式および(11)式の推計にはArellano and Bond (1991) のDifferenced GMMを用いている。この手法を用いることで短期と長期の違いを見出すことができるだけでなく，内生性の考慮も行うことが可能となる。なお，貿易依存度は経済規模に影響を受ける可能性があり，経済成長に関する先行研究でしばしばその内生性の問題が指摘されてきている。そこで本分析ではFrankel and Rose (2005) にならい，重力モデルを用いて貿易依存度の操作変数を作成し，(8)式および(11)式の分析の際の追加の操作変数として用いている（詳細はManagi et al. (2009) を参照）。一

方，所得変数も内生性の問題がしばしば指摘されてきている。そこで，(11)式の予測値を作成し，追加の操作変数として(8)式の推計に用いている。
(21) (11)式の B_2 は二酸化硫黄および二酸化炭素の国と期間のサンプルで行った分析では0.05，エネルギー使用量のサンプルでは0.03であった。このことは貿易自由化（貿易依存度の上昇）が1人当たりGDPを押し上げる効果を有することを意味している。この押し上げられた1人当たりGDPが環境に及ぼす正味の効果，すなわち規模効果および技術効果の正味の効果を見ているのが σ_{ST} である。
(22) 本研究の特徴の1つは，内生性の問題に取り組むことで，貿易がGDP成長を通して汚染及びエネルギー使用量に与える影響を考慮に入れている点，すなわち，GDP成長の影響を取り込んでいる点にあり，このことが短期と長期の違いを生じさせる主要因になっていると考えられる。

◉参考文献

Antweiler, W., Copeland, B. and S. Taylor (2001) "Is Free Trade Good for the Environment?" *American Economic Review*, 91 (4).

Arellano, M. and S. Bond (1999) "Some Tests of Specification for Panel Data: Monte Carlo Evidence and an Application to Employment Equations" *Review of Economic Studies*, 58.

Azomahou, T., Laisney, F. and P. N. Van (2006) "Economic Development and CO2 Emissions: A Nonparametric Panel Approach", *Journal of Public Economics*, 90 (6-7).

Barro, E. J. (1998) *Determinants of Economic Growth*, Cambridge, Mass.: MIT Press, 1998

Barro, E. J. and Lee. J. W. (2000) "International Data on Educational Attainment: Updates and Implications," CID Working Paper No. 42. Center for International Development, Harvard University, MA.

Bertinelli, L. and E. Strobl (2005) "The Environmental Kuznets Curve Semi-parametrically Revisited", *Economics Letters*, 88.

Brock, W. and M. S. Taylor (2006) *Economic Growth and the Environment: A Review of Theory and Empirics*. In Durlauf, S., Aghion., P. (Ed.), The Handbook of Economic Growth, Amsterdam, Elsevier Science Publishers.

Cheremisinoff, N. P. (2001) *Handbook of Pollution Prevention Practices* (Environ-

第 10 章 経済成長と環境

mental Science and Pollution Control Series) Marcel Dekker Inc, Cambridge.
Cole, M. A. (2005) "Re-examining the Pollution-income Relationship : A Random Coefficients Approach", *Economic Bulletin*, 14.
Cole, M. A. and R. J. R. Elliott (2003) "Determining the Trade-Environment Composition Effect : The Role of Capital, Labor and Environmental Regulations." *Journal of Environmental Economics and Management*, 46 (3).
Coondoo, D. and S. Dinda (2008) "Carbon Dioxide Emission and Income : A Temporal Analysis of Cross-country Distributional Patterns." *Ecological Economics*, 65.
Deacon, R. T. and C. S. Norman (2006) "Does the Environmental Kuznets Curve Describe How Individual Countries Behave ?" *Land Economics*, 82 (2).
Frankel, J. and A. Rose (2005) "Is Trade Good or Bad for the Environment ? Sorting out the Causality," *Review of Economics and Statistics*, 87 (1).
Halkos, G. E. (2003) "Environmental Kuznets Curve for Sulfur : Evidence Using GMM Estimation and Random Coefficient Panel Data Model." *Environment and Development Economics*, 8.
Hastie, T. J. and R. J. Tibshirani (1990) *Generalized Additive Models*, New York, Chapman and Hall.
Luzzati, T. and M. Orsini (2009) "Investigating the Energy-environmental Kuznets Curve." Energy, 34.
Managi, S., A. Hibiki and T. Tsurumi (2009) "Does Trade Openness Improve Environmental Quality ?" *Journal of Environmental Economics and Management*, 58.
Millimet, D. L., J. A. List and T. Stengos (2003) "The Environmental Kuznets Curve : Real Progress or Misspecified Models ?." *Review of Economics and Statistics*, 85.
Panayotou, T. (1997) "Demystifying the Environmental Kuznets Curve : Turning a Black Box into a Policy Tool." *Environment and Development Economics*, 2.
Schmalensee, R., T. M. Stoker and R. A. Judson (1998) "World Carbon Dioxide Emissions : 1950-2050." *Review of Economics and Statistics*, 80.
Stern, D. I. (2005) "Global Sulfur Emissions from 1850 to 2000." Chemosphere, 58.
Stern, D. I., and M. S. Common (2001) "Is There an Environmental Kuznets Curve for Sulfur ?" *Journal of Environmental Economics and Management*, 41.
Tsurumi, T. and S. Managi (2010a) "Decomposition of the environmental Kuznets curve : scale, technique, and composition effects" *Environmental Economics and Policy Studies*, 11.

Tsurumi, T. and S. Managi (2010b) "Does Energy Substitution Affect Carbon Dioxide Emissions-Income Relationship ?" *Journal of The Japanese and International Economies* (forthcoming).

第11章
環境と国際経済

柳瀬明彦

　本章では，国際的な視点から環境経済の諸トピックについて取り上げる．現代の国際経済社会は，財・サービスの貿易の拡大である「経済取引」と企業活動の国際化に代表される「経済活動」の両面で，グローバル化が急速に発展している．近年ではさらに，地球温暖化に代表される「環境問題」それ自体のグローバル化も重大な問題となっている．

　11.1節では，まず貿易の自由化や直接投資を通じた企業の国際化が環境に与える影響について議論する．国際的な経済取引・経済活動の存在は，一国の諸政策が他国にも影響を与えるという，政策の国際的相互依存関係が存在することを意味する．続く11.2節では，グローバル経済の下での貿易・環境政策に関して，環境保護のために貿易制限を行うことの是非や，環境政策が貿易・直接投資に与える影響について検討する．

　現代の貿易・投資面での国際経済システムは，関税と貿易に関する一般協定（GATT）およびそこから発展して設立された世界貿易機関（WTO）によって規律づけられている．11.3節では，GATT/WTO体制における環境の取り扱いについて説明し，環境保護のための諸政策が「偽装された」貿易政策と見なされ，GATT/WTOが目指す自由貿易体制と矛盾する恐れがあることを指摘する．

　最後の11.4節では，地球規模の環境問題について取り上げる．国境を越える環境問題の存在は，環境政策の国際協調およびその達成のための国際協定を必要とする．そのような多国間環境協定について，現状，意義，問題点などを整理する．

11.1 国際貿易・海外直接投資が環境に与える影響

本節では経済のグローバル化と環境との関連について，財の貿易自由化や直接投資を通じた企業の国際化が環境に与える影響について検討する。[1]

11.1.1 自由貿易は環境を悪化させるのか？

第10章において，一国の経済活動が環境に与える影響を規模効果（scale effect）・技術効果（technique effect）・構造効果（composition effect）という3つの要因に分解した。貿易が環境に及ぼす影響のメカニズムを理解する上でも，この分解は有用な方法である。以下では，Copeland and Taylor（2003, Ch. 2）を単純化したモデルを用いて，これらの3つの要因がそれぞれどのように働き，全体としての環境への影響をもたらすのかを図解しよう。

ある国において，環境悪化をもたらす「汚染財」であるX財と環境悪化をもたらさない「クリーンな財」であるY財という2種類の財が生産・消費されると想定する。この国の生産者および消費者は完全競争的に行動し，国内の生産要素はすべて完全に利用されていると仮定する。企業の利潤最大化行動および生産要素市場の均衡から，この国の生産の均衡点は図11-1の生産可能性フロンティア $\bar{X}\bar{Y}$ 上で，フロンティアの傾きである限界変形率と財の相対価格が等しくなるように決まる。[2] 汚染排出量はX財の生産量に比例すると仮定し，排出係数（生産物1単位当たりの排出量）は政府による環境政策や企業の生産技術および汚染防止・除去技術に依存するものとする。[3]

貿易が行われない閉鎖経済状態においては，各財の国内生産量と国内消費量は一致する。企業の利潤最大化行動および消費者の効用最大化行動を考慮に入れると，閉鎖経済の均衡点は生産可能性フロンティアと消費者の無差別曲線とが接する点となる。[4] 閉鎖経済におけるこの国の均衡点が図11-1におけるA点で示されるものとすると，A点を通る価格線 p は閉鎖経済でのX財の均衡相対価格を表す。また，閉鎖経済均衡での排出係数を ζ_A とすると，汚染排出量

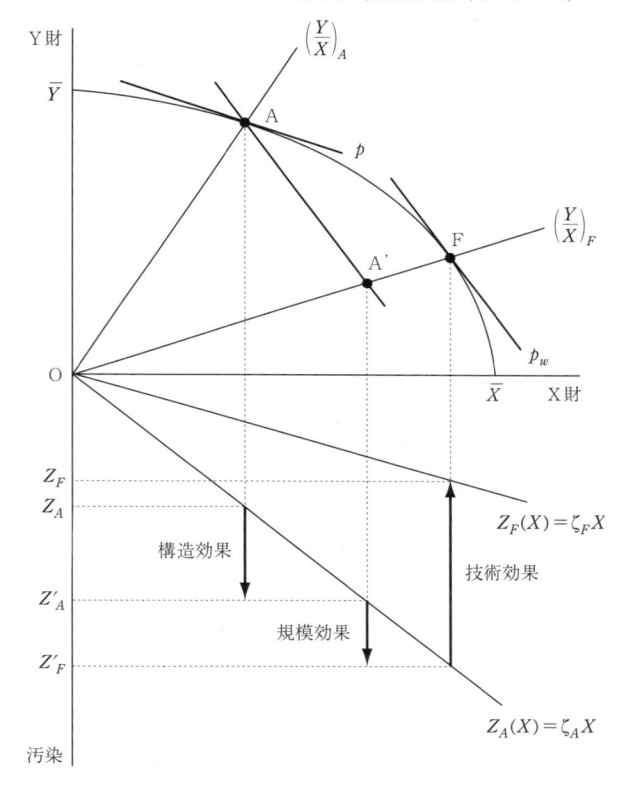

図11-1 貿易自由化と環境汚染（汚染財輸出国のケース）

とX財生産量との間の関係は図11-1の直線 $Z_A(X)=\zeta_A X$ で示され、したがって閉鎖経済均衡における排出水準は Z_A となる。

　いま、この国が自由貿易を行い、世界市場で決まる国際価格に直面することになったとしよう。X財の国際相対価格を p_w で表し、それは閉鎖経済下の相対価格 p よりも高いと仮定する。このとき、この国の生産の均衡点は図11-1のF点に移る。また、$p_w>p$ という仮定の下では、閉鎖経済に比べてX財に対する需要が相対的に減少する一方で供給は増加するため、この国はX財の輸出国になる。

　閉鎖経済から自由貿易への移行によって、この国の汚染排出量はどのように

変化するだろうか。まず,構造効果から見てみよう。これは,自国の所得（経済規模）および汚染の価格（環境技術）が閉鎖経済のときと同じ水準であると仮定した場合の,貿易による産業構造の変化に伴う排出量の変化で表される。汚染財とクリーンな財との生産比率は,閉鎖経済では $(Y/X)_A$ であったのが,自由貿易の下では $(Y/X)_F$ へと変化し,この国の生産物は相対的に汚染財が大きな部分を占めることになる。自由貿易の下での国際価格 p_w および生産比率 $(Y/X)_F$ で考えると,閉鎖経済均衡と同じ所得をもたらす点は図のA'点で示されるので,構造効果で見ると排出量は Z_A から Z'_A へと増加する。このように構造効果によって汚染が増加するのは,この国が汚染財の輸出国であるためで,もしもこの国が汚染財の輸入国になる場合は逆に,構造効果によって汚染は減少する。

次に,A'点とF点を比較すれば明らかなように,産業構造が一定であると仮定すると,貿易による所得水準の増加は一国の総生産の増加と同値である。したがって,環境技術も一定と仮定した場合,この国の汚染排出量は Z'_A から Z'_F へと増加する。これが規模効果である。貿易による所得水準の増加は,規模効果のみで考えれば,一般に環境悪化の原因となる。しかし,貿易はその一方で,技術効果を通じて環境改善に貢献しうる。一般に,所得の増加に伴って人々は清浄な環境に対する需要を増加させるといえるが,このことは企業に環境負荷の低い財・サービスの開発を促すと考えられる。また,このような環境意識の高まりは,政府に環境政策を強化させるように働き,それによっても企業の環境技術の開発が促される。こうしたメカニズムを通じて,自由貿易下でのこの国の排出係数が ζ_A から ζ_F へと低下し,したがってX財生産量と汚染排出量との関係が $Z_F(X)=\zeta_F X$ 線にシフトしたとしよう。その結果,技術効果によって排出量は Z'_F から Z_F へと減少する。

貿易が環境悪化をもたらすのか否かは,以上で述べた構造・規模・技術の各効果の大きさに依存する。貿易自由化による規模効果は汚染増加の原因となり,汚染財を輸出する場合は構造効果においても汚染は増加する。しかし,技術効果は汚染を減少させる方向に働くので,技術効果が他の効果を上回れば,貿易

自由化は全体として汚染の減少をもたらす。図11-1は，そのようなケースを示している。(6)

11.1.2 多国籍企業と環境問題

現代の世界経済は財・サービスの貿易のみならず，経済活動自体のグローバル化が進んでいる。特に企業活動の国際化に関しては，海外に生産拠点や販売拠点を設立したり，外国の企業を買収して子会社化することで海外に進出する多国籍企業が増えている。このような経営支配あるいは経営への参加を目的とする対外投資を直接投資といい，国際連合貿易開発会議（UNCTAD）の報告書によると，2009年の世界の直接投資総額（流入額）は1兆1140億ドルであり，その約半分が発展途上国および移行経済国向けとなっている。(7)

多国籍企業による直接投資の拡大に対しては，これらの企業が環境関連の法律，規制等に関して基準や政策の違いを不適切な形で利用する結果，投資受け入れ国である途上国の環境破壊をもたらすのではないか，という懸念がある。実際，三菱化成が出資したマレーシアでの合弁会社ARE（エイシアン・レア・アース）による放射能廃棄物汚染，丸紅などが出資したフィリピンとの合弁企業パサールの銅製錬所による海洋汚染や大気汚染，米企業ユニオン・カーバイドのインド子会社によるボパール化学工場事故など，1980年代には多国籍企業による途上国での深刻な環境破壊の事例が数多く報告された。(8)

しかし，必ずしも直接投資が環境悪化をもたらすとは言えない。先進国に本社を置く企業が途上国に直接投資を行う場合，この企業が先進国における厳しい環境基準を遵守して操業をしたり，優れた環境技術を途上国に移転するならば，貿易における技術効果と同様に直接投資は途上国の環境を改善することになるだろう。特に近年では，日系の多国籍企業が省エネルギーやリサイクル関連でアジア諸国に恩恵を与える事例もあり，環境に対する望ましい効果への期待が高まっているとも言える。

11.1.3 貿易と資源問題

　国連食糧農業機関（FAO）の報告書によると，森林に関しては，世界の森林面積は2000〜2005年の年平均で730万ヘクタール減少しており，また世界の海洋水産資源に関しては，資源に余裕のある漁場は2007年では全体の20％程度まで減っている。国際貿易の拡大は，こうした森林資源や漁業資源の過剰な採取・捕獲につながっていることは否定できない。経済活動に伴う副産物（byproduct）である環境汚染とは異なり，資源財はそれ自体が生産要素として投入されたり，最終消費財として消費されるからである。また，こうした（適切な利用の下では再生可能な）天然資源の過剰利用は，砂漠化，地球温暖化，野生生物種の減少といった深刻な環境破壊を引き起こす原因ともなりうる。

　第5章で説明したように，再生可能資源のストックは資源の成長関数と各時点の採取量に依存して，時間を通じて変化する。また，資源財部門に投入される労働の生産性は通常，資源ストックの増加関数と想定される。資源ストックの変化が資源財部門の生産性に影響を与えるということは，一国の貿易パターンもそれに伴って変化しうることを意味する。このように，再生可能資源の貿易は，資源ストックの時間を通じた変化という動学的な側面を考慮に入れて分析がなされる。そして，ストックが一定水準となる長期的な定常状態を想定すると，資源の枯渇がなければ，自由貿易は閉鎖経済に比べて資源財輸出国の資源ストックを減少させることが予想される。貿易は一般に所得水準の増加をもたらすが，資源財輸出国における資源ストックの減少は，そうした国が貿易によって損失を被る可能性を示唆する。

11.2　国際的相互依存と貿易・環境政策

　本節では，貿易や直接投資を通じた経済活動の国際的相互依存関係が存在する下での，貿易政策や環境政策に関する諸トピックについて議論する。

11.2.1 環境保全目的の貿易政策の是非

11.1 節で述べたように貿易が確実に環境悪化をもたらすとはいえないものの，仮に自由貿易が環境に対してマイナスの影響を与えるのならば，環境の保全や改善のために貿易を制限すべきだという考え方が生まれるのは自然であろう。しかし，以下で説明するように，この考え方は必ずしも正しいとは言えない。

ある国が汚染財を国際市場で取引しているとしよう。この財に対する国内需要と国内供給は，図11‐2において右下がりの市場需要曲線と右上がりの市場供給曲線でそれぞれ表される。市場供給曲線は，汚染財の生産における私的費用のみを反映したものであり，実際には汚染財の生産がもたらす外部不経済によって，私的費用を上回る社会的費用が存在している。汚染財の国際価格を p_w とすると，この国が自由貿易を行っている場合，汚染財の国内供給量は $p=p_w$ 線と市場供給曲線が交わる水準 X_S に決まる。このとき，外部不経済が社会にもたらす費用（外部費用）の大きさは三角形 BFS の面積で表される。これに対し，社会的に望ましい生産量は，外部費用を含めた汚染財生産の社会的費用を反映した「社会的」供給曲線と $p=p_w$ 線が交わる水準 X^*_S である。また，汚染財の国内需要量は，$p=p_w$ 線と市場需要曲線が交わる水準 X_D に決まる。図11‐2は，この国が汚染財の輸出国であるケースを示しており，その輸出量は X_S-X_D で表される。汚染財の生産量が社会的に過大な水準にあるので，輸出量も社会的に最適な水準 $X^*_S-X_D$ に比べて過大となっている。

政府が自由貿易に対して政策介入を行うことにより，社会的に最適な生産量 X^*_S を達成することは可能である。この国は汚染財の輸出国なので，輸出量を制限するような政策である輸出関税や輸出数量規制を課せば良い。以下では，輸出関税政策が実施される状況を考える。輸出関税によって，汚染財の国内価格は下落する。図11‐2 (a) に示されるように，輸出関税によって国内価格が p_t という水準に決まれば，国内供給量は社会的に最適な水準 X^*_S となる。ただし，輸出関税による国内価格の低下は，国内供給の減少だけでなく国内需要の増加（D点からD'点への変化）も同時にもたらしている。したがって，貿易政策は社会的に最適な生産量を達成しうるが，輸出量に関しては社会的に過小に

図 11-2 貿易政策と環境政策との比較

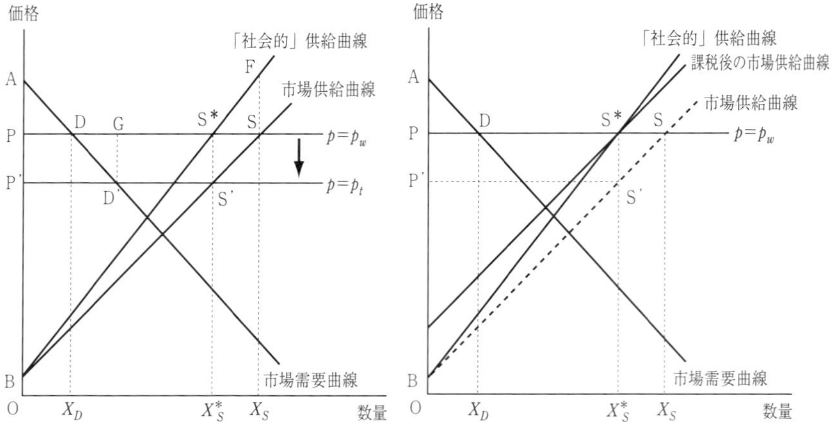

(a) 輸出関税

(b) 生産税

なっている。実際，輸出関税の下での社会的総余剰を求めると，

$$W' = \underbrace{\triangle AP'D'}_{消費者余剰} + \underbrace{\triangle BP'S'}_{生産者余剰} + \underbrace{\square GD'S'S^*}_{関税収入} - \underbrace{\triangle BS^*S'}_{外部費用}$$

$$= \triangle APD + \triangle BPS^* - \triangle DGD'$$

$$= W^* - \triangle DGD' \tag{1}$$

となり，社会的最適解での総余剰 $W^* \equiv \triangle APD + \triangle BPS^*$ に比べて三角形 DGD' の面積分の厚生損失が発生している。

次に，政府が自由貿易を維持したまま，汚染財の国内生産者への課税によって最適生産量 X^*_S を達成する状況を想定しよう。この国は国際市場で「小国」であり，貿易量が変化しても国際価格は p_w のままであると仮定する。汚染財生産者への課税により，市場供給曲線は上方にシフトする。したがって，国内の生産者が受け取る税引き後の価格が p_t となるように生産税率（汚染財部門への課税なので，環境税率と解釈されうる）を設定すれば，課税後の市場供給曲線が S^* 点を通るので，図11-2(b)に示されるように国内供給量は社会的に最適な水準 X^*_S となる。この税率は，$X = X^*_S$ における限界外部費用に等しいので，

ピグー税に相当する。なお，国内生産者の受け取る価格は p_t だが，自由貿易の下では，国内の消費者が財の購入に際して支払う価格は国際価格 p_w に等しい。したがって，この国の輸出量も社会的に最適な水準 $X^*_S - X_D$ と一致する。また，生産税の下での社会的総余剰を求めると，

$$W = \underbrace{\triangle APD}_{\text{消費者余剰}} + \underbrace{\triangle BP'S'}_{\text{生産者余剰}} + \underbrace{\square PP'S'S^*}_{\text{関税収入}} - \underbrace{\triangle BS^*S'}_{\text{外部費用}}$$

$$= \triangle APD + \triangle BPS^*$$

$$= W^* \qquad (2)$$

となり，社会的最適解が達成されている。

　以上の分析より，環境保護のために貿易を制限するのは次善（second best）の政策であり，それより望ましい最善（first best）の政策は「自由貿易を維持しつつ，適切な環境政策（ピグー税）を実施すること」であることが明らかとなった。この結果は，「市場の失敗が国内的要因によって発生している場合は，保護貿易が最適な経済政策ではなく，その失敗を直接除去するような政策を導入するべきである」という Bhagwati（1971；2002）の議論に対応している。

　同様の議論は，資源保護の問題にも当てはまる。国内の資源ストックの枯渇を防ぐために貿易を制限するのは，あくまでも次善の政策であり，基本的には適切な資源管理政策を行いつつ自由貿易を追求するのが望ましい。ただし，資源ストックの変化を考慮に入れた，長期的な視点からの管理が必要である。

　なお，上のモデル分析においては，この国は小国であると仮定していた。もしもこの国が国際価格に影響を与えうる「大国」であるならば，自由貿易とピグー税の組み合わせの場合よりも高い厚生水準を貿易政策は実現しうる。たとえば汚染財の輸出国にとっては，輸出関税はこの国の交易条件を改善するので，汚染の減少と交易条件の改善の両方で厚生水準を高めることになる。ただし，このような貿易政策の望ましさは，あくまでも一国の立場からのものであって，汚染財の価格上昇は貿易相手国（輸入国）にとっては逆に交易条件の悪化につながる。したがって，世界全体で考えると，やはり適切な環境政策を実施した

下で自由貿易を追求するのが望ましい[17]。

11.2.2 環境政策が貿易・直接投資に与える影響

政府による環境政策・規制は，国内の経済活動に直接的・間接的に影響を与える。その結果，貿易や直接投資も環境政策の影響を受ける可能性がある。以下では，環境政策が貿易や直接投資に与える影響について，いくつかの論点を挙げておく。

(1) **国際分業パターンの決定要因──汚染逃避地仮説 vs 要素賦存仮説**　伝統的な国際貿易理論においては，貿易パターンの決定は「比較優位」の概念を用いて説明される。大雑把な言い方をすれば，ある財の（他の財と比べた相対的な）生産費用が他の国よりも低い国は，その財に比較優位を持ち，自由貿易の下で輸出国となる。政府による環境政策の実施は，それが汚染財の価格に影響を与えることを通じて，比較優位の決定要因になりうることを示唆する。この考え方を推し進めると，汚染財産業は環境規制の厳しい国では縮小し，規制の緩い国へとシフトする，ということになる。また，企業レベルで考えると，環境規制の厳しい国よりも緩い国の方が環境対策費用を低く抑えられるので，環境規制の緩い国に生産拠点や工場立地を移すことも考えられる。このように，各国の環境規制の水準やそれに伴う企業の環境対策費用の国による相違が産業構造や企業立地に影響するという考え方を「汚染逃避地仮説（pollution haven hypothesis）」という。汚染逃避地仮説に基づけば，相対的に厳しい環境政策を実施している先進国よりも，そうでない途上国の方が汚染財産業や汚染財企業は集中する，ということになる。しかし，実証研究においては，必ずしもこのような考え方を強く支持する結果は出ていない（Copeland and Taylor, 2003, Ch. 7 ; Rauscher, 2005, Sec. 7）。

伝統的な貿易理論におけるヘクシャー＝オリーンの定理（Heckscher—Ohlin theorem）によれば，国の間で生産技術の相違がないと仮定すると，各国は国内に豊富に存在する生産要素をより集約的に用いる財に比較優位を持つ[18]。この

定理に基づけば，物的資本が豊富に存在する国は，資本集約財の輸出国になる。一般に，鉄鋼や非鉄金属，工業用化学，石油精製など環境負荷の大きな産業は資本集約的であると言えるので，自由貿易の下で汚染財を輸出するのは資本豊富国ということになる。このような考え方を「要素賦存仮説（factor endowment hypothesis）」という。

要素賦存仮説に基づけば，資本蓄積の進んでいる先進国の方が，途上国に比べて汚染財産業の比率が高いということになる。これは汚染逃避地仮説の見解と対立するものであり，実証研究において汚染逃避地仮説が必ずしも支持されない一因であると考えられる。

(2) **国際競争力と戦略的環境政策──環境ダンピング vs ポーター仮説**　汚染逃避地仮説と関連した議論に，環境規制が国際競争力に与えるマイナスの影響が挙げられる。ここで国際競争力とは「海外への輸出においてどれだけ自国が有利なのか」を表すもので，すなわち「環境規制の強化は，汚染財産業や企業の国際競争力を低下させるのではないか」という見解である。この考え方をさらに推し進めると，「環境ダンピング（environmental dumping）」の議論につながる。これは，「政府は，環境悪化のもたらす外部費用を正しく反映しない低いコストでの生産によって輸出財企業が高い国際競争力を持つように，緩い環境政策を実施しようとする」という見解である（Rauscher, 1994）。

環境に影響を及ぼす財の世界市場が寡占的である場合，環境政策は自国企業の利益拡大のために政府によって戦略的に用いられる可能性がある。このような考え方に基づく「戦略的環境政策（strategic environmental policy）」の理論は，環境ダンピングを説明するのに有用である。ただし，国際寡占競争の存在が必ず政府に環境ダンピングを選択させるわけではなく，寡占市場の構造，すなわち各国の企業数や各企業の戦略変数（数量競争なのか価格競争なのか）にも依存して，最適な環境政策の水準は環境悪化の外部費用を上回ったり下回ったりする。

環境ダンピングの議論とは逆に，「環境政策を強化した方が自国企業の競争

力を高める」という議論もある。この主張は，提唱者の名をとって「ポーター仮説」(Porter, 1991 ; Porter and van der Linde, 1995) と呼ばれている。この仮説の根拠は，端的に言えば，厳しい環境規制が費用低減・品質向上につながる技術革新を企業に促し，最終的にライバル企業よりも競争上優位に立てるという点にある。ポーター仮説を裏づける事例としては，1970年代前半に日本の自動車メーカーであるホンダが自動車排出ガス規制（アメリカのマスキー法および日本の昭和53年規制）をクリアする CVCC エンジンを開発し，世界のトップメーカーに躍り出たケースが知られている。

戦略的環境政策の理論は，ポーター仮説を説明するのにも利用される。たとえば，国際寡占競争を行っている企業が環境対策技術への研究開発投資を行う状況において，開発されるクリーンな技術の水準や環境改善投資の生産性が極めて高いとしよう。このとき，研究開発に成功した企業は，研究開発のためのコストを差し引いても国際市場においてライバル企業よりも優位に立てるかもしれない。もしそうならば，政府は自国企業に対して厳しい環境政策を実施し，企業の研究開発を促す可能性がある。しかし，開発される環境対策技術の水準があまり高くなければ，政府は厳しい環境政策を実施しても自国企業の国際競争力を高めることができないと考え，逆に規制を緩めるかもしれない。

以上の議論においては，自国の政策決定に対する外国政府の反応を考慮に入れていなかった。外国政府も自国政府と同様に厚生最大化を目指して環境政策を実施する場合，結果として各国の環境政策の水準がどのように決定されるかは，やはり市場構造や企業の技術に依存することになる。しばしば，戦略的な環境政策の実施は各国の環境基準を引き下げる「底辺への競争（race to the bottom）」の事態を招くのではないかと指摘される[20]。しかし，逆に各国がより厳しい環境規制を競って実施するような「頂上への競争（race to the top）」の状況が発生する可能性もある。

11.3　GATT/WTO 体制と環境

　GATT は第二次世界大戦後の安定した国際通商システムの確立を図るために1948年に発足し，50年近くにわたって世界貿易の拡大を牽引してきた。その後1995年に WTO が設立され，GATT の機能は国際機関としての WTO に，より強化された形で引き継がれた。本節では，GATT/WTO 体制における環境の取り扱い，および各国政府の実施する環境政策と GATT/WTO ルールとの整合性をめぐる問題について論じる。

11.3.1　GATT/WTO の基本原則と環境の取り扱い

　GATT/WTO の中心的な目的は加盟国間の貿易自由化の推進であり，そのために最恵国待遇，内国民待遇，数量制限禁止，という3つの基本原則が定められている。ただし，これらの原則に対しては，いくつかの例外が認められている。環境との関連で言えば，WTO 協定の適用に関する一般的な例外を定めた GATT20 条は「(b) 人，動物又は植物の生命又は健康の保護のために必要な措置」や「(g) 有限天然資源の保存に関する措置」を定めており，差別的とならないこと，国際貿易の偽装された制限とならないこと等の要件の下で貿易制限措置をとることを認めている。

　GATT 発足当時は，環境問題は国際通商においてそれほど重要な問題とは認識されていなかった。しかし，環境問題に対する世界的な関心の高まりや環境保護をめぐる貿易紛争の発生などを受け，WTO 設立協定の前文には「環境を保護し及び保全し」「持続可能な開発の目的に従って」といった文言が明記され，また「貿易と環境に関する委員会 (CTE)」が設置された。WTO 設立後，GATT は WTO 協定を構成する一協定として位置づけられることになったが，WTO 協定に含まれている他の協定の中には，TBT 協定（貿易の技術的障害に関する協定）や SPS 協定（衛生植物検疫措置の適用に関する協定）のように，環境と関連の深い協定も含まれている。このように，環境は今や WTO にお

ける重大な関心事項の1つになっている。

11.3.2 生産工程・方法と貿易措置

11.2節で述べたように，国内の生産活動が環境汚染の原因となっている場合は，あくまでも国内生産者に対する政策によって対処するのが望ましい。しかし，環境汚染の原因が外国にあり，かつ外国政府が適切な環境政策をとらない場合には，自国政府は自国の厚生を高める手段として貿易政策の使用も止むなしと考えるかもしれない。ところが，こうした措置はGATT/WTOの原則に反するおそれがある。

上に述べた問題の実際の貿易紛争における例としてよく知られているのが，1990年代初頭の「マグロ・イルカ事件」である。これは，イルカの混獲率の高い漁法で捕獲したメキシコ産のキハダマグロ及びその加工品に対して，アメリカが自国の法律（海洋哺乳類保護法）に基づいて行った一方的な輸入禁止措置を，メキシコがGATTに提訴したものである。アメリカは，前項で説明したGATT20条(b)および(g)による正当性を主張して対抗したが，GATTは自国の主権外の動物や有限天然資源の保護を目的とする場合にはGATT20条は適用外であるとして，アメリカの措置をGATT違反と判断した。

GATT/WTOの無差別原則（最恵国待遇と内国民待遇）は，「同種の産品」に対して差別的な措置をしてはならないことを謳っている。ここで解釈が難しいのは，どこまでを「同種の産品」と見なすかであるが，GATT/WTOでは通常，物理的特性が同じならば生産工程・方法（process and production methods：PPMs）が異なっていても，同種の産品であると見なされる。マグロ・イルカ事件の例では，マグロの漁法がイルカの混獲をもたらすものか否かは，マグロの輸入を差別扱いする根拠にはならない，と言うことである。しかし，その後に起きた似たような事例であるエビ・ウミガメ事件（ウミガメを混獲する漁法で捕獲したエビに対するアメリカの輸入禁止措置に対して，マレーシア，タイ，インド，パキスタンがWTOに提訴）においては，逆にアメリカの主張が認められる結果となっている。また，1990年代後半にフランスが自国の政令に基づき，アスベ

スト（石綿）を含む製品の輸入を禁止したことに対して，カナダがWTOに提訴した事件については，WTOはカナダの訴えを退けた。ウミガメは絶滅危惧種に認定されており，またアスベストは人体に深刻な健康被害を与えることが知られている。こうした点，および輸入禁止措置が差別的な仕方でないことから，上記2つの事例においては貿易措置が認められたと考えられるが，結局のところGATTの条文をどう解釈するかが判定の結果を左右する。GATTの条文自体には環境保護を目的とする貿易措置について触れている箇所はないため，今後生じうる同様の問題に備え，GATTの条文修正や明確な解釈基準の確定などを検討する必要があるといえる。

11.3.3　環境政策と「偽装された保護主義」

前項で述べたようなあからさまな貿易制限措置でなくても，環境の保護や保全を目的とする政策や制度が，外国製品の差別化につながるという，いわば「偽装された保護貿易政策」の性質を持ちうることもある。

(1)　**環境ラベリング**　環境ラベリング（environmental labeling）とは，環境の保護・保全や環境負荷の低減に役立つ商品や取組みに対して環境ラベルを添付する制度・仕組みのことを指す。1978年に旧西ドイツで制度が始まって以来，環境ラベリングは日本（1989年に「エコマーク」を導入）を含む世界各国で導入されている。環境ラベリングの目的は，環境に関する情報を表示することにより，消費者に環境負荷の少ない製品の選択を容易にすることで，そのような製品の消費を促し，また企業に環境負荷の少ない製品の開発や生産を促すことである。しかし，この制度は一方で貿易障壁につながるおそれがある。環境ラベル取得の基準が国によって異なれば，同じ製品がある国ではラベルを取得できるのに別の国ではラベル取得ができない，という事態が生じる。またそもそもラベル取得の審査が不透明で公平さを欠く，ということも考えられる。これらの要因により，環境ラベリングは外国製品の輸入や外国企業の市場への参入に対する障壁となりうる。

WTO諸協定に含まれているTBT協定は，各国で用いられる規格・基準やその認証制度を国際規格に整合化していくことで，規格による不必要な国際貿易上の障害を排除することを目的としている。環境ラベリングはTBT協定の規律に従うべきであるのはもちろんだが，協定上の環境ラベリングの扱いについて解釈を明確化し，環境ラベリングが本来の目的と効果を損なうことなく，かつ不必要な貿易障壁とならないように各国が制度を運用していくことが求められる。

(2) **国境税調整**　輸入品に対して同種の国内産品に課されている間接税を課したり，自国産品の輸出に際しては国内間接税相当分を払戻すことによって，各国毎の間接税の差異を調整する制度を「国境税調整」といい，GATT/WTOでは一定の条件の下で認められている。環境政策に伴う課税に関しても，国境税調整が実施され，それがGATT違反ではないと判断された事例がある。しかし，このことは環境政策において国境税調整が全く問題ないということを意味するものではない。たとえば，EU（欧州連合）内には地球温暖化対策として炭素税を導入している国があるが，これに関して，炭素税が課税されていない国からの輸入品に対して輸入段階でそれまでに使用したエネルギーの量に応じて課税する「国境炭素税」を提案する動きがある。WTOのルールにおいて国境税調整が認められるのは，産品自体に対して行われる間接税や，課税された生産要素が物理的に最終製品に組み込まれている場合であるが，製品の生産時に使用したエネルギーにかけられる税である炭素税がそれに当てはまるかどうかは，見解が分かれている状況である。

11.4　地球環境問題と多国間環境協定

　1980年代の終わり頃から，地球温暖化，オゾン層破壊，酸性雨，砂漠化，生態系の破壊など，国境を越えた，あるいは地球規模の環境破壊が，深刻な問題として受け止められるようになった。一国のみにその影響が限定される局地的

な環境問題とは異なり，国境を越える環境問題への対処には，環境政策の国際協調が不可欠であり，そのためには国際協定を必要とする。本節では，このような多国間環境協定（multilateral environmental agreements：MEAs）の在り方について議論する。

11.4.1 地球温暖化問題と京都議定書

現在，国際社会においては数多くの多国間環境協定が既に締結されている。主なものについてまとめたのが，**表11－1**である。中でも，地球温暖化防止のための具体的な行動を定めた京都議定書は，最も重要な多国間環境協定として認識されていると言ってよいだろう。

京都議定書は，1997年に京都で開催された気候変動枠組み条約（1992年採択，1994年発効）第3回締約国会議（COP3）で採択され，第1約束期間とする2008～2012年の5年間における温室効果ガスの具体的な削減目標を定めている。京都議定書のポイントは，以下の2点に集約される。第1に，市場経済移行国を含む先進国（附属書Ⅰ国）に対しては，二酸化炭素をはじめとする温室効果ガスの排出削減について法的拘束力のある数値目標を設定した一方で，途上国に対してはそうした義務を導入していない。

第2に，設定された数値目標を達成するための柔軟措置である「京都メカニズム」を導入し，各国が海外における排出削減を自国の削減目標の達成に利用できるようにしている。京都メカニズムには，国際的な排出量取引のほか，先進国間で排出削減事業を実施し，その結果生じた排出削減単位を関係国間で移すことを認める「共同実施」や，先進国が開発途上国に技術・資金等の支援を行い排出削減事業を実施した結果，削減できた排出量の一定量を先進国の温室効果ガス排出量の削減分の一部に充当することができる「クリーン開発メカニズム（clean development mechanism：CDM）」が含まれ，さらに植林などで温室効果ガスの吸収源が増加した分も排出量削減に算入することを認めている。

京都議定書は，第1約束期間が終わる2012年以降の枠組みについては定めておらず，「ポスト京都議定書」として現在世界各国が議論を行っている。京都

表 11-1　主な多国間環境協定

協定名（通称）	対象とする環境問題	採択	発効	最小批准国数	締約国数	貿易制限
モントリオール議定書	オゾン層破壊	1987年	1989年	11[a]	196	有
京都議定書	地球温暖化	1997年	2005年	55[b]	192	無
ヘルシンキ議定書	酸性雨	1985年	1987年	16	25	無
カルタヘナ議定書	遺伝子組み換え生物による生態系破壊	2000年	2003年	50	160	有
バーゼル条約	有害廃棄物の越境移動	1989年	1992年	20	174	有

（注）　a）　加えて，世界全体の消費量の2/3
　　　　b）　加えて，全附属書Ⅰ国の排出量の55％
（出所）　Barrett（2003）を基に一部加筆修正。

議定書に対しては，発効時点で最大排出国であったアメリカの離脱や，インドや中国などの大量排出国が規制対象外であったことなど，多数の問題が発生していることもあり，その効果を疑問視する声もある。これらの問題をポスト京都議定書で解決していくことが期待されている。

11.4.2　地球環境政策と国際環境協定の基礎理論

n 国から成る世界を想定しよう。第 i 国 $(i=1, \ldots, n)$ の経済活動の水準（化石燃料の使用量）を Z_i とし，各国の経済的便益は $B_i(Z_i)$ という関数で表されるものとする。限界便益は正で逓減する（つまり $B'_i > 0 > B''_i$）と仮定する。経済活動の水準に比例して，各国では汚染（温室効果ガス）が排出されるものとし，その合計 $Z \equiv \sum_{i=1}^{n} Z_i$ が「負の国際公共財（international public bads）」として地球環境の悪化（地球温暖化）をもたらし，各国に被害を及ぼすと想定する。第 i 国の環境被害関数を $D_i(Z)$ で表し，限界被害は正で逓増する（つまり $D'_i, D''_i > 0$）と仮定する。この国の社会的厚生は，便益と被害との差 $W_i(Z_i, Z) = B_i(Z_i) - D_i(Z)$ で表される。

全ての国が参加する国際環境協定が締結され，世界全体の厚生 $W \equiv \sum_{i=1}^{n} W_i$ を最大にするように各国の排出量が決定されるとすると，それは

第 11 章 環境と国際経済

$$B'_i(Z_i) = \sum_{i=1}^{n} D'_i(Z), \qquad i=1, \ldots, n \qquad (3)$$

という条件を満たす必要がある。(3)式は「Z_i は,それがもたらす限界便益がすべての国の限界被害の合計に等しくなるように決められる」ことを表しており,第 3 章で述べた公共財供給の最適条件に対応するものである。(3)式から導かれる世界全体の総排出量を Z^* で表すことにする。

最適条件(3)は,すべての国にとって汚染排出の限界便益が均等化することを要求する。これは,排出のコントロールを税(炭素税)で行う場合,すべての国が等しい炭素税率を設定しなければならないことを意味する。しかし,そのように政府間で炭素税率を調整するのは容易ではない。これに対し,国際的な排出量取引は,政府間の調整の手間をあまりかけることなく限界便益の均等化を可能にする。各国に $\bar{Z}_i$ だけの排出量が初期的に割り当てられているとし,これよりも多い排出量を希望する国の(民間)経済主体は排出 1 単位当たり τ という価格を払って排出権を他の国から購入できるとしよう。$\bar{Z}_i$ よりも少ない排出量を選択する国は逆に,排出権の販売から収入を得る。いずれにしても,各国の経済的便益は $B_i(Z_i) + \tau \cdot (\bar{Z}_i - Z_i)$ で表される。各国の経済主体は,経済的便益を最大にするためには

$$B'_i(Z_i) = \tau, \qquad i=1, \ldots, n \qquad (4)$$

を満たすように排出水準を決定する必要がある。τ は排出権の価格なので,(4)式は国際排出量取引によってすべての国の汚染排出の限界便益が均等化することを意味する。さらに,各国の排出枠の合計 $\sum_{i=1}^{n} \bar{Z}_i$ が Z^* に等しくなるように各国への排出枠を定めれば,世界全体の厚生最大化を達成することもできる。排出量取引自体は民間部門の経済的インセンティブに従って行われるため,政府間の政策の調整を行わずとも,各国政府が国際排出量取引への参加を表明することで目標の排出水準を達成可能である。国際排出量取引が京都議定書において柔軟措置として定められている理由も,そこにあるといえる。

環境政策の国際協調が行われず各国政府が自主的に排出量を決定する場合,

（3）式は成立しない。各国政府が自国の厚生 W_i の最大化を求めて排出水準 Z_i を選択すると仮定しよう。他国の排出水準を所与とした場合，第 i 国政府にとっての最適条件は $B'_i(Z_i) = D'_i(Z)$ となる。このような非協力的な政策決定の帰結はナッシュ均衡として特徴づけられるが，ナッシュ均衡における世界全体の総排出量を Z^{**} とすると，それは（3）式から導かれる総排出量 Z^* を上回る。各国の便益関数と被害関数を次のように特定化しよう[29]：

$$B_i(Z_i) = a_i Z_i - \frac{b_i}{2} Z_i^2, \quad D_i(Z) = \frac{c_i}{2} Z^2, \quad a_i, b_i, c_i, > 0$$

さらにすべての国にとって便益関数のパラメータは等しい（$a_i = a$ かつ $b_i = b$）と仮定しよう。このとき，Z^* と Z^{**} はそれぞれのケースにおける最適条件から，次のように求められる：

$$Z^* = \frac{na}{b + n \sum_{i=1}^{n} c_i}, \quad Z^{**} = \frac{na}{b + \sum_{i=1}^{n} c_i} \Rightarrow Z^* < Z^{**}$$

つまり，環境政策の国際協調が行われない下では，世界全体の排出水準は過大になる[30]。

　以上の議論においては，貿易や投資を通じた国際的相互依存は存在しないと暗黙のうちに仮定していた。国際的な経済取引を考えると，一国の環境政策は他の国にも影響を与えうる。非協力的な環境政策の下では，それは以下で述べる「炭素リーケージ（carbon leakage）」という現象をもたらしうる。環境政策の手段として炭素税を想定すると，非協力的な政策決定の下で各国が設定する炭素税率は，その国の限界被害の大きさに等しくなる。したがって，一般に各国の炭素税率は異なる値をとる。炭素税率の高い国では，化石燃料への需要は減少するが，これは化石燃料の国際価格の低下を招き，炭素税率の低い国における化石燃料需要を増加させる。あるいは直接的に，企業が環境対策費用の負担を逃れるために，炭素税率の高い国から低い国へと生産拠点を移転する可能性もある。いずれにしても，炭素税率が国の間で異なることは，炭素税率の低い国における排出量の増加を招くことになる。これが炭素リーケージという現象であり，結果として世界全体の排出量が増加してしまう可能性もある。

11.4.3　多国間環境協定をめぐる問題点と課題

最後に，多国間環境協定をめぐる論点を挙げて，今後の地球環境政策の在り方についての課題を指摘しておく。

(1)　**協定への参加と国際的な合意形成**　一般に国際協定が政策の国際協調を達成する上で障害となるのが，協定の効力を発揮させる強制力のある外部メカニズム（たとえば，非協調的な政策を実施している国を罰する第三者機関）が存在しないことである。したがって，協定は「自己拘束的（self-enforcing）」，すなわち各国が自発的に協定を結び，協力関係を維持するようなものでなければならない。そのためには，各国にとって協定への参加が不参加に比べて望ましく，また各国は参加している協定から逸脱すると利益を損ねる，という性質が満たされる必要がある。多国間環境協定に関しても，このことは当てはまる。理論的には，少数の国の間で自己拘束的な協定を結ぶことは可能であるが，国の数が増えるとそのような協定の維持は困難になる，というのが一般的な結論といえる（藤田，2002）。これは，協定の参加国が多い場合，各国にとっては他国の排出削減努力にただ乗りするインセンティブも大きくなるためである。国の間に便益や費用において非対称性が大きい場合は特に，こうした問題が起こりやすくなるだろう。

以上に述べた点は，現実の多国間環境協定における国際的な合意状況を評価する上で有用であろう。オゾン層破壊に関しては，表11-1にも示した通り，その原因物質であるフロン等の規制を定めた「モントリオール議定書」が採択され，多くの国々によって批准されている。オゾン層保護に対する国際的な合意形成が比較的順調に進んだのは，オゾン層破壊が皮膚ガンをはじめとする深刻な健康被害をもたらすという点で共通の認識が成立し，また費用負担の面では先進国と途上国との間に差異を設けることで利害対立が避けられたためであるといえる。その一方，1992年のいわゆる地球サミットにおいて採択が期待された「森林条約」は，採択には至らず，森林保護のための法的拘束力のない原則声明を採択するにとどまった。森林条約の締結に向けた大きな進展はその後

も見られないが,こうした現状は,森林保護による便益や費用負担において,国の間の非対称性が大きく利害対立が激しいことを物語っている。

(2) **多国間環境協定における貿易措置と GATT/WTO 体制**　多国間環境協定の中には,貿易を制限するような措置が含まれるものがある。表11-1に記したバーゼル条約やモントリオール議定書の他にも,絶滅の恐れのある野生動植物の種の国際取引に関するワシントン条約(1973年採択,1975年発効)がよく知られている。また,カルタヘナ議定書は,生物多様性条約(1992年採択,1993年発効)の議定書として,生物多様性に悪影響を及ぼすおそれのあるバイオテクノロジーによる遺伝子組換え生物の移送,取り扱い,利用の手続き等について定めたもので,特に国境を越える移動に焦点を合わせたものとなっている。

　11.3節で環境保護を目的とする諸政策が GATT/WTO の原則に抵触する恐れがあると指摘したが,多国間環境協定における貿易措置についても同様の問題がある。特に問題となるのが,これらの協定の中には非締約国との貿易を禁じる条項が入っているものがある,という点である。その目的は,非加盟国に貿易上の不利益を与えることによって,その国の環境政策の変更や,さらには多国間環境協定への参加を促す,ということであると考えられる。理論上は,このような貿易による制裁が非締約国に国際環境協定への参加を促す可能性を示すことができる (Barrett, Ch. 12)。しかし,もし環境協定の非締約国が WTO 加盟国である場合,最恵国待遇の原則に抵触することになる。過去に多国間環境協定に基づく措置と GATT/WTO ルールとの整合性が直接争われた事例はないが,今後は争点になりうることが予想される。多国間環境協定と GATT/WTO との整合性をどのように図っていくかは,今後の重要な課題である。

注
(1) ここでの「財」とは,最終消費財を想定している。現代の国際貿易においては,中間財や資本財の貿易,またサービス貿易も拡大しており,これらの貿易と環境と

の関連もまた重要な研究テーマとなってきている。
(2) ミクロ経済学の標準的なテキスト，たとえば林（2007）を参照。
(3) 環境政策の手段としては排出税，排出権取引，直接規制などが考えられるが，政府がこれらの政策をどのように決定するかについてはここでは議論せず，その水準は外生的に与えられるものとする。政府による環境政策の決定を内生化したモデルについては，例えば Copeland and Taylor（2003, Ch.4）を参照。
(4) 図が煩雑になるのを避けるため，消費者の無差別曲線は図11-1には書き入れていない。
(5) 単純化のため，排出係数の変化によって生産可能性フロンティアがシフトすることはないものとする。
(6) Antweiler et al. (2001) は，大気中の二酸化硫黄（SO_2）濃度に関して実証分析を行い，各効果の符号は理論モデルと整合的であることを示している。また，それぞれの大きさについては，技術効果が他の効果を大きく上回ることを示し，したがって貿易自由化は環境の改善をもたらすという結論を導いている。
(7) United Nations Conference on Trade and Development, *World Investment Report 2010: Investing in a Low-Carbon Economy*.
(8) 日本弁護士連合会公害対策・環境保全委員会（1991）を参照。
(9) FAO Forestry Department, *State of the World's Forests 2009*, Food and Agriculture Organization of the United Nations.
(10) FAO Fisheries and Aquaculture Department, *The State of World Fisheries and Aquaculture 2008*, Food and Agriculture Organization of the United Nations.
(11) 資源ストックが少なくなると，今までと同じ量の資源採取量を達成するためには，より多くの労働が必要となるだろう。
(12) 董・寶多（2010）は，水産資源の貿易を念頭に置いて，再生可能資源の貿易理論モデルについて詳しく解説している。
(13) ここで分析するモデルは，ある一つの財の市場取引に着目した部分均衡モデルである。Copeland（1994）や Turunen-Red and Woodland（2004）は，多数財・多数汚染物質の一般均衡モデルを用いて，貿易政策や環境政策の厚生効果を分析している。
(14) 輸出財価格すなわち国際価格よりも国内価格が低ければ，自由貿易に比べて少ない生産量と多い消費量を達成できるので，輸出量を減らすことができる。
(15) 適切な資源管理政策は，違法な採取・捕獲を防ぐという点でも重要な意義を持っている。
(16) 交易条件（terms of trade）とは輸出財の（輸入財に対する）相対価格であり，その値が大きいほど，同じ量の輸出品と交換して得られる輸入品の量が多くなるの

で，望ましいと言える（交易条件の「改善」）。輸出量を制限すれば，世界全体で見ると汚染財は超過需要の状態になるので，国際市場で汚染財の価格は上昇する。

(17) 柳瀬（2000，第2・3章）は，以上の議論も含めた開放経済下の貿易・環境政策についての分析を，統合化されたモデルを用いて包括的に行っている。

(18) 詳しくは，国際経済学の標準的テキスト，たとえば若杉（2009）を参照。

(19) Chichilnisky（1994）は，「環境資源に対する所有権制度の違い」を貿易の決定要因としてとらえ，理論的に分析した。すなわち，途上国は先進国に比べて森林や水源などの環境資源に関する所有権制度が未発達なため，環境資源がオープン・アクセスの状態にあり，結果として環境資源が過剰に利用される。このことは途上国が「外見上の環境資源豊富国」となることを意味するので，環境資源を集約的に用いる財は途上国から先進国に輸出されることになる。これは一種の要素賦存仮説と解釈できるので，その意味では要素賦存仮説と汚染逃避地仮説は両立する見解を持つことになる。

(20) こうした点に関しては，柳瀬（2000，第5章）が詳しく解説している。

(21) 環境政策の底辺への競争に関しては，「政府は自国内に企業や資本を誘致するために環境規制を緩くするのではないか」という観点からも議論される。Rauscher（2005, Sec. 5）は，こうした議論を含めた国際資本移動と環境政策に関する理論研究を紹介している。

(22) 特定国に与えた最も有利な待遇は，全加盟国に平等に適用されなければならない，という原則。

(23) 輸入品に適用される待遇は，（国境措置である関税を除いて）同種の国内産品に対するものと差別的であってはならない，という原則。

(24) 同様の問題はSPS協定にも当てはまる。SPS協定は人，動物，植物の生命や健康を保護するためにとる衛生植物検疫（SPS）措置について，各国の権利と義務を定めているが，安全基準に関しては国によって考え方が異なることもあり，貿易紛争に発展することもある。

(25) アメリカのスーパーファンド化学物質税やODC（オゾン破壊化学物質）税などが挙げられる。詳しくは天野（2006）を参照。

(26) 1990年比で，附属書Ⅰ国全体で5.2％の削減が設定されている。また，日本の削減目標は6％となっている。

(27) つまり，貿易や投資を通じての環境政策の国際的な相互依存はないと仮定する。この仮定を外した場合については，後で議論する。

(28) もっとも，第7章で述べたように，排出権の初期割り当てをどのように決定するのか，取引期間をどれくらいに設定するのか，実際の排出量の監視など，実施における問題点をクリアするのは容易ではない。

(29) より一般的な関数を想定しても，同様の結果を導くことが可能である。
(30) 各国の便益関数が異なる場合も，$Z^* < Z^{**}$ を示すことができる。ただしこの場合，各国の排出量については，非協力解の方が国際協調下よりも少なくなる国が出てくる可能性がある。石川・奥野・清野（2007）を参照。

●参考文献

Antweiler, W., B. R. Copeland and M. S. Taylor (2001) "Is Free Trade Good for the Environment ?" *American Economic Review* 91, 877-908.

Barrett, S. (2003) *Environment and Statecraft : The Strategy of Environmental Treaty-Making*, Oxford University Press.

Bhagwati, J. N. (1971) "The Generalized Theory of Distortions and Welfare," in J. N. Bhagwati, R. W. Jones, R. A. Mundell and J. Vanek (eds.), *Trade, Balance of Payments and Growth*, North-Holland Publishing Co., 96-110.

Bhagwati, J. N. (2002) *Free Trade Today*, Princeton University Press.

Chichilnisky, G. (1994) "North-South Trade and the Global Environment," *American Economic Review* 84, 851-874.

Copeland, B. R. (1994) "International Trade and the Environment : Policy Reform in a Polluted Small Open Economy," *Journal of Environmental Economics and Management* 26, 44-65.

Copeland, B. R. and M. S. Taylor (2003) *Trade and the Environment : Theory and Evidence*, Princeton University Press.

Porter, M. E. (1991) "America's Green Strategy," *Scientific American* 264 : 168.

Porter, M. E. and C. v. D. Linde (1995) "Toward a New Conception of the Environment-Competitiveness Relationship," *Journal of Economic Perspectives* 9 (4) : 97-118.

Rauscher, M. (1994) "On Ecological Dumping," *Oxford Economic Papers* 46 : 820-40.

Rauscher, M. (2005) "International Trade, Foreign Investment, and the Environment," in Karl-Goran Mäler and Jeffrey R. Vincent (eds.), *Handbook of Environmental Economics Volume 3*, North-Holland Publishing Co., 1403-1456.

Turunen-Red, A. H. and A. D. Woodland (2004) "Multilateral Reforms of Trade and Environmental Policy," *Review of International Economics* 12 : 321-336.

天野明弘（2006）「貿易と環境の国際的統合化を求めて」環境経済・政策学会編『環

境経済・政策研究の動向と展望』東洋経済新報社, 27-39.
石川城太・奥野正寛・清野一治（2007）「国際相互依存下の環境政策」清野一治・新保一成編著『地球環境保護への制度設計』第3章，東京大学出版会.
董維佳・寳多康弘（2010）「貿易と水産業の経済理論――国内産業へのインプリケーション」寳多康弘・馬奈木俊介編著『資源経済学への招待――ケーススタディとしての水産業』第10章，ミネルヴァ書房.
日本弁護士連合会公害対策・環境保全委員会編（1991）『日本の公害輸出と環境破壊――東南アジアにおける企業進出とODA』日本評論社.
林貴志（2007）『ミクロ経済学』ミネルヴァ書房.
藤田敏之（2002）「国際環境協定と提携の安定性」細江守紀・藤田敏之編著『環境経済学のフロンティア』第9章，勁草書房.
柳瀬明彦（2000）『環境問題と国際貿易理論』三菱経済研究所.
若杉隆平（2009）『国際経済学 第3版』岩波書店.

第12章
持続可能な開発と世代間の衡平

赤尾健一

　持続可能な開発の概念が，環境と開発の問題を考えるための中心理念であることは多くの人が知るところである．しかし，それが何を意味しているかを答えられる人は多くはない．その理由の1つは，それが環境保全を望む人と開発を望む人がともに協力できるようにするために創られた政治的な概念であり，本来的に玉虫色の解釈を許すものだからである．おかげで，持続可能な開発の実現をテーマに開催された1992年の国連環境開発会議，いわゆる地球サミットは，世界中の国々が参加する20世紀最大の国際会議となった．

　もう1つの理由は，それが衡平（等しく扱う／扱われること）に関する価値基準の表明であることによる．特に，持続可能性という言葉が示すように，それは時間の流れの中での衡平性，すなわち世代間の衡平に関係する．難しさの原因は，何が衡平であるかは，価値の問題，したがって個人の内面に関わる問題であり，それゆえ万人に一致する答えはないことである．一方で，衡平性が社会にとって重要な価値基準であることは，万人の一致するところであり，その探求は重要である．本章では，環境問題が生み出した持続可能な開発という概念を，世代間衡平という価値基準の観点から，経済理論がどのように考察しているかを解説する．

12.1　成長の限界と持続可能な開発

　石油などの化石燃料は，いわゆる枯渇性資源であり，われわれが消費した分だけ将来世代の消費可能量は少なくなる．このように枯渇性資源の利用には，

現在世代と将来世代の間に明確なトレードオフ関係がある。そこで，世代間の衡平[1]を保つために，われわれはどの程度までそれを利用することが認められるのかが重要な問題となる。

　森林やサンゴ礁のような生態系，地下水や成層圏オゾンなどは，枯渇性資源ではなく再生可能資源である。しかし，その再生能力を超えて消費や汚染を続けると，枯渇や絶滅が生じて，その生態系サービスや環境サービスの提供は不可能になる。ここでもまた，世代間の衡平を保つために，われわれはどの程度までその資源を利用，改変することが認められるのかが重要な問題となる。

　このような天然資源や環境の利用をめぐる世代間衡平の問題は，1970年代に警告として現れた。すなわちローマクラブ・レポート「成長の限界」(Meadows 他　1972) において，過去の資源消費傾向を続けるならば，21世紀半ばには資源枯渇と環境汚染によって，人類は深刻な生活水準の低下に直面し，その結果，人口は減少に転じるだろうと予想されたのである。われわれ現在世代は，将来世代の犠牲のうえに天然資源と環境を浪費し，現在の生活を謳歌しているのではないかという懸念が，現実のものとなりうることを「成長の限界」は示した。

　「成長の限界」は，過去の傾向を単純に将来に当てはめるものだった。その陰鬱な予想に批判的な人々は，この点を指摘して，われわれ人間は，将来を予想し，起こりうる問題を回避できることを強調した。事実，世界中で環境保全技術の開発と，それを促進普及するための社会制度の整備が綿々と続けられている。その理念上のエポック・メイキングな出来事は，1987年に「環境と開発に関する世界委員会（通称：ブルントラント委員会）」が国連に提出したレポートによって，「持続可能な開発」という概念が世に広まったことである。持続可能な開発を，ブルントラント委員会は次のように定義している[2]。

　持続可能な開発とは，将来世代の欲求を満たす能力を損なうことなしに，現在世代の欲求を満たす開発をいう。……持続可能な開発は，すべての人の基本的欲求を満たし，またよりよい生活を求める人々の願望を満たすためのあらゆ

る機会を拡大することを必要とする。……すなわち，持続可能な開発とは，天然資源の利用，投資の方向，技術開発の方向づけ，そして制度の見直しのすべてが調和し，人間の欲求と願望を満たすべく，現在と将来の両方の潜在能力を高めていく変化の過程をいう。(World Commission on Environment and Development, 1987, Chapter 2)

「持続可能な開発」は，人々の暮らし向きがよりよくなっていくことを善とする。それは，地球環境問題によって提起された新たな問題，すなわち，地球温暖化や生物多様性の喪失のような，われわれ現在世代の意思決定が遠い将来の人々に深刻な影響を与えるかもしれないという問題が生み出した世代間衡平の価値基準である。

この新しい価値基準は，経済学者を含む人々の間に，次のような困惑をもたらしている。すなわち，経済学が推薦する社会の最適経路は，持続可能な開発という価値基準からみて望ましくないように思える場合があることである。超長期にわたる問題を扱うために，伝統的な経済理論は修正されるべきか，もしそうならばどのようにされるべきか。対応して，次の2つの課題が近年関心を集めている。

(1) 持続可能な開発という世代間衡平の価値基準を支える倫理的基礎は何か。逆に，世代間衡平の倫理を公理的に設定する場合，いかなる価値基準が得られるのか。それは持続可能な開発と一致するか。
(2) 持続可能な開発は，経済学的最適性といかに整合あるいは衝突するか。とりわけ経済学の標準的なモデルである時間割引最適化問題は，衝突を回避するために，いかに修正することができるか。

本章はこれらの課題に関する諸研究の成果を紹介・解説する。上記の2つの課題はいずれも，フランク・ラムゼーの1928年の論文に始まる通時的経済の基本モデル，一般にラムゼー・モデルと呼ばれているものと密接に関わっている。その論文で，ラムゼーが割引に対して否定的な考えを示したことは有名だが，

割引は今もなお世代間衡平に関わる議論の中心問題である。そこで，次の節では，本論への導入として，ラムゼー・モデルと割引の概念を紹介する。12.3節は，上述(1)の課題に対応する。世代間衡平の公理的設定から始め，それから得られる価値基準と持続可能な開発との関係を論じる。12.4節は上述(2)の課題に関連して，マクロ経済モデルの最適経路やナッシュ均衡経路について論じる。第1に，経済学的最適経路が持続可能な開発と整合しない状況がいかなる条件下で起きるかをみる。そうした価値基準の衝突は，しばしば高率の割引率が用いられることで生じる。関連して，より低い割引率を正当化する可能性の1つである，非指数的（非幾何的）割引率の採用について論じる。12.5節は，上述の(2)について，特に通時的費用便益分析に関連する話題を取り上げる。すなわち，現在世代の負担によって遠い将来世代の暮らし向きを改善する環境政策やプロジェクトの是非をいかに判断するかである。ここでも割引率の選択が問題の中心であり，世代間衡平や持続可能な開発に沿った判断を得るには，より低い割引率の使用を正当化する必要がある。最後に12.6節では，全く異なる観点からの議論として，地球温暖化問題への経済学の応用をめぐるシェリングとノードハウスの議論を紹介する。

12.2　ラムゼー・モデルと割引

本章の残りの部分を通じて，人々の暮らし向きが，世代ごと，あるいは時点ごとに1つの数値で代表的に表されることを仮定し，それを厚生と呼ぶ。表題のラムゼー・モデルとは次のような動的最適化問題をいう。

- 時間を実数で表す連続時間モデルの場合：

$$\max\left\{\int_0^\infty u(t)e^{-\rho t}dt \mid u(t) \text{ は } x_0 \text{ から実行可能}\right\} \quad (1)$$

- 時間を整数 $t=0, 1, 2, \ldots$ で表す離散時間モデルの場合：

$$\max\left\{\sum_{t=1}^\infty \delta^{t-1}u_t \mid \{u_t, t=1, 2, \ldots\} \text{ は } x_0 \text{ から実行可能}\right\}. \quad (2)$$

ここで x_0 は $t=0$（現在時点）での社会の物的制度的諸条件を表す。$u(t)$ や u_t は，t 時点あるいは t 期に生きている世代の厚生を表す。時間の表現の仕方によって，積分と総和の違いはあるが，これらはいずれも社会にとって望ましい経路が，現在から無限の将来までの全世代の厚生の合計値を最大にするものであることを主張している。このような考え方は（ベンサム流の）功利主義と呼ばれる。[5]（1）の $\rho \geq 0$ は割引率と呼ばれ，$e^{-\rho}$ や $\delta \in (0, 1)$ は，異なる世代の厚生を現在世代の厚生と比較可能な値に換算するための係数で，割引因子と呼ばれる。もし，割引因子が1より小さければ，各世代の厚生は，それが遠い将来であればあるほど低く評価される。特に割引因子がゼロに近ければ近いほど，将来世代は現在世代よりも"軽く"扱われることになる。一方，割引因子が1の場合，すべての世代は等しく扱われる。[6]

よく知られていることだが，ラムゼー・モデルを経済分析に導入したフランク・ラムゼー自身は，1より小さな割引因子を用いることを，世代間衡平に反するもの，想像力の欠如によって採用されるに過ぎないものであり，倫理的に正当化できないと否定した（Ramsey 1928）。[7]

簡単な数値例として，3％の年割引率を考えよう。10年先の世代の厚生は，現在価値で約75％に割り引かれる。この程度の割引であればあまり驚くことはない。しかし，100年先の世代の厚生は約5％（20分の1）に，500年先の世代の厚生は現在価値では約0.00004％（250万分の1！）にまで割り引かれてしまう。

このように，割引社会厚生の総和を最大化するという割引功利主義は，はるか遠い将来の世代の暮らし向きについては，ほとんどそれを無視したものを社会にとって望ましいとする——このことに気づかないとすれば，まさに想像力の欠如との批判を甘受せざるを得ない——性質を持っている。さらにいうならば，地球温暖化のように，世紀を超えて影響が及ぶ問題が社会問題化することによって，それは想像力の問題ではなく，今や現実の問題として問われているのである。

12.3 世代間衡平の公理的アプローチ

12.3.1 世代間パレート基準と衡平性の諸公理

割引による世代間衡平の議論は，ラムゼー・モデルという特定の関数形に特有のものである。本節ではより一般的に世代間衡平を論じる。離散時間を用いるとすると，世代厚生の経路が $(u_1, u_2, \ldots, u_t, \ldots)$ という無限列で表わされる。ここでは"公理"を，倫理あるいは社会的選好を記述するもので，他の公理から導くことができないという意味で最も基礎的なものという意味で用いている。たとえば，世代間パレート基準は，他の世代の厚生を低下させることなしにある世代の厚生を高めることは望ましいとする倫理であり，それは次の公理で表現される。

強パレート公理（SP）：2つの厚生経路 $U = (u_1, u_2, \ldots)$ と $U' = (u'_1, u'_2, \ldots)$ は，各 $t \geq 1$ で $u_t \geq u_t'$ かつ，ある世代で強い不等式（>）が成立するならば，U は U' より厳密に望ましい。

各世代は等しく扱われるべきという世代間衡平の倫理は，次の公理で表現される。

有限匿名性公理（FA）：任意の厚生経路について，その任意の2つの世代の厚生を入れ替えるという操作を，好きなだけ（ただし有限回）行っても，新旧2つの厚生経路は同程度に望ましい。

次の公理は，衡平性の要請をさらに進めて，厚生経路がより均等になることは社会的に望ましいとするものである。

Hammond（1976）の衡平性公理（HE）：2つの厚生経路 $U = (u_1, u_2, \ldots)$ と $U' = (u'_1, u'_2, \ldots)$ が，ある2つの世代（i, j とする）を除き厚生が等しく，i, j では，$u'_i > u_i > u_j > u'_j$ であるならば，U は U' より少なくとも同程度に望ま

しい。

12.3.2 レキシミン基準と功利主義基準

以上のような公理やその他の公理の組み合わせから,いかなる価値基準が導かれるだろうか。またそれは持続可能な開発の価値基準に沿うものだろうか。ここで価値基準とは厚生経路を比較し,その優劣をランク付けするものである。実行可能な2つの厚生経路 $U=(u_1, u_2, \ldots)$ と $U'=(u'_1, u'_2, \ldots)$ について,U が U' 以上に望ましいことを $U \gtreqless U'$,U が U' よりも厳密に望ましいことを $U > U'$ で表わすことにする。"すべての"厚生経路をランク付けることができる場合,それは社会厚生"順序"と呼ばれる。さらにその順序が数字の大小で表される場合,つまりすべての厚生経路から成る集合を定義域とする実数値関数が存在するとき,それを社会厚生"関数"と呼んでいる。一方,優劣の判断ができない厚生経路のペアが存在する場合,それは社会厚生"関係"と呼ばれる。社会厚生関係,社会厚生順序,社会厚生関数の順番で条件が厳しくなり,したがってその存在が難しくなる。

重要な結果として,SP と FA を満たす社会厚生関数は存在しないこと(Basu and Mitra, 2003),一方,SP と FA を満たす社会厚生順序は存在する(Svensson, 1980)が,ほとんどすべてのペアを同じだけ望ましいと判断してしまうこと(Zame, 2007)が知られている[11]。

社会厚生関係は,限られたペアのみが比較可能だが,SP と FA を満たすものが存在し,それはスッピス＝センの正義の評価原理を満たすことが知られている(Asheim 他, 2001)。同原理は,2つの厚生経路 U が U' について,U の任意の2つの世代厚生を入れ替えるという操作を有限回することで各世代の厚生を U' 以上にできるとき,そのときに限り,$U \gtreqless U'$ であるとする価値基準である。

SP,FA に加えて,さらに別の公理や条件を追加すると,より具体的な社会厚生関係が得られる。それが表題のレキシミン基準と功利主義基準である。予めこれらの基準のイメージを述べるならば,前者は,不幸な世代を救うこと

は社会にとって望ましいという"最小不幸"の価値基準であり，後者は各世代の幸福の合計が大きくなることは望ましいという"最大幸福"の価値基準である。なお，以下の命題の逆（価値基準が対応する公理の組合せを満たすこと）も成立する。

(1) レキシミン基準：厚生経路 $U=(u_1, u_2, \ldots)$ と $U'=(u'_1, u'_2, \ldots)$ について，ある $\hat{T} \geq 1$ が存在して $t > \hat{T}$ で $u_t \geq u'_t$ を満たし，かつ1から $\hat{T}$ までの世代厚生を低い順に並べ替えて，$U^L=(u_{(1)}, \ldots, u_{(\hat{T})}, u_{\hat{T}+1}, \ldots)$ と $U'^L=(u'_{(1)}, \ldots, u'_{(\hat{T})}, u'_{\hat{T}+1}, \ldots)$ としたとき，$1 \leq T \leq \hat{T}$ なる T が存在して $u_{(T)} > u'_{(T)}$ と $t < T$ で $u_{(t)} = u'_{(t)}$ が成立する場合，そしてその場合に限り，$U > U'$。

公理 SP，FA，HE の組合せから導かれる社会厚生関係は，すべてこの基準を満たす（Bossert 他，2007）。なお，レキシミンの名は辞書式マキシミン（lexicographic maximin）に由来する。マキシミン基準[12]は，厚生経路上"最悪"の世代の厚生のみを比較して優劣を決める。それはいかなるペアも比較可能な社会厚生"順序"だが，SP を満たさない。

(2) 功利主義基準[13]：厚生経路 $U=(u_1, u_2, \ldots)$ と $U'=(u'_1, u'_2, \ldots)$ について，ある $\hat{T} \geq 1$ が存在して，すべての $T \geq \hat{T}$ で $\sum_{t=1}^{T} u_t \geq \sum_{t=1}^{T} u'_t$ ならば，そしてそのときに限り，$U \geq U'$。SP，FA，そして次の SPC と 2UC の組合せから得られる社会厚生関係は，この基準を満たす（Asheim and Tungodden, 2004）。

強選好連続性条件（SPC）：2つの厚生経路 $U=(u_1, u_2, \ldots)$ と $U'=(u'_1, u'_2, \ldots)$ は，ある $\hat{T} \geq 1$ が存在して，すべての $T \geq \hat{T}$ で $U_T = (u_1, u_2, \ldots, u_T, u'_{T+1}, u'_{T+2}, \ldots)$（$T+1$ 期以降を U' のそれと置き換えたもの）が $U_T \geq U'$ を満たし，無限個の期間 $T_i \geq \hat{T}$, $i=1, 2, \ldots$ で $U_{T_i} > U'$ を満たすならば，$U > U'$。
2世代単位比較可能性（2UC）：2つの厚生経路 $U=(u_1, u_2, \ldots)$ と $U'=(u'_1, u'_2, \ldots)$ が，$U \geq U'$ を満たすならば，実数 α_i, α_j を使って，任意の2世代 i,

j について，それぞれの世代厚生を $u_i+\alpha_i, u'_i+\alpha_i, u_j+\alpha_j, u'_j+\alpha_j$ に変えた厚生経路 U_{α_i,α_j}，U'_{α_i,α_j} もまた $U_{\alpha_i,\alpha_j} \geq U'_{\alpha_i,\alpha_j}$ を満たす。

SPC は，十分に多くの世代に対して U' の代わりに U の世代厚生を適用するとき，それが社会的に望ましいならば，それを無限に多くの世代まで延長しても，その判断は変わらないこと，その意味での連続性が満たされることを要求している。それは世代間衡平の倫理とは無関係だが，自然な条件のようにみえるものである。一方，2UC は各世代厚生を測る尺度の原点を部分的に変えても社会的選好は変わらないというものである。レキシミン基準はこの公理を満たさない。

さて，SP，FA の 2 つの公理に HE，SPC と 2UC をそれぞれ追加することで，レキシミンと功利主義という 2 つの特徴的な価値基準を得た。ここで，両者の特性と持続可能な開発との関係を知るために，これらの価値基準からいかなる最適経路が得られるかをみることにする。最適経路とは初期条件に規定された実行可能な厚生経路の集合の中で，それよりも望ましい実行可能経路が存在しない厚生経路を指す。それを求めるための目的関数は，功利主義基準の場合は，前節のラムゼー・モデル（2）で割引因子1（割引率ゼロ）のケースである。一方，レキシミン基準の目的関数は次のように表現される：

$$\max\{\inf\{u_t | u_t, \ t \geq 1, 2, \ldots \text{ は } x_0 \text{ から実行可能}\}\} \quad (3)$$

初期条件 x_0 の下で持続可能な最大の世代厚生を $u(x_0)$ と表わすことにする。また，前節注(6)の記号を用いて

$$\bar{u} = \max\{u(x) | x \text{ は } x_0 \text{ から到達可能な物的制度的諸条件}\} \quad (4)$$

とする。このとき，経済学の標準的な仮定の下で，レキシミン基準に従う最適経路（平等主義的経路と呼ぶ）は $u(x_0)$ を持続するものとなり，一方，功利主義基準に従う最適経路（最適成長経路と呼ぶ）は $\bar{u}$ に収束することを示すことができる。[14] 定義により，$\bar{u} \geq u(x_0)$ なので，ほとんどすべての場合において，十分に遠い将来世代の厚生は，平等主義的経路よりも最適成長経路の方が大きくな

る。これは，将来世代が現在世代よりよくなる可能性がある場合，レキシミン基準は現在世代を恵まれない世代と解釈し，その厚生を高めることを望ましいと考えるためである。

価値基準の有用性は，その倫理的基礎だけでなく，人々のおかれた環境や認識にも依存する。「成長の限界」のような，社会は破局に向かいつつあり将来世代はより悪くなるという状況や認識の下では，レキシミン基準や平等主義的経路は，世代間衡平の重要な指針を与えるものとして魅力的に映る。一方，「持続可能な開発」が語られる状況は，注意深く環境を保全し社会経済を運営すれば，よりよい生活を実現できるというものである。そのような状況では，最適経路に成長の移行過程をもつ功利主義基準は，より魅力的な世代間衡平の価値基準となる。

12.3.3 経験主義的批判

Arrow 他（1996）は，以上の公理的アプローチとは別の，経験主義の観点から，功利主義基準の妥当性を論じている。それは確かに道徳的に望ましいかもしれないが，果たしてわれわれはそれを受け入れるだろうか，というのが彼らの問いである。彼らが明らかにしたのは，社会を割引なしのラムゼー・モデルで表現し，もっともらしいパラメータの値を与えると，現在の資本規模に対応する最適貯蓄率は60％を超えることである。高貯蓄率を誇った高度経済成長期の日本ですら，20％程度の貯蓄率であったことを考えれば，その最適貯蓄率は，われわれ現在世代には到底受け入られない水準であることがわかる。割引なしの最適成長経路を辿ることは倫理的に正しいことかもしれない。しかし，そのことをわれわれは理解しても，実行する気にならないのである。この"理解はしても，実行する気にならない"ということは，レキシミン基準についてもいえることである。

この議論の背後にあるものは，われわれの行動は超越的な倫理によって律されているのではなく，われわれ自身の自由な意志に任されているという事実である。世代間の衡平も，われわれが勝手に将来世代の暮らし向きを思うものに

過ぎず，その意味でパターナリスティックな利他主義に他ならない。実際のところ，もしそうでないとすれば，われわれはいかに将来世代の選好を知ることができるのかという難問に直面し，将来世代の厚生を考えることすら難しくなる。次節では，このような考えに立って，将来世代に対して利他的意識を持つ代表的個人の経済モデルとして，割引のあるラムゼー・モデルを解釈し，それを用いて経済的最適性と持続可能な開発の関係を論じる。

最後に，これまで本節では各世代の厚生を生み出す生産技術については触れてこなかった。Asheim 他（2001）は，次世代が当該世代の厚生よりも低くなるような厚生経路が存在するならば，その2つの世代の厚生水準を入れ替えた経路も実行可能で，かつ，そのように修正された厚生経路は非効率である（他の世代の厚生を低めることなしにある世代の厚生をさらに高めることができる）という技術条件を経済に課した。それが標準的な経済モデルのいくつかで成立することを確認したうえで，彼らは，この技術条件の下で，スッピス＝センの正義の評価原理による最適厚生経路が非減少となること，すなわち持続可能な開発の価値基準を満たすことを示した。このことを，彼らは，SPとFAの公理は持続可能性を正当化すると呼んでいる。

12.4 　最適成長モデルと持続可能な開発

12.4.1　集計最適成長モデル

われわれの（将来世代への利他主義を含む）選好が，割引のあるラムゼー・モデルで表現されるとして，その最適経路は持続可能な開発と整合的であろうか。この問いを，まず最も単純なモデルである次の集計最適成長モデルで考える。

$$\max_{c(t) \geq 0} \int_0^\infty u(c(t)) e^{-\rho t} dt$$
$$\text{subject to } \dot{k}(t) = f(k(t)) - c(t), \ k(t) \geq 0, \ k(0) = k > 0 \text{ given.} \quad (5)$$

"集計"の意味は，さまざまな人工資本および環境資産を含む広い意味での資本を，集計的に1つの資本として表わすことによる。k はその1人当たりス

トック量を表す。同様に，1人当たり生産物も集計生産物として1つの実数値 $f(k)$ で表現され，それは集計的に表現された消費 c と投資 $\dot{k}$ に配分される。なお，ドットは時間微分を表す（$\dot{k}=dk/dt$）。

生産関数 f が凹関数（収穫逓減）の場合，資本の最適経路は，限界生産性 $f'(k)$ が割引率 ρ と一致する資本ストックの水準 $k_{SS}(\rho)$ に単調に収束する。特に初期条件が $k<k_{SS}(\rho)$ を満たすとき，最適経路は消費 c の増加，したがって厚生 $u(c)$ の増加を伴う。それは持続可能な開発と整合的な経路である。しかし，割引率が十分に高くなると（$\rho \geq f'(0)$），内点最適定常状態 $k_{SS}(\rho)>0$ は存在しなくなり，すべての最適経路はゼロ・ストック水準に収束する。このように，割引率の水準が，経済的最適性と持続可能な開発の両立可能性を決める。

次に生産関数を修正して，経済発展の初期段階では収穫逓増で，資本蓄積が進むとやがて収穫逓減に転じること（凸凹生産関数）を仮定する。たとえば，経済発展の初期段階では，経済はその投入物の多くを天然資源に頼るが，生態系（集計資本の一部である）では非凹性が現れる（Scheffer 他，2001）。このため凹生産関数の仮定は，資本蓄積がある程度進んだ段階でのみ妥当かもしれない。

注意として，$f'(0)$ は凹生産関数では限界生産性の最大値だが，凸凹生産関数ではそうではなくゼロ以下の値をとることもありうる。したがって，凸凹生産関数では $\rho \geq f'(0)$ が成立する可能性は高くなる。この不等式を満たし，かつ割引率がそれほど高くないケースでは，凹生産関数モデルではみられない興味深い現象が生じる。すなわち，資本ストックのクリティカル・レベル $k^c(\rho)$ が存在して，初期資本ストックがそれよりも大きいならば，資本の最適経路は内点最適定常状態 $k_{SS}(\rho)$ に収束するものの，クリティカル・レベルを下回る場合（$k<k^c(\rho)$）には，その最適経路はゼロ・ストック水準に単調に収束する。後者のケースでは，経済的最適性と持続可能な開発は両立しない。このように凸凹生産関数のケースでは，資本ストックの水準が，経済的最適性と持続可能な開発の整合性に影響を与える。クリティカル・レベルの存在に初めて気づいた Clark（1971）は，生物資源管理の文脈（k を生物資源ストックとみなす）で，クリティカル・レベルを，Ciriacy-Wantrup（1952）の「安全最小基準（safe

minimum standard of conservation；SMS)」に関連づけている。SMS とは，いったん，それ以下のストック水準になれば，資源枯渇あるいは当該種の絶滅が不可避的に生じるような最大ストック水準である。クリティカル・レベルのさらなる議論と文献については赤尾・西村（2009）を参照。

12.4.2 内生的成長モデル

次に，内生的成長モデルと呼ばれる，より複雑なモデルで経済的最適性と持続可能な開発の関係をみよう。"内生的"の意味は，技術進歩のメカニズムがモデル化されているということである。ただし，ここで内生的成長モデルを用いる意義は，不断の技術進歩によって資本の限界生産性が割引率まで低下しないこと，このため，上記の集計最適成長モデルと違って，最適定常状態での各経済変数の成長率がゼロではなくなる点にある。最適経路上で消費が増加し続け，同時に環境も改善される定常状態が得られるならば，それは正にブルントラント委員会が「持続可能な開発」として述べたものと合致する。逆に消費が増加する一方で，環境が劣化し続ける定常状態が最適なものとして得られるならば，その定常状態は（モデル化されていない）環境制約によって，実現不可能なものとなるだろう。それは「成長の限界」が警告した経路である。このような2つの可能性を検討することは，人工資本と環境資産を集計して扱う集計最適成長モデルではできない。

次のモデルおよび分析結果は Aghion and Howitt (1998, Chapter 5) による[19]。

$$\max_{C,L,n,z} \int_0^\infty \left[\frac{C^{1-\varepsilon}-1}{1-\varepsilon} - \frac{(-E)^{1+\omega}}{1+\omega} \right] e^{-\rho t} dt$$

subject to $\dot{K}=Y-C,\ Y=K^\alpha(BL)^{1-\alpha}z,\ \dot{B}=\eta nB,\ L+n=1,$ （6）

$$X=z^\gamma Y,\ \dot{E}=-X-\theta E,\ K(0)>0,\ B(0)>0,\ \text{and}\ E(0)<0\ \text{given}.$$

ここで，C は消費，Y は最終財生産，K は人工資本，B は人的資本，X は汚染フロー，E は環境の質，L,n はそれぞれ最終財部門と人的資本部門への労働投入，そして $z\in(0,1]$ は汚染削減技術の指標である。残りの記号はパラメー

タで正の値をとる。とくに $\alpha<1$ であり，最終財部門は資本と有効労働（BL）について収穫一定の技術を持つ。環境経済モデルに特有のパラメータとして，θ は自然による汚染自浄能力を表わす自浄係数である。なお，この経済は人口＝労働力が一定で総数が1となるように単位が標準化されている。

汚染削減技術の指標 z は，$z=1$ が全く汚染削減を行わないことを意味し，値が小さいほどより環境保全的な技術を採用していること（その結果，最終財の産出量が減ること）を意味する。最終財生産に z が含まれていることは，生産に伴って汚染 X が発生することを意味している。もうひとつの生産部門である人的資本部門は汚染を発生しない。また，人的資本部門では，労働1単位当たり資本の限界生産性が一定（η）で低下しない。このことは，この部門が持続的成長のエンジンになりうることを意味する。

さて，このモデルの最適定常状態は次の式で特徴づけられる。

$$g_K = g_Y = g_C, \ g_E = \left(\frac{1-\varepsilon}{1+\omega}\right) g_K > -\theta. \tag{7}$$

ここで記号 g_x は変数 x の成長率を表わす（$g_x = \dot{x}/x$）。注意として，環境の質 E は負値なので $g_E = \dot{E}/E$ が負値をとるとき $\dot{E}>0$，つまり環境の質は改善される。また，最適定常状態では人工資本，産出，消費の成長率が等しくなるが，これを均斉成長経路（balanced growth path）と呼ぶ[20]。

定常状態に限らず，内点最適経路上では消費の成長率について，オイラー方程式，あるいはケインズ＝ラムゼー・ルールと呼ばれる1階条件：

$$\dot{C}/C = (\partial Y/\partial K - \rho)/\sigma(C) \tag{8}$$

が成立している。ここで $\sigma = -C(\partial^2 u/\partial C^2)/(\partial u/\partial C)$ であり，モデル（6）ではそれは定数 ε に等しい。σ は限界効用の消費弾力性だが，消費の異時点間代替弾力性の逆数，相対的危険回避の測度など，さまざまな呼び方がある。世代間衡平の文脈では，その増加は消費の成長率をゼロに近づける（現在世代と将来世代の消費をより均等化させる）ことから，衡平性の指数と呼ばれることがある[21]。また，K の増加は最終財生産を通じて汚染を増加させ，間接的に厚生を低下

させるが，(8)の資本の限界生産性 $\partial Y/\partial K$ は，この負の間接効果分を最終財生産の増加分から差し引いた"社会的"利子率である[22]。モデル(6)の最適定常状態上でそれは

$$\frac{\partial Y}{\partial K}=\alpha\frac{1}{1+1/\gamma}\frac{Y}{K}=\rho+\frac{\eta-\rho}{1+(\varepsilon+\bar{\omega})/[\varepsilon\gamma(1-\alpha)(1+\omega)]} \quad (9)$$

と計算される。(8)，(9)より

$$\eta > \rho \quad (10)$$

のとき最適定常状態で，消費は正の成長率を持つ。この結果と(7)—(9)より，最適定常状態で環境改善(あるいは環境保全)が生じるのは

$$\theta > -(\eta-\rho)(1-\varepsilon)\left(\varepsilon(1+\omega)+\frac{\varepsilon+\omega}{\gamma(1-\alpha)}\right)^{-1} \quad (11)$$

$$\varepsilon \geq 1 \quad (12)$$

のときである。以上で得られた(10)—(12)が，経済的最適経路と持続可能な開発が両立するための必要条件である。

これらの条件を解釈する前に，もう一つ重要な点を指摘しておく。もし，経済成長のエンジンが汚染を発生させる産業部門ならば，最適定常状態はもはや正の経済成長率をもつことはできない。このようなモデルは，(6)の制約条件の第一行目を次の一部門内生的成長モデル(AKモデルと呼ばれる)に置き換えることで得られる：

$$\dot{K}=Y-C, \quad Y=AKz. \quad (13)$$

内点最適経路上では，資本蓄積とともに z が減少することを示すことができる。このとき資本蓄積とともに社会的利子率 $\partial Y/\partial K$ もまた減少し，割引率 ρ に収束する。収束先が最適定常状態であり，オイラー方程式(8)により，そこでは成長率はゼロである。

以上から，内生的成長モデルにおいて，経済的最適性が持続可能な開発と矛盾しないための必要条件は次のように整理される。

(1) 成長のエンジンは汚染を発生しないクリーンな産業部門であり，その生産性（η）は割引率よりも高い（(10)より），
(2) 自然の自浄能力が最適均斉経済成長率との比較において十分に高い（そうなるようにたとえば自然過程で容易に分解される汚染物質を選ぶ。(11)より），

そして

(3) 衡平性の指数が1以上であること（(12)より）である。

以上の結果は，他の内生的成長モデルでも得られる[23]。注意として，これらの条件のうち(3)は，技術ではなくわれわれの選好に関する条件である。理論が示唆しているのは，持続可能な開発は，衡平性の指数が1より小さな人々によって代表される経済では最適ではなく，支持されないということである。だからといって，そうした人々の選好を無視することも捻じ曲げることもできないだろう。持続可能な開発を実現するために，技術を改良するのはよいとしても，選好の変更を要請することは，倫理あるいは実行可能性の点で問題である。Akao (2010) は，条件(3)を(1), (2)のような技術的条件で代替することは，数学的には可能だが，その経済学的な説明は難しいことを明らかにしている。

以上の内生的成長モデルと持続可能な開発の関係に関連して，環境クズネッツ仮説に言及しておく。上述のモデルでは，条件が満たされれば，最適定常状態において環境保全と経済成長の両方が実現可能である。しかし，最適定常状態に至るまでの移行過程においては，最も汚い技術（$z=1$）を使って経済を成長させることが最適な場合がある。Stokey (1998) が示しているように，このとき汚染フロー X は最適経路上で単調に増加する。その後，一定の資本が蓄積されると，z は減少しはじめ，上述の3つの条件が満たされる場合，それに応じて汚染フロー X も減少に転じる。このように，最適経路として環境クズネッツ曲線を得ることができる。ただし，上記の3つの条件が満たされない場合には，最適汚染フローは経済成長とともに増加し続け，これ以上増加できない水準になったところで，汚染の増加は終わる。それは同時に経済成長の終わりでもある。

12.4.3 非指数的割引

　本節の最後の話題は，非指数的割引である。前節で紹介した Arrow 他 (1996) の経験主義的な議論は，割引を擁護するものとして説得的であるように思える。一方で，これまで用いてきた時間を通じて一定の割引率（指数的割引あるいは幾何的割引と呼ばれる）は，経済学の標準的な仮定ではあるものの，それによって遠い将来世代の厚生が非常に小さく評価されてしまう。そのことに対してわれわれがとまどいを感じていることもまた経験的事実である。

　両者の折り合いをつける1つの方法は，ラムゼーのように[24]，われわれが自分自身の将来に対して用いる割引率と，遠い将来世代の厚生に対して適用する割引率とを，異なるものと考えることである。たとえば，われわれ自身については3％といった割引率を用いるが，100年後の世代の厚生に対しては約0.3％の割引率を，500年先の世代には約0.06％の割引率を用いることにすれば，自分自身の貯蓄率に実現不可能な倫理的要求を課すことなく，一方で，遠い将来世代の厚生を極端に低く割り引くこともなくなる（この数値例ではこれらの世代の厚生は約75％に割り引かれる）。

　割引率の変化を許すモデルは，すでに1960年代に Phelps and Pollak (1968) によって研究されている。また，最近のマクロ経済学では，Laibson (1997) の研究を契機として，双曲型割引 (hyperbolic discounting) モデルとして，盛んに研究されている[25]。

　しかし，この非指数的割引の採用は別の問題を生み出す。それは時間不整合性である。すなわち，現在世代が望ましいと考えた経路は将来世代にとって望ましい経路ではなく，現在世代は将来世代の行動を束縛することなしには，その最適経路を実現できない。法律が過去の意思決定による現在世代に対する束縛であることを考えれば，そうした束縛＝コミットメントは，現実世界において普遍的なものである。一方で，将来世代にとって最適でないものを現在世代が押しつけることは，倫理的な問題を生むことになる。対照的に，一定の割引率による指数的割引モデルでは，こうした時間不整合の問題は生じない。そうしたモデルでは，われわれは確かにパターナリスティックに自らの最適計画を

将来世代に押しつけるのだが，将来世代はその自由な意志に従って，過去の世代が想定した最適計画を自らの最適計画として実行するのである。

そもそも将来世代に対する有効なコミットメントが可能かという実践上の問題もある。それが完全にはできないとすれば，われわれはわれわれの最適経路をあきらめて，時間整合的な次善の経路を選ぶことになる。このような経路は各世代の戦略的行動を織り込んだ世代間ゲームのナッシュ均衡経路である。それによって時間不整合性の問題は解消されるものの，均衡経路では現在世代の最適経路よりも多くの天然資源や環境資産が消費される。なぜなら現在世代が資源保全的にふるまっても，時間不整合性のために後の世代がその一部を消費してしまうからである。その将来世代の行動を織り込んで，現在世代は最適な水準以上に資源を消費することを選択する。また，ゲームではよくあることだが，均衡経路は一意的ではないかもしれない。非指数的割引モデルを環境経済学に応用した数少ない研究として，Karp（2005）は，多均衡の存在とそれらの効率性を論じている。一般の経済理論におけるコミットメントに関する考察はBarro（1999），Sorger（2007）を参照。

12.5 通時的費用便益分析と割引

これまで紹介してきた割引をめぐる議論は，"厚生に関する"割引の問題である。混同しやすいのだが，環境政策などプロジェクトの"費用便益に関する"割引率の選択問題は，これまでの議論とは独立して論じるべき問題である。

12.5.1 通時的費用便益分析

費用便益分析は，社会の状態変化の是非を判断するために行われる。社会の状態変化は社会の各構成員に効用変化をもたらす。この各構成員の効用変化を貨幣単位で表すものが，補償変分尺度と等価変分尺度である。もし変化後の効用を変化前のそれに戻すために取去る／与える貨幣額を考えるならば，それが補償変分尺度である。一方，変化前の効用を変化後のそれに揃える貨幣額は等

価変分尺度と呼ばれる。以下では等価変分尺度を用いることにする。等価変分尺度には複数のプロジェクトの優劣を矛盾なく判断できるという利点がある。[26]

さて，プロジェクト実施によって効用が増加する主体に対して，その断念の代わりに補償すべき貨幣量 WTA（willingness to accept for compensation：それを容認するために必要な最低補償額）にプラスの符号をつけ，その実施によって効用が低下する主体から取り去ることのできる貨幣量 WTP（willingness to pay：喜んで払ってもよい最大金額）にマイナスの符合をつける。社会の全メンバーに対して，このような貨幣尺度を調べ合計する。その合計値はプロジェクトの集計純便益と呼ばれる。もし集計純便益がゼロ以上ならば，そのプロジェクトの実施は望ましい。なぜなら，プロジェクトの断念と同時にいかなる所得再分配政策を実施しても，全メンバーの効用を実施した状態よりも大きくすること（パレート改善）はできないからである。

以上の費用便益分析は，原理的に，状態の変化が世代を超えて将来世代に影響する場合にも適用することができる。ある温暖化対策を行うことを考えよう。現在世代は対策のコストを負担し将来世代は対策の便益を享受する。対策をとらない状態を現状として，各世代の WTP や WTA を調べる。集計するために各世代の貨幣尺度は現在価値に割り引かれる。このときに用いられる割引率は各時点の市場利子率である。仮に市場利子率が平均して 3 ％とみなされるならば，10年先の費用負担額は，現在価値で約75％に割り引かれる。一方，100年先の世代が享受する対策の便益は約 5 ％（20分の 1 ）に，500年先の世代のそれは約0.00004％（250万分の 1 ）にまで割り引かれてしまう。そのように評価された貨幣尺度の現在価値の合計値の符号によって，この対策の是非が判断される。

温暖化対策の便益は遠い将来に発生するため，容易に予想されるように，この温暖化対策が将来世代によほど大きな便益を与えるものでない限り，その実施は望ましくないとされるだろう。しかし，それは多くの人にとって妥当な判断とは思えないかもしれない。これまでの議論と同様，割引計算は，われわれの直観と乖離したことを支持する可能性がある。

ここでの問題が倫理的な問題とは別物であること，また，何がここでは問題なのかを明らかにするために，仮に費用便益分析の結果，集計純便益がマイナスの値をとり，対策は行わない方がよいと判断されたとしよう。その場合，費用便益分析は，対策を行わないことによって節約された費用の一部を貯蓄することを勧める。貯蓄＝投資によって経済の生産力が拡大する。理論上，均衡利子率は資本の限界生産性と一致するから，市場利子率が3％で一定であるとして，500年先の世代のために貯蓄した1万円は500年先には約250億円の物的富をもたらす。費用便益分析の結果が正しいならば，適切な貯蓄額を将来世代に残すことによって，その世代は気候変動被害に対して物質的に十分に補償されるのである。あるいは現在世代は，物質的に将来世代を補償することで，将来世代の厚生を低下させることなく，環境対策を行うよりも負担すべき費用を軽くできる。

　以上の議論には倫理的な要素は含まれていない。ここでの問題は，倫理とは無関係に市場で決まる各時点での利子率である。上では仮想的にそれを3％としたが，500年先の便益費用に適用すべき適切な利子率の水準とはいかなるものだろうか。課題は，従来考えられているものよりも低い利子率の使用を正当化することである。それによって，温暖化問題のような超長期にわたって便益や費用が発生する問題に対して，費用便益分析の結果を人々の直観に沿うものにすることができるかもしれない。以下，その可能性を追求した研究を紹介する。

12.5.2　環境割引率とガンマ割引率

　ここでは，より低い利子率を用いることを正当化するアイデアを2つ紹介する。そのいずれもマーティン・ヴァイツマンによるものである。

　Weitzman (1994) は，上述の将来世代を金銭的に補償するプロセスに注目した。環境政策に支出する代わりに経済に投資すれば，確かにその果実によって将来世代を物質的に補償することができるだろう。しかし，経済活動が活発になれば環境負荷もより高まる。そうすると，環境保全支出もまた増大する。そ

の結果,投資の果実の一部は将来世代への補償ではなく,追加的な環境保全支出に使われることになる。このことは資本の限界生産性＝利子率を低下させることになる。この環境支出を織り込んだ利子率をヴァイツマンは環境割引率と呼んでいる。

環境割引率は,前節での内生的成長モデルの社会的利子率に対応するものである。競争市場経済での利子率は資本の限界生産性に一致する。しかし,（6）の生産関数を単純に資本で偏微分したもの（$\alpha Y/K$）は,資本増加が引き起こす汚染とそれに対する環境政策が必要とする追加的な汚染削減コストを考慮していない。最適経路上での利子率は,それを考慮した資本の限界生産性であり,前節(9)式で表わされる社会的利子率 $[\alpha/(1+1/\gamma)]Y/K$ である。ヴァイツマンの主張は,直接的な資本の限界生産性 $\alpha Y/K$ ではなく,それより小さな社会的利子率を費用便益分析に用いるべきというものである。

以上のヴァイツマンの主張は正しいが,集計最適成長モデルのように,消費の成長率がゼロの定常状態に収束する経済の場合,資本の限界生産性に環境支出を考慮しようとしまいと,最終的に利子率は割引率 ρ に収束する。このことはオイラー方程式(8)から確認できる。つまり,500年先といった超長期の世代の便益に対しては ρ（に近い値）で割引くことに変わりはない。また,内生的成長モデルで持続的成長が最適となる場合,環境割引率あるいは社会的利子率は ρ より高い。つまり超長期の便益費用に用いるべき利子率の下限は ρ で与えられ,環境割引率の議論ではこの下限を引き下げることはできない。このため環境割引率だけでは,費用便益分析の判断とわれわれの直観との乖離は解消されないかもしれない。

次の2つの論文では,ヴァイツマンは,超長期の利子率が十分に低いものであることを正当化するために,不確実性の存在,あるいは適切な割引率の選択に関する人々の見解の違いを利用している。Weitzman (1998)は,遠い将来のことについては多大な不確実性があることに注目し,将来の費用便益を割り引くのに,さまざまな割引"因子"の平均値を利用することを提案している。この提案を受け入れると,無限の将来の割引には,考えられうる最も小さな利子

"率" が用いられることになる。それは以下のように説明される。

どのような利子率が実現するか不確実な世界を考える。利子率 r_i が実現する確率を w_i とする。すると t 時点の便益を現在価値で評価するための平均割引因子は $\phi(t)=\sum w_i \exp(-r_i t)$ であり，対応する割引率 $R(t)$ は $\phi(t)=\exp(-R(t)t)$ を満たす。以上から，利子率不確実性下での時間依存的割引率

$$R(t)=\frac{-\log(\sum w_i \exp(-r_i t))}{t} \tag{14}$$

が得られる。Weitzman (1998) が証明しているように，この割引率は時間とともに単調減少し，極限で実現可能な最も低い利子率に一致する ($\lim_{t\to\infty} R(t)=\min\{r_i\}$)。驚くべきことに，この結果は最も低い利子率の実現確率がどれほど小さくても成立する。トリックは，より小さな割引因子（より高い利子率に対応する）は時間とともにより速く減衰していくため，最終的に考えられうる最も小さな割引率のみが生き延びるというものである。

Weitzman (2001) もまた，形式的には同じアイデアを用いている。そこでは政策決定のための科学パネルが適切な割引率を選ぶというシナリオの下で，費用便益分析に用いられるべき割引因子について，パネル・メンバーのさまざまな推奨値の平均が採用される。その論文では，対応する割引率の分布がガンマ分布に従うとして，利子率 $R(t)$ の具体的な関数形（ガンマ割引率）を導出している。

注意として，以上の Weitzman (1998, 2001) の割引率は，時間とともに低下する経路を持つため，前節の非指数的割引と同じ問題に直面する。すなわち，それを用いた費用便益分析は時間整合的ではない。たとえば，計画された環境政策は将来見直され実行されなくなるかもしれない。ヴァイツマン自身も，このような平均計算から導出された利子率の使用は，理論的に整合的なものというよりは，便法的なものであることを認めている。

最後に，ヴァイツマンの結果と，経済主体が異なる割引率をもつ競争経済モデルの結果の類似性を指摘しておく。現実的な仮定の下で，そのような経済の競争均衡は，長期的には最も低い割引率を持つ家計に資本が集中し，資本の限

界生産性，したがって均衡利子率は，最終的に時間とともに低下して，その最も低い割引率に収束する（Becker and Foias, 1987）。この利子率は家計の資本所有の分布の関数であり，時間不整合性は生じない。環境経済学では，Li and Löfgren（2000）がベッカーらの研究とは独立に類似のモデルを考察している。

12.6. プラグマティスト・ビュー

　これまで繰り返しみてきたように，割引率をどう扱うかは，持続可能な開発と世代間衡平をめぐる議論の中心問題である。本章の最後に，経済学の枠組みで割引を扱うこと自体を疑う議論を紹介する。

　Schelling（1995, 1999）は，超長期の政策は，割引計算によって検討するような問題ではないとしている。彼の主張は，地球温暖化対策の文脈でなされたものである。彼によれば，既開発国が温暖化対策を行うのは，海外援助と同じである。なぜなら，その主要な受益者は50年以上先の地球上の人々であり，その大部分は現在の発展途上国の子孫だからである。したがって，それは慈善的行為とみなせる。しかし，将来の発展途上国の子孫を支援しようとする者が，なぜ現在の発展途上国の人々を支援しようとしないのか。かの国では，将来よりも現在の方がより貧しく，多くの人々が苦境にいる。なぜ，温暖化対策よりも現在の発展途上国への支援を重視しないのか。しかし，少なくともアメリカでは，人々が現在の発展途上国の人々の暮らし向きをよくするために追加的な支出をしようと考えているようにはみえない。シェリングの結論は，これは，経済合理性による説明が適切な問題ではないということである。もっといえば，温暖化のような世代を超える問題に対する政策のあり方は，経済学の範疇で扱えるものではないということである。

　同じことを，Nordhaus（1999）は別の角度から論じている。彼は，自らが作成した温暖化問題に関する動学的応用一般均衡モデル（DICE モデル）を用いて，次のような費用効果分析を行っている。すなわち，

（1）ゼロまたは1％の（倫理的には望ましい）割引率の最適経路を実現する

ケース,
(2) 温暖化対策については(1)の割引率の最適経路を実現させるが他の財は市場均衡経路を辿るケース,
(3) 気温上昇の上限を設定し,それを最小費用で行うケース,
(4) 温室効果ガスの大気中濃度の目標を設定し,それを最小費用で行うケース,

そして,

(5) 温室効果ガスの排出削減目標を設定し,それを最小費用で行うケース

の5つのケースについて,温度変化とそれに要する費用のリストを作成した。

それによると,(1)の最適経路を辿ることは,気温上昇の抑制は小さい一方で莫大な費用がかかる。(2)の部分的最適経路の場合には,費用は(1)よりもはるかに小さくなるが,(3)以下に比べると依然として高い水準にある。最後に(3),(4),(5)に関しては,目標が直接的な(3)がもっとも費用対効果が高く,以下(4),(5)の順番となる。

数字を挙げると,ゼロ割引率の最適経路は500年後にプラス4.36℃に気温上昇を抑制するが,そのため年間約2000億USドル以上のコストが発生する。対応する部分的最適経路(2)の場合,このコストは400億ドル弱ですむ。しかし,年間400億ドルをかけるならば,(5)で約3.5℃,(4)で約3℃,(3)では約2.5℃に気温上昇を抑制できる。

ノードハウスの計算例は,社会の"望ましい"経路までを経済理論でカバーしようとすることは,社会に大きなコストを課す可能性があることを示している。経済学の得意とするところは効率性にあり,社会の目標(この場合は最終的に実現すべき気候の状態)を決める仕事は,経済学とは別の論理で決定されてもよいということである。

謝辞:樽井 礼氏(ハワイ大学)と釜賀浩平氏(早稲田大学)には貴重なコメントをいただきました。ここに記して感謝申し上げます。

第 12 章 持続可能な開発と世代間の衡平

注
(1) 経済学では，衡平は equity に対応し公平とも表記される。類似の用語として，公正は fairness に対応し衡平かつ効率的な状態を指す。
(2) よく引用される最初の一文は，Nordhaus（1994）が指摘するように，持続可能な開発の概念が，世代間のパレート基準（効率性）を支持するものであることを述べているに過ぎない。世代間衡平の問題，すなわち現在世代と将来世代の分配の問題に関係するのは，それに続く一連の記述である。世代間パレート基準については 12.3.1 を参照。
(3) 人々の暮らし向きは，自然環境を含む物的制度的諸条件に規定され，また，財・サービスの消費量や健康状態によって表現される。持続可能な開発を，前者の"条件"の非減少性と解釈する場合，それを強い持続可能性と呼び，後者の"表わすもの"のそれと解釈する場合を弱い持続可能性と呼ぶ。いずれの解釈が有用かを巡っては論争があり，特に弱い持続可能性の概念では，他の財で代替不可能な自然環境財（critical natural capital）が見落とされてしまうとする批判がある。詳細は大沼（2009）を参照のこと。なお，持続可能な開発が技術的に実行不可能なケースとして，たとえば枯渇性資源と人工資本から最終財がつくられるマクロ経済モデルにおいて，その生産関数がレオンチェフ型（代替弾力性がゼロ）の場合がある。一方，もしそれがコブ・ダグラス型（代替弾力性 1）ならば実行可能である（本書第 4 章を参照）。Cass and Mitra（1991）は，持続可能な開発が実行可能であるための生産要素の代替可能性に関する必要十分条件を導出している。
(4) 「世代間衡平とは X をいう」と先験的に規定してしまうこと。具体的には本章 12.3.1 項を参照。
(5) 名称の由来は Johansson（1991）など厚生経済学のテキストを参照。
(6) 割引のないケースでは，総和が無限大にならないように，各世代の厚生から一定の数値を差し引くという標準化が必要になる。時間に依存しないモデルならば，持続可能な最大世代厚生 $\bar{u}$ を用いて $u_t - \bar{u}$ と標準化する。詳しくは McKenzie（1986）を参照。注意として，この標準化によって，総和の式はマイナス無限大をとりうる。最適な厚生経路は，そのような値をとらないクラスに属している。このクラスに属する経路を Brock（1970a）は good program と呼んでいる。Good program は必ずしも収束しない。したがって正確な総和表現は，$\sum_{t=1}^{\infty}$ ではなく，$\limsup_{T \to \infty} \sum_{t=1}^{T}$ あるいは $\liminf_{T \to \infty} \sum_{t=1}^{T}$ である（積分も同様に考える）。最適経路について総和が収束する場合，それぞれの表現に対応する最適性概念は，catching-up optimal, sporadically catching-up optimal と呼ばれる。すべての実行可能経路の総和が収束する場合，これらの区別はなくなり，単に最適経路と呼ばれる。簡潔な解説として Dockner 他（2000, Chapter 3）を参照。

(7) ただし，ラムゼーは自分自身の主観的な割引については認めている。「私の世界観は遠近法によって描かれており，……私は自分の遠近法を，空間だけでなく時間にも当てはめる。時が経てば，世界は冷却し，すべてのものはいずれ死滅するであろう。しかしそれはまだずいぶん先のことであり，その意味を複利計算で割り引いていけば，それはほとんど無に等しい。」（ケンブリッジ使徒会での講演より。Mellor, 1990, Chapter 10 に所収。）つまりラムゼーは，自分自身の認識や効用の主観的な割引と将来世代の厚生に対する社会的な割引を区別していた。

(8) 世代間衡平への公理的アプローチの詳細な解説として，鈴村・篠塚（2006）および Asheim (2010) を参照のこと。本章の用語は後者に準じている。

(9) 無限計画期間は経済学の標準的な仮定だが，なぜ太陽の寿命ですら有限なのに，将来世代が無限に存在することを仮定できるのだろうか。優れた経済学者の"言い訳"として，Arrow and Kurz（1970, Chapter 3）や Léonard and Long（1992, Chapter 9）を参照。また，"最後の日"の到来が確率的（ポアソン過程）と考えることで，有限計画期間問題は無限計画期間問題に変換される。このケースでは同時に割引のあるラムゼー・モデルが結果的に得られる（たとえば赤尾・西村，2009を参照）。

(10) 無限回の入れ替えを許すと匿名性と SP を満たす社会厚生関係が存在しなくなる（Lauwers, 1997を参照。また鈴村・篠塚，2006, 脚注11も参照）なお，鈴村・篠塚（2006）は FA を，シジウィック＝ピグーの世代間衡平の公理と呼んでいる。その背景については鈴村（2006）を参照。

(11) さらにいうと，選択公理を要請しない数学体系に，あらゆる実数値の集合はルベーグ可測であるという公理を付け加えても何の矛盾も生じないことが知られており，この公理の下では SP と FA を満たす社会厚生順序は存在しない。Zame（2007）によれば，超準解析の応用を別として，経済理論のほとんどで選択公理は必要とされない。このようにここでの存在問題は微妙である。

(12) ロールズの格差原理に沿うことから，しばしば"ロールズ流の"と冠される。詳細はたとえば Asheim（2010）を参照。

(13) ここでの功利主義基準は，正確には catching up 基準と呼ばれるものである。Basu and Mitra（2007）は SPC と 2UC とは別の２つの公理から同基準を導いている。また，その一方の公理と SP, FA によって特徴づけられる「功利主義社会厚生関係」と彼らが呼ぶ価値基準が，より明示的かつ興味深い世代間衡平上の意味をもつこと，標準的な集計最適成長モデルにおいて，この基準に基づく最適経路が catching up 基準のそれと一致することを示している。Brock（1970b）もまた参照のこと。

(14) 後者の性質はターンパイク定理として知られている。McKenzie（1986）を参照。

⒂ 以下の内容は，Arrow（1999）にも紹介されている。
⒃ 割引功利主義の公理的特徴づけについては Koopmans（1960）を参照。関連する興味深い議論として，Chichilnisky（1996）は割引功利主義が将来世代の独裁を許さない一方，現在世代の独裁を許すものであることを指摘し，両方の非独裁性を満たす社会厚生関数を導出している。
⒄ Barro and Sala-i-Martin（2004）は，本節の数式や背後にある理論を理解するための邦訳のある優れたテキストである。
⒅ 凸凹生産関数のケースでも割引率が十分に高ければ，凹生産関数のケースと同様，すべての最適経路はゼロ・ストック水準に収束する。その十分条件は $\rho > \max\{f'(k) | k > 0\}$ である。
⒆ このモデルにみられるように，内生的成長モデルでは特定の関数を用いたパラメトリック・モデルが用いられるが，これは非ゼロ成長率の最適定常状態を得るための数学的な要請による。とくに，汚染を含む環境経済モデルでは，加法分離的 CIES（Constant Intertemporal Elasticity of Substitution）効用関数とコブ・ダグラス型の最終財生産関数の組合せが必要となる。Akao（2010）を参照。
⒇ 定常状態が均斉成長を意味することは，$\dot{K} = Y - C$ の資本蓄積方程式をもつモデルに共通である。
(21) ここでは最適経路を論じているが，実証的な競争経済モデルでも（8）は成立する（ただし $\partial Y/\partial K$ は社会的利子率ではなく市場利子率に一致する）。つまり，現実社会が競争均衡で表現されるとして，限界効用の消費弾力性 σ の増加と割引率 ρ の増加は，正の均衡経済成長率に対して，ともにその成長率を低下させる効果をもつ。このことは地球温暖化対策をめぐる興味深い議論を生んでいる。Nordhaus（2008）は，最適温暖化対策を計算するために，現実の消費経路を再現するもっともらしい σ と ρ の組合せとして $\sigma = 2, \rho = 0.015$ を選ぶとともに，Stern（2007）が $\sigma = 1, \rho = 0.01$ の組合せを用いていることに疑問を呈している。すなわち，相対的に低い ρ を採用するならば，より高い σ を選ばなければモデルの現実再現性は低下するからである。一方で，この Stern（2007）の選択は，将来世代の暮らし向きをより尊重することになり，大幅かつ速やかな温室効果ガス削減を正当化する結果を生むものである。さらなる議論は Nordhaus（2008, Chapter 9）を参照。
(22) K 増加の負の間接効果を除去するために，z の代わりに汚染フローを用いて最終財生産関数を $Y = K^{\alpha/(1+1/\gamma)} (BL)^{(1-\alpha)/(1+1/\gamma)} X^{1/(1+\gamma)}$ と表わす。この生産関数について $\partial Y/\partial K$ を計算すれば，社会的利子率が得られる。
(23) より包括的な環境と経済成長のモデルとして Akao and Managi（2007）を参照。
(24) 本章注(7)を参照。
(25) 心理学的基礎付けや実証結果を含む割引の包括的なサーベイとして Fredrick 他

(2002) を参照。
(26) 消費者余剰尺度の選択問題，スキトフスキーやボードウエイのパラドックス，不確実性下の貨幣尺度など，費用便益分析には留意すべき多岐にわたる議論があるが，それらはここでの本題ではないので触れない。費用便益分析とその環境経済学への応用に関する優れたテキストとして，Johansson (1987, 1993) を参照。
(27) 議論は名目利子率でも実質利子率でも変わらない。例えば Johansson (1991, Chapter 9) を参照。
(28) 原論文では利子率が時間とともに変化することを許しているが，結果やその導出方法は変わらないので，ここでは表現の簡便さから利子率は時間を通じて一定としている。また，Weitzman (2010) は，ここで想定するような不確実な利子率が生じる経済モデル（不確実性下のラムゼー・モデル）を提示している。
(29) このような競争均衡経路は Ramsey (1928) が予想していたことからラムゼー均衡の名で知られている。なお，収束しない均衡経路も存在するかもしれない。Sorger (1994) を参照。

●参考文献

Aghion, P. and P. Howitt (1998) *Endogenous Growth Theory*. MIT Press.

Akao, K. (2010) "On the preference constraint for sustainable development to be optimal," *Kyoto Sustainability Initiative Communications* 2010-005, 24pp.

Akao, K. and S. Managi (2007) "Feasibility and optimality of sustainable growth under materials balance," *Journal of Economic Dynamics and Control* 31: 3778-3790.

Arrow, K. J. (1999) "Discounting, morality, and gaming," in Portney, P. R. and J. P. Weyant (eds.) *Discounting and Intergenerational Equity*. Chapter 2. Resource for the Future.

Arrow, K. J. and M. Kurz (1970) *Public Investment, the Rate of Return, and Optimal Fiscal Policy*. Johns Hopkins Press

Arrow, K. J., W. R. Cline, K.-G. Mäler, M. Munasinghe, R. Squitieri, and J. E. Stiglitz (1996) "Intertemporal equity, discounting, and economic efficiency," in Bruce, J. P., H. Lee, and E. F. Haites (eds.) *Climate Change 1995: Economic and Social Dimensions of Climate Change*. Contribution of Working Group III to the Second Assessment Report of the Intergovernmental Panel on Climate Change.

Cambridge University Press.

Asheim, G. B. (2010) "Intergenerational Equity," *Annual Review of Economics* 2 : 197-222.

Asheim, G. B., W. Buchholz, B. Tungodden (2001) "Justifying sustainability," *Journal of Environmental Economics and Management* 41 : 252-268.

Asheim, G. B. and B. Tungodden (2004) "Resolving distributional conflicts between generations," *Economic Theory* 24 : 221-230.

Barro, R. J. (1999) "Ramsey meets Laibson in the neoclassical growth model," *Quarterly Journal of Economics* 114 : 1125-1152.

Barro, R. J. and X. Sala-i-Martin (2004) *Economic Growth* (2nd edition). MIT Press. (大住圭介監訳 (2006) 『内生的経済成長論　I, II』九州大学出版会)

Basu, K. and T. Mitra (2007) "Utilitarianism for infinite utility streams : A new welfare criterion and its axiomatic characterization," *Journal of Economic Theory* 133 : 350-373.

Basu, K. and T. Mitra (2003) "Aggregating infinite utility streams with intergenerational equity : The impossibility of being Paretian," *Econometrica* 71 : 1557-1563.

Becker, R. A. and C. Foias (1987) "A characterization of Ramsey equilibrium," *Journal of Economic Theory* 41 : 173-184.

Bossert, W., Y. Sprumont, and K. Suzumura (2007) "Ordering infinite utility streams," *Journal of Economic Theory* 135 : 579-589.

Brock, W. A. (1970a) "On existence of weakly maximal programmes in a multi-sector economy," *Review of Economic Studies* 37 : 275-280.

Brock, W. A. (1970b) "An axiomatic basis for the Ramsey-Weizsäcker overtaking criterion," *Econometrica* 38 : 927-929.

Cass, D. and T. Mitra (1991) "Indefinitely sustained consumption despite exhaustible natural resources," *Economic Theory* 1 : 119-146.

Chichilnisky, G. (1996) "An axiomatic approach to sustainable development," *Social Choice and Welfare* 13 : 231-257.

Ciriacy-Wantrup, S. V. (1952) *Resource Conservation, Economics and Policies*, University of California Press.

Clark, C. W. (1971) "Economically optimal policies for the utilization of biologically renewable resource," *Mathematical Biosciences* 12 : 245-260.

Dockner, E. J., Jørgensen, S., Long, N. V. and Sorger, G. (2000) *Differential Games in Economics and Management Science*. Cambridge University Press.

Fedrick, S., G. Loewenstein and T. O'Donoghue (2002) "Time discounting and time preference: A critical review," *Journal of Economic Literature* 40 : 351-401.

Hammond, P. J. (1976) "Equity, Arrow's conditions, and Rawls' difference principle," *Econometrica* 44 : 793-804.

Johansson, P.-O. (1993) *Cost-Benefit Analysis of Environmental Change*. Cambridge University Press.

Johansson, P.-O. (1991) *An Introduction to Modern Welfare Economics*. Cambridge University Press.（關哲雄訳（1995）『現代厚生経済学入門』勁草書房）

Johansson, P.-O. (1987) *The Economic Theory and Measurement of Environmental Benefits*. Cambridge University Press.（嘉田良平監訳（1995）『環境評価の経済学』多賀出版）

Karp, L. (2005) "Global warming and hyperbolic discounting," *Journal of Public Economics* 89 : 261-282.

Koopmans, T. C. (1960) "Stationary ordinal utility and impatience," *Econometrica* 28 : 287-309.

Laibson, D. I. (1997) "Golden eggs and hyperbolic discounting," *Quarterly Journal of Economics* 112 : 443-477.

Lauwers, L. (1997) Rawlsian equity and generalised utilitarianism with an infinite population. *Economic Theory* 9 : 143-150.

Léonard, D. and N. V. Long (2002) *Optimal Control Theory and Static Optimization in Economics*. Cambridge University Press.

Li, C-Z and K. G. Löfgren (2000) "Renewable resources and economic sustainability: a dynamic analysis with heterogeneous time preferences," *Journal of Environmental Economics and Management* 40 : 236-250.

Meadows, D. H., J. Randers, D. L. Meadows, W. W. Behrens (1972) *The Limits to Growth: A Report for the Club of Rome's Project on the Predicament of Mankind*. Universe Books.（大来佐武郎監訳（1972）『成長の限界——ローマ・クラブ「人類の危機」レポート』ダイヤモンド社）

Mellor, D. H. (1990) *F. P. Ramsey: Philosophical Papers*. Cambridge University Press.（伊藤邦武・橋本康二訳（1996）『ラムジー哲学論文集』勁草書房）

McKenzie, L. W. (1986) "Optimal economic growth, turnpike theorems and comparative dynamics," in Arrow, K. J. and M. D. Intriligator (eds.) *Handbook of Mathematical Economics*. Vol. III, Chapter 26. North-Holland.

Nordhaus, W. D. (2008) *A Question of Balance: Weighing the Options on Global Warming Policies*. Yale University Press.

第 12 章　持続可能な開発と世代間の衡平

Nordhaus, W. D. (1999) "Discounting and public policies that affect the distant future," in Portney, P. R. and J. P. Weyant (eds.) *Discounting and Intergenerational Equity*. Chapter 15. Resource for the Future.

Nordhaus, W. D. (1994) "Reflecting on the concept of sustainable economic growth," in Pasinetti, L. L and R. M. Solow (eds.) *Economic Growth and the Structure of Long-Term Development*, 309-325, Macmillan/St. Martin's Press.

Phelps, E. S. and R. A. Pollak (1968) "On the second-best national saving and game-equilibrium growth," *Review of Economic Studies* 35: 185-199.

Ramsey, F. P. (1928) "A mathematical theory of saving," *Economic Journal* 38: 543-559.

Scheffer, M., S. Carpenter, J. A. Foley, C. Folke and B. Walker (2001) "Catastrophic shifts in ecosystems," *Nature* 413: 591-596.

Schelling, T. C. (1999) "Intergenerational discounting," in Portney, P. R. and J. P. Weyant (eds.) *Discounting and Intergenerational Equity*. Chapter 10. Resource for the Future.

Schelling, T. C. (1995) "Intergenerational discounting," *Energy Policy* 23: 395-401.

Sorger, G. (2007) "Time-preference and commitment," *Journal of Economic Behavior and Organization* 62: 556-578.

Sorger, G. (1994) "On the structure of Ramsey equilibrium: cycles, indeterminacy, and sunspots," *Economic Theory* 94: 745-764.

Stern, N. (2007) *The Economics of Climate Change: The Stern Review*. Cambridge University Press.

Stokey, N. L (1998) "Are there limits to growth?" *International Economic Review* 39: 1-31.

Svensson, L.-G. (1980) "Equity among generations," *Econometrica* 48: 1251-1256.

Weitzman, M. L. (2010) "Risk-adjusted gamma discounting," *Journal of Environmental Economics and Management* 60: 1-13.

Weitzman, M. L. (2001) "Gamma discounting," *American Economic Review* 91: 260-271.

Weitzman, M. L. (1998) "Why the far-distant future should be discounted at its lowest possible rate," *Journal of Environmental Economics and Management* 36: 201-208.

Weitzman, M. L. (1994) "On the 'environmental' discount rate," *Journal of Environmental Economics and Management* 26: 200-209.

World Commission on Environment and Development (1987) *Our Common Future*.

Oxford University Press.（大来佐武郎監修・環境庁国際環境問題研究会訳（1987）『地球の未来を守るために』福武書店）

Zame, W. (2007) "Can intergenerational equity be operationalized ?" *Theoretical Economics* 2 : 187-202.

赤尾健一・西村和雄（2009）「レジーム・シフトのマクロ経済分析」浅野耕太編著『自然資本の保全と評価』第3章，ミネルヴァ書房.

大沼あゆみ（2009）「地球環境と持続可能性」宇沢弘文・細田裕子編著『地球温暖化と経済発展』第6章，東京大学出版会.

鈴村興太郎（2006）「世代間衡平性の厚生経済学」鈴村興太郎編著『世代間衡平性の論理と倫理』第2章，東洋経済新報社.

鈴村興太郎・篠塚友一（2006）「世代間衡平性への公理主義的アプローチ」鈴村興太郎（編著）『世代間衡平性の論理と倫理』第2章，東洋経済新報社.

索　引

アルファベット

Cobweb　102
CPUE　119
Critical despensation 型自己増殖関数　110, 111
critical natural capital　305
CSR　27, 175-185, 194
　——レポート　176, 180, 186, 192
DICE モデル　303
EKC→環境クズネッツ曲線
EU ETS（欧州域内排出量取引制度）　163-167
E-waste（使用済み電気電子機器）　204, 217
Hammond の衡平性公理　286
ISO（国際標準化機構）　185, 187
　——14001　176, 180, 185-191, 193, 194
　——9001ダミー　192
MSY 理論　122
OECD 多国籍企業ガイドライン　177
Output Based Allocation (OBA)　168, 169
Pays-to-be-Green 仮説　179
RGGI　166
shifting cultivation　117
SPS 協定　267
SRI　182, 183
TBT 協定　267, 270
Win-Win-Situation 仮説　179
WTA　299
WTP　299

［あ　行］

足尾鉱毒事件　2
アンガス・スミス　2
安全最少基準（SMS）　293
イタイイタイ病　3
一般化加法モデル　228, 230, 231, 240
エネルギー革命　6
エネルギーシフト　236, 237, 239, 248
塩害　2
オイラー方程式　294, 301
オークション方式　165-167
オープンアクセス状態　115
汚染可能性　203, 204, 217, 218
汚染者負担原則（PPP）　14
汚染逃避地仮説　264

［か　行］

外部性　56, 201, 203, 205, 213, 214, 216, 218
外部不経済の内部化　20
化学物質排出把握管理促進法（ＰＲＴＲ法）　182
学習効果　6
拡大生産者責任（EPR）　201, 215
過失責任（negligence rule）　43-45
価値基準　287
家電リサイクル法　215
カバー率　164
株主　177, 178
カルタヘナ議定書　276
環境会計　180
環境規制効果　244, 296

313

環境クズネッツ曲線　16, 229, 296
　　──仮説　225-299, 231, 236, 240, 296
環境収容量　105
環境税　135, 143, 144, 181
　　──の二重配当（Double Dividend）仮説　145
環境ダンピング　265
環境と開発に関する世界委員会（ブルントラント委員会）　5
環境配慮型技術　180
環境配慮型融資（エコファンド）　183
環境配慮設計（DfE）　201, 215, 217
環境報告書　175, 176
環境補助金　141, 143, 144
環境ラベリング　269
環境割引率　300
ガンマ割引率　302
企業の自主的取組　21
企業の社会的責任→CSR
気候変動枠組み条約　271
技術効果　228-230, 232-236, 243, 246, 248, 249, 256, 258
技術進歩　6
偽装された保護主義　269
帰属価格　73
規模・技術効果　245
規模効果　228-230, 232-234, 236, 243, 246, 248, 249, 256, 258
逆有償　217
キャップ・アンド・トレード型の排出量取引　155, 163, 164, 170
競合的　61
共同実施　271
京都議定書　181, 271
京都メカニズム　271
共有資源（共有地, コモンズ, コモン財）　38-40, 47, 61
　　──の悲劇　38, 39, 131
漁獲量関数　121, 122

均斉成長経路　294
クラブ財　61
グランドファザリング方式　165
グリーンＮＮＰ　88, 89
クリーン開発メカニズム　271
グリーン税制改革　145, 148
グリーンニューディール政策　8
繰り返しゲーム　40, 41
経済のグローバル化　243, 249
結合財　68
結合生産　68
厳格責任（strict liability）　43-45
公害対策基本法　3
公害防止協定　22, 184
公共財　60, 61
公衆の知る権利法（EPCRA）　182
厚生経済学の基本定理　11, 56, 79
厚生経済学の第1基本定理　81-83
構造効果　228-230, 232-234, 236, 243-246, 248, 249, 256, 258
高度経済成長　4
公平性　79
功利主義　285, 288, 306
功利主義基準　287, 290
効率性　79
コースの定理　30, 59, 117, 155, 165
枯渇性資源　281, 282
国際競争力　167
国際公共財　272
国際資源循環　201, 215, 216
国境税調整　270
国境調整措置　169
コミットメント　297
ごみ有料化　205, 206
混雑　67

[さ　行]

再生可能資源　19, 100, 260, 282

索　引

再生不可能資源　19
最大持続可能生産量　122
最適経路　289
最適定常状態　292
サステナビリティ・レポート　175, 176
サブゲーム完全均衡　40, 49
サミュエルソン条件　63
33／50プログラム　185
ジェボンズ, S. T.　6
死荷重損失（Deadweight Loss）　11, 136, 137
時間不整合性　297
時間割引最適化問題　283
資源枯渇　6
資源性　203, 204, 217, 218
資源量平衡点　107
自主的環境取り組み　175
自主的取り組み　187
市場の効率性　11
市場の失敗　11, 79
持続可能性　3, 88
持続可能な開発　281-283, 293
持続可能な発展　89
資本労働効果　244, 246
社会（的）共通資本　66
社会厚生関数　287
社会厚生順序　287
社会的利子率　295, 301
収穫逓減　6
集計最適成長モデル　291
集産主義経済　9
純粋公共財　61
消費者余剰　11
消費の異時点間代替弾力性　294
情報の非対称性　210, 217
水質汚濁防止法　3
（米国）水質浄化法　33
スーパーファンド法案　49
スッピス＝センの正義の評価基準　287, 291

ステークホルダー　177, 178
スワン, T. W.　4
生産可能集合の非凸性　90, 92
生産関数　118
生産者余剰　11
生存可能最少資源量水準　110
生態系サービス　282
『成長の限界』　7, 282, 293
制度的インフラストラクチュア　14
税と補助金の組み合わせ　213, 214
生物多様性条約　276
世代間均衡　5, 281
世代間ゲーム　298
世代間衡平　282, 283, 286
世代間パレート基準　286, 305
接合剤　70
セットアップコスト　92, 93
セミパラメトリック回帰　227, 228, 230, 231
戦略的環境政策　265
双曲型割引　297
属性アプローチ　73
ソロー, R. M.　4

［た　行］

大開墾時代　2
大気汚染防止法　3
第三次環境基本計画　184
代替弾力性　305
多国間環境協定　271, 275
炭素税　270
炭素リーケージ　167, 168, 274
地域温室効果イニシアティブ（RGGI）　163
調整パラメータ　126
通時的費用便益分析　298
強い持続可能性　305
定常状態　4
底辺への競争　266
凸凹生産関数　292

デポジット制度　213, 214
動学ゲーム　41
等価変分尺度　298
トータル・ホテリング・レント　87
独占市場　90
トリガー戦略　41

［な　行］

内生的成長モデル　293
新潟水俣病　3
ネット・インベストメント　86, 89
ネットワークの外部性　68
ノンパラメトリック回帰　227, 228, 230, 231

［は　行］

バーゼル条約　276
ハートウイック・ルール　83, 85, 86
廃棄物処理法　211
排出権売買　21
排出者責任　207, 211
排出量取引　271
排除性　57
発生抑制　202, 203, 208
パレート最適　54
パレート最適性　12
反応速度　130
比較優位　243-245
非競合性　61
ピグー税　21, 139, 140, 148, 149
ピグー税・補助金　58
非再生可能制限　100
非指数的割引　297
非排除性　57
費用便益分析　64
フォーク定理　40-41
不法投棄　201-203, 207, 208, 210, 211, 213
ブルントラント委員会　282

ブルントラント報告　5
ベンチマーク方式　165, 168
ポーター, M.　8
ポーター仮説　266
捕獲効率　119
補償変分尺度　298
ホテリング, H.　7
ホテリング・ルール　80, 82, 83
ボパール事件　24

［ま　行］

マキシミン原理　84
マクシミン基準　288
マグロ・イルカ事件　268
マルクス, K.　9
マルサス増殖　101, 102, 105
ミード, J.　4
水俣病　3
ミル, J. S.　4
無限計画期間　306
無償配分　165-168
無償配分方式　165
モントリオール議定書　275

［や　行］

有害化学物質排出目録（TRI）制度　182
有限匿名性公理　286
有償配分　165, 167
有償配分方式　165
容器包装リサイクル法　215, 216
要素賦存仮説　265
四日市ぜんそく　3
弱い持続可能性　305
4大公害　3

［ら 行］

ラムゼー・モデル　283, 284
リーケージ問題　167
リンダール・メカニズム　63
レキシミン基準　287, 288, 290
ローズベルト，F. D.　9
ローマクラブ　7

ロールズの格差原理　306
ロジスティック増殖　104

［わ行］

ワシントン条約　276
割引　299
割引因子　285
割引率　40, 41, 284, 285, 292

《執筆者紹介》(所属・執筆順，＊は編者)

＊細田　衛士（慶應義塾大学経済学部教授，はしがき・第1章）

樽井　礼（ハワイ大学経済学部准教授，第2章）

西村　一彦（日本福祉大学経済学部教授，第3章）

新熊　隆嘉（関西大学経済学部教授，第4章）

小谷　浩示（国際大学国際関係学研究科准教授，第5章）

山本　雅資（富山大学極東地域研究センター准教授，第6章）

杉野　誠（(財)地球環境戦略研究機関（IGES）特任研究員，第7章）

有村　俊秀（早稲田大学政治経済学術院教授，第7章，第8章）

岩田　和之（高崎経済大学地域政策学部専任講師，第8章）

馬奈木　俊介（東北大学大学院環境科学研究科准教授，第8章・第10章）

斉藤　崇（杏林大学総合政策学部准教授，第9章）

鶴見　哲也（南山大学総合政策学部専任講師，第10章）

柳瀬　明彦（東北大学大学院国際文化研究科准教授，第11章）

赤尾　健一（早稲田大学社会科学総合学術院教授，第12章）

《編著者紹介》

細田衛士（ほそだ・えいじ）

　1977年　慶應義塾大学経済学部卒業
　1980年　慶應義塾大学経済学部助手
　1982年　慶應義塾大学大学院経済学研究科博士課程単位取得退学
　1987年　慶應義塾大学大学経済学部助教授を経て
　1994年　慶應義塾大学経済学部教授，現在に至る
　主　著　『環境と経済の文明史』（NTT出版，2010年）
　　　　　『資源循環型社会──制度設計と政策展望』（慶應義塾大学出版会，2008年）
　　　　　『環境経済学』（共著，有斐閣，2007年）
　　　　　『環境制約と経済の再生産──古典派経済学的接近』（慶應義塾大学出版会，2006年）
　　　　　『グッズとバッズの経済学──循環型社会の基本原理』（東洋経済新報社，1999年）他論文多数

環境経済学

2012年5月15日　初版第1刷発行　　　　　　　　　検印廃止

定価はカバーに表示しています

編著者　細　田　衛　士
発行者　杉　田　啓　三
印刷者　坂　本　喜　杏

発行所　株式会社　ミネルヴァ書房
607-8494　京都市山科区日ノ岡堤谷町1
電話代表（075）581-5191番
振替口座01020-0-8076番

© 細田衛士他，2012　　　冨山房インターナショナル・新生製本

ISBN 978-4-623-06004-7
Printed in Japan

環境再生のまちづくり
──宮本憲一監修／遠藤宏一・岡田知弘・除本理史編著　A5判　344頁　本体3500円

●四日市から考える政策提言　環境・福祉・公害判決から35年。地域経済の諸分野で何が必要か。いま「四日市」から問いかける。

環境政策のポリシー・ミックス
──諸富徹編著　A5判　314頁　本体3800円

環境政策の進展に伴い，ますます注目を集める環境税や排出権取引など，経済的手段を中心に，その理論と実際を豊富な事例に基づいて分析し，その意義と限界を明らかにする。政策手段の組み合わせ（ポリシー・ミックス）の観点からの最新のアプローチ。

自然資本の保全と評価
──浅野耕太編著　A5判　288頁　本体3800円

エコロジカルな制約は，持続可能な発展のために重要な制約条件である。本書は，このエコロジカルな制約を経済理論的に正しく理解した上で，公共政策や資源管理のあり方を検討し，自然資本やそれに影響を与える公共政策，資源管理への評価について，具体的事例と最新の知見を紹介する。

東アジアの経済発展と環境政策
──森晶寿編著　A5判　274頁　本体3800円

本書は，東アジアでの経済面・環境面での相互依存関係の実態を把握した上で，各国が持続可能な発展に向けてどのような政策を進展させ，各部門政策で環境政策を統合化しているのかを，国際比較を行いつつ明らかにする。またこれらの検証を基に，東アジアでの協力体制の構築の可能性を探る。

環境の政治経済学
──除本理史・大島堅一・上園昌武著　A5判　288頁　本体2800円

本書は，環境問題の解決に向けた道筋を，政治経済学の立場から考えるためのテキストである。環境問題と資本主義経済，国家とは，どのような関係にあるのか？　環境問題がローカルからグローバルに拡大する中で，私たちはどのように考え，行動すべきなのか？　一人ひとりが環境問題と向き合わねばならない時代の，考え方を養うための必読の一冊。

── ミネルヴァ書房 ──

http://www.minervashobo.co.jp/